中等职业教育国家规划教材
全国中等职业教育教材审定委员会审定

电工技能与实训
（第5版）

句希源　主　编

杨亚平　杨　展　副主编

电子工业出版社
Publishing House of Electronics Industry
北京·BEIJING

内容简介

本书根据中等职业学校"电工技能与实训"课程教学大纲编写,融合了电工工艺技术和电工技能实训的内容。

本书内容包括安全用电技术、电工基本操作、照明灯具与配电线路、常用电工仪表、单相变压器、单相交流异步电动机、三相异步电动机、常用低压控制电器、三相异步电动机控制线路的安装与调试、PLC 基本应用 10 个项目,共 41 个任务。

本书可作为中等职业学校电子电器应用与维修专业和其他电类专业的基础技能课程教材,也可供相关专业的工程技术人员和技术工人参考。

未经许可,不得以任何方式复制或抄袭本书之部分或全部内容。
版权所有,侵权必究。

图书在版编目(CIP)数据

电工技能与实训 / 句希源主编. —5 版. —北京:电子工业出版社,2024.6
ISBN 978-7-121-47850-5

Ⅰ. ①电… Ⅱ. ①句… Ⅲ. ①电工技术－职业教育－教材 Ⅳ. ①TM

中国国家版本馆 CIP 数据核字(2024)第 095157 号

责任编辑:蒲　玥
印　　刷:三河市兴达印务有限公司
装　　订:三河市兴达印务有限公司
出版发行:电子工业出版社
　　　　　北京市海淀区万寿路 173 信箱　邮编 100036
开　　本:880×1 230　1/16　印张:12.5　字数:312 千字
版　　次:2004 年 2 月第 1 版
　　　　　2024 年 6 月第 5 版
印　　次:2025 年 8 月第 4 次印刷
定　　价:39.00 元

凡所购买电子工业出版社图书有缺损问题,请向购买书店调换。若书店售缺,请与本社发行部联系,联系及邮购电话:(010)88254888,88258888。

质量投诉请发邮件至 zlts@phei.com.cn,盗版侵权举报请发邮件至 dbqq@phei.com.cn。

本书咨询联系方式:(010)88254485,puyue@phei.com.cn。

习近平总书记对职业教育工作作出重要指示强调："在全面建设社会主义现代化国家新征程中，职业教育前途广阔、大有可为""加快构建现代职业教育体系，培养更多高素质技术技能人才、能工巧匠、大国工匠"。这为实现职业教育提质增效指明了方向。编者编写本书的初衷是使学生具备高素质劳动者和初、中级专门人才必需的电工基本工艺知识和基本操作技能，为学生学习职业技术、提高适应职业变化的能力打下一定的基础。

本书从全面提高学生素质的角度出发，以培养学生的能力为主，力求体现中等职业教育的特点，针对中等职业学校学生的现有水平，确定教材的内容和知识深度，同时紧跟电工技术的发展脚步。在教学方式、方法上，注重调动学生学习的主动性和积极性，注重理论联系实际，突出使用维修、安装测试、故障处理等技能实训，通过各项技能实训来提高学生的实践能力。

本书打破传统的章节顺序编写模式，采用项目教学和任务驱动教学的编写模式，将电工工艺技术和电工技能实训融为一体，紧紧围绕实训任务的需要选择教学内容，将全部教学活动分解为若干项目。教师以项目为单位组织教学，可以使学生在掌握电工基本操作技能的同时，加深其对专业知识的理解和运用，培养其综合职业素质。

本书在第4版的基础上进行了修订，精简了PLC复杂步进控制部分，保留了基本应用内容。全书共10个项目、41个任务，全部内容的授课时长为120学时，适合电子电器应用与维修专业和其他电类专业三年制和四年制60～120学时的教学需要。教师在教学时可根据不同学制、不同专业的需要来选择具体的授课部分，以提高教学效率和效果。

本书由句希源担任主编，杨亚平和杨展担任副主编，项目1～项目3由杨展编写，项目4～项目8由句希源编写，项目9、项目10由杨亚平编写。编者在编写本书的过程中，参阅了与电工技能培训有关的文献资料，还得到了杜文霞、杜海莲、刘双杰等老师的帮助，在此向他们表示真诚的感谢。

由于编者知识水平有限，书中难免存在不妥之处，敬请广大读者批评指正。

为了方便教师教学，本书还配有教学指南、电子教案和思考题答案。请有此需要的读者登录华信教育资源网注册后再进行下载，如有问题，请在网站留言板留言或与电子工业出版社联系（E-mail：hxedu@phei.com.cn）。

编　者

| 项目 1　安全用电技术 | (1) |

　　任务 1　预防触电的安全措施训练 (1)
　　任务 2　触电事故的断电操作训练 (7)
　　任务 3　触电急救的现场操作训练 (10)
　　任务 4　电气火灾的应急处理训练 (13)
　　思考题 (15)

项目 2　电工基本操作 (16)
　　任务 1　常用电工工具的使用训练 (16)
　　任务 2　导线电连接训练 (23)
　　任务 3　铜导线焊接训练 (29)
　　任务 4　电工识图训练 (31)
　　思考题 (36)

项目 3　照明灯具与配电线路 (37)
　　任务 1　照明灯具安装训练 (37)
　　任务 2　照明配电箱安装训练 (44)
　　任务 3　室内配电线路布线训练 (47)
　　任务 4　漏电保护器安装训练 (54)
　　思考题 (58)

项目 4　常用电工仪表 (59)
　　任务 1　电工仪表的符号识别与选用训练 (59)
　　任务 2　万用表的测量使用训练 (63)
　　任务 3　绝缘电阻表的测量使用训练 (71)
　　任务 4　接地电阻表的测量使用训练 (74)
　　任务 5　直流电桥的测量使用训练 (77)
　　思考题 (83)

项目 5　单相变压器 (84)
　　任务 1　变压器的识别训练 (84)
　　任务 2　单相变压器的性能测试训练 (87)
　　任务 3　单相变压器的故障检修训练 (90)
　　思考题 (92)

项目 6　单相交流异步电动机 (93)
　　任务 1　单相交流异步电动机的认识与选用训练 (93)

· v ·

任务 2　单相交流异步电动机的性能测试训练 …………………………（100）
　　任务 3　单相交流异步电动机的故障检修训练 …………………………（102）
　　任务 4　单相交流异步电动机控制线路的连接训练 ……………………（107）
　思考题 ……………………………………………………………………………（111）

项目 7　三相异步电动机 ……………………………………………………（112）
　　任务 1　三相异步电动机的认识与选用训练 ……………………………（112）
　　任务 2　三相异步电动机的拆卸与装配训练 ……………………………（119）
　　任务 3　三相异步电动机装配后的检验训练 ……………………………（123）
　　任务 4　三相异步电动机的常见故障处理训练 …………………………（127）
　思考题 ……………………………………………………………………………（130）

项目 8　常用低压控制电器 …………………………………………………（131）
　　任务 1　低压熔断器的认识和测量训练 …………………………………（131）
　　任务 2　低压断路器的认识和测量训练 …………………………………（135）
　　任务 3　交流接触器的拆装与校验训练 …………………………………（138）
　　任务 4　热继电器的结构认知与测量训练 ………………………………（144）
　　任务 5　时间继电器的结构认知与测量训练 ……………………………（149）
　　任务 6　主令电器的认知与检测训练 ……………………………………（153）
　思考题 ……………………………………………………………………………（158）

项目 9　三相异步电动机控制线路的安装与调试 …………………………（159）
　　任务 1　三相异步电动机单向运转控制线路的安装与调试训练 ………（159）
　　任务 2　三相异步电动机正反转运行控制线路的安装与调试训练 ……（163）
　　任务 3　三相异步电动机自动往返行程控制线路的安装与调试训练 …（167）
　　任务 4　三相异步电动机 Y-△降压启动控制线路的安装与调试训练 …（171）
　思考题 ……………………………………………………………………………（175）

项目 10　PLC 基本应用 ……………………………………………………（176）
　　任务 1　PLC 的接线和编程训练 …………………………………………（176）
　　任务 2　PLC 的计算机编程软件的应用训练 ……………………………（181）
　　任务 3　基本逻辑指令的编程与应用训练 ………………………………（186）
　思考题 ……………………………………………………………………………（191）

附录 A ………………………………………………………………………（192）

项目 1 安全用电技术

安全用电涉及人身安全和设备安全两部分内容，人身安全是指防止人体接触带电物体受到电击或电弧灼伤而导致的生命危险，设备安全是指防止用电事故引发的设备损坏、起火、爆炸等危险。掌握安全用电技术，遵守《电工安全技术操作规程》，是避免发生触电事故最有效的方法，同时需要掌握触电急救操作和电气火灾扑救流程，以挽救触电者的生命和社会财产损失。本项目包括预防触电的安全措施训练、触电事故的断电操作训练、触电急救的现场操作训练、电气火灾的应急处理训练这几个任务。

任务 1 预防触电的安全措施训练

一、任务目标

1. 了解触电对人体的危害和引起触电的原因。
2. 掌握人体触电的形式和预防触电的安全措施。
3. 熟悉《电工安全技术操作规程》和电工岗位责任制。

二、相关知识

1. 触电对人体的危害

（1）触电事故。外部电流流经人体，导致人体器官和人体组织损伤乃至发生死亡的事故，称为触电事故。触电事故分为两类：一类为电击，另一类为电伤。电击是指电流通过人体内部，影响呼吸系统、心脏和神经系统的正常功能，导致人体内部组织损伤甚至危及生命的触电事故。电伤是指电流通过人体表面或人体与带电体之间产生电弧，导致肢体表面灼伤的触电事故。

在触电事故中，电击和电伤常会同时发生，但因为大部分触电事故是由电击造成的，所以通常所说的触电事故基本上是指电击。

（2）触电的危害。触电对人体的伤害程度与通过人体的电流大小、时间长短、电流途径及电流性质等有关。触电的电压越高，电流越大，时间越长，触电对人体的危害越严重。

人体触电时，电流会使人体的各种生理机能失常或遭受破坏，如皮肤烧伤、呼吸困难、心脏搏动麻痹等，严重时会危及生命。人体所能耐受的电流大小因人而异，对于一般人，当工频交流电流超过 50mA 时，就会有致命危险。

通过人体的电流大小主要取决于施加在人体的电压和人体电阻。人体电阻包括体内电阻和皮肤电阻。体内电阻基本不受外界影响，其值约为 500Ω。皮肤电阻会随外界条件的不同而有较大的变化，如干燥的皮肤，其电阻在 100kΩ 以上，但随着皮肤的潮湿度加大，电阻逐渐减小，可降至 1kΩ 以下，所以潮湿时触电的危险性更大。

电流流经人体的脑、心脏、肺和中枢神经等重要部位要比流经一般部位造成的伤害更大，后果更严重，容易导致死亡。而频率为 20～300Hz 的交流电对人体的危害要比高频电流、直流电流及静电大得多。

2．引起触电的原因

不同的场合，引起触电的原因也不同。根据日常用电情况，引起触电的原因如下。

（1）线路架设不合格。采用一线一地制的违章线路架设，接地零线被拔出、线路短路或接地不良均会引起触电；室内导线破旧、绝缘损坏或敷设不合格容易引起触电或短路，进而引起火灾；当无线电设备的天线、广播线或通信线与电力线距离过近或同杆架设时，如果发生断线或碰线，电力线电压就会传到低压用电设备上而引起触电；电气工作台布线不合理，使绝缘线被磨坏或被烙铁烫坏而引起触电等。

（2）用电设备不合格。用电设备的绝缘损坏导致漏电，而外壳无保护接地线或保护接地线接触不良，进而引起触电；开关和插座的外壳破损或导线绝缘老化，失去保护作用，一旦触及就会引起触电；线路或电器接线错误致使外壳带电而引起触电等。

（3）电工操作不符合要求。电工操作时，带电操作、冒险修理或盲目修理，且未采取有效的安全措施，均会引起触电；使用不合格的安全工具进行操作，如使用绝缘层损坏的工具、用竹竿代替高压绝缘棒、用普通胶鞋代替绝缘鞋，均会引起触电；停电检修线路时，刀开关上未挂警示牌，其他人员误合刀开关而引起触电等。

（4）使用电器不谨慎。在室内违规乱拉电线，乱接电器，使用不慎而引起触电；未切断电源就去移动灯具等电器，若电器漏电，则会引起触电；更换熔丝时，随意加大规格或用铜丝代替熔丝，使之失去保险作用，容易引起触电或火灾；用湿布擦拭或用水冲刷电线和电器，导致电线和电器的绝缘性能降低，进而引起触电等。

3．人体触电的形式

人体触电的形式有三种，即单相触电、两相触电和跨步电压触电。

（1）单相触电。单相触电是指人站在地面上或其他接地体上，人体的某个部位触及一相带电体时而引起的触电，如图 1.1 所示。在低压三相四线制供电系统中，单相触电的电压为 220V。

（2）两相触电。两相触电是指人体两处同时触及同一电源的两相带电体而引起的触电，如图 1.2 所示。两相触电，加在人体上的电压为线电压，触电电压为 380V（大于 220V），因此两相触电的危险性比单相触电更大。

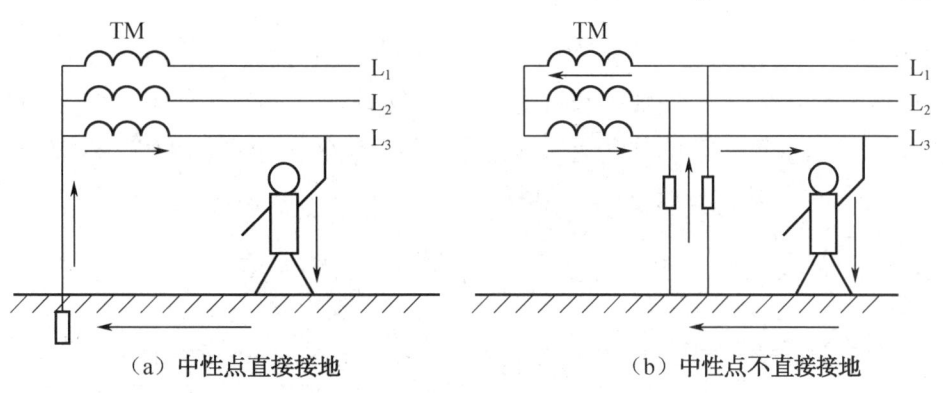

(a) 中性点直接接地　　　　　　　　　(b) 中性点不直接接地

图 1.1　单相触电

（3）跨步电压触电。跨步电压触电是指高压带电体着地时，电流流入大地，向四周扩散，产生电压降，人体接近带电体着地点时，两脚之间形成跨步电压，跨步电压达到一定值就会引起触电，如图 1.3 所示。跨步电压的大小取决于人体离带电体着地点的远近及两脚正对地点方向的跨步距离，为了防止跨步电压触电，人体应离带电体着地点 20m 以外。

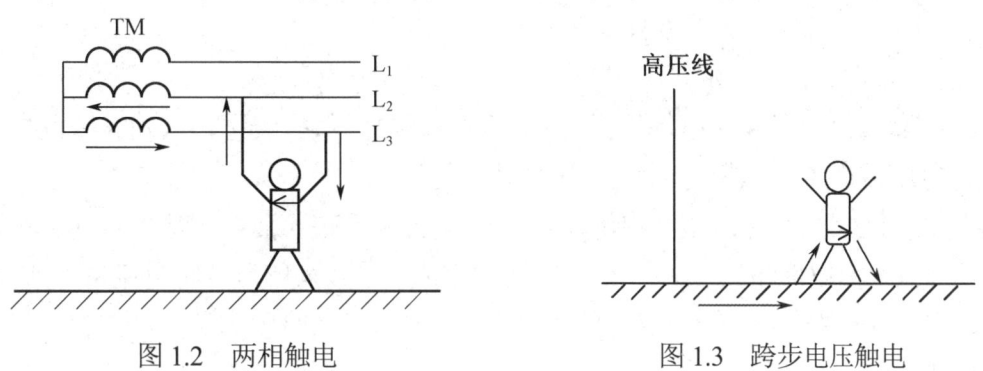

图 1.2　两相触电　　　　　　　　　　图 1.3　跨步电压触电

4．预防触电的安全措施

触电事故会给人身造成很大的危害，为了保护人身安全，避免触电事故的发生，必须采取预防措施。预防触电的安全措施有以下几种。

（1）保护接地。电力系统运行所需要的接地被称为工作接地。用接地装置将电气设备的金属外壳、框架等与大地可靠连接被称为保护接地，它适用于中性点不直接接地的低压电力系统，如图 1.4 所示。保护接地电阻一般应不大于 4Ω，最大不得大于 10Ω。

保护接地后，如果某一根相线因绝缘损坏而与机壳相碰，使机壳带电，当人体与机壳接触时，由于采用了保护接地装置，相当于人体与接地电阻并联起来，接地电阻远小于人体电阻，因此绝大部分电流通过接地线流入地下，从而保护了人体。

对于中性点直接接地的电力系统，不宜将保护接地作为安全措施。

（2）保护接零。在中性点直接接地的三相四线制电力系统中，将电气设备的金属外壳、框架等与系统的零线连接起来，称为保护接零，如图 1.5 所示。

保护接零后，如果某一根相线因绝缘损坏而与机壳相碰，使机壳带电，则电流通过零线构成回路。零线电阻很小致使短路电流很大，会立刻使熔断器烧断或使其他保护装置动作，迅速切断电源，从而消除了触电危险。

采用保护接零时，接零导线要有足够的机械强度，连接必须牢固，以防断线或脱线，并且在零线上禁止安装熔断器和单独的断流开关。为了保证相线因绝缘损坏而与机壳相碰引起的短路电流能够使保护装置可靠动作，零线的电阻不能太大，同时要防止零线和相线接错。

采用保护接零时，除了使变压器的中性点直接接地，还必须使零线上的一处或多处再行接地，即重复接地。重复接地的作用在于降低漏电设备外壳的对地电压，减轻零线断路时的触电危险。

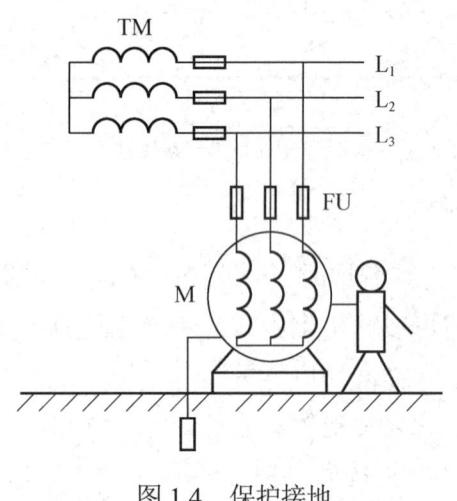
图 1.4 保护接地

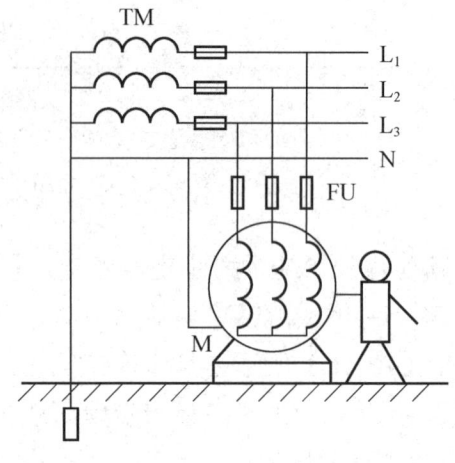
图 1.5 保护接零

（3）使用漏电保护器。漏电保护器是一种防止漏电的保护装置，当设备因漏电导致外壳上出现对地电压或产生漏电流时，它能自动切断电源。

漏电保护器通常分为电压型和电流型两种。电压型反映了漏电对地电压的大小，由于性能较差已趋于淘汰；电流型则反映了漏电对地电流的大小，又分为零序电流型和泄漏电流型。常用的电流型漏电保护器有单相双极式、三相三极式和三相四极式三类。单相双极式漏电保护器广泛应用于居民住宅及其他单相电路，三相三极式漏电保护器应用于三相动力电路，三相四极式漏电保护器应用于动力、照明混用的三相电路。

漏电保护器既能用于设备保护，也能用于线路保护，具有灵敏度高、动作快捷等特点。对于那些不便敷设地线的地方，以及土壤电阻率太大、接地电阻难以满足要求的场合，应推广使用漏电保护器。

（4）采用三相五线制供电。我国低压电网通常使用中性点接地的三相四线制供电，提供380V/220V 的电压。在一般家庭中，常采用单相两线制供电，因其不易实现保护接零的正确接线，所以容易造成触电事故。

为确保用电安全，国际电工委员会推荐使用三相五线制供电，它有三根相线 L_1、L_2、L_3，一根工作零线（N 线），一根保护零线（PE 线），如图 1.6 所示。在一般家庭中，可以采用单相三线制供电，即一根相线，一根工作零线，一根保护零线，如图 1.7 所示。

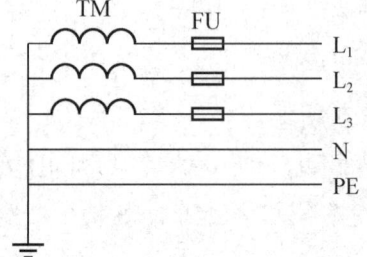
图 1.6 三相五线制供电

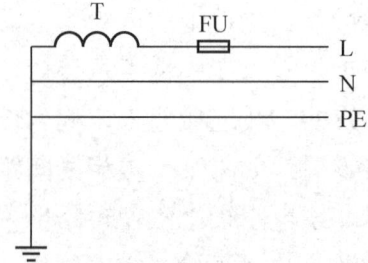
图 1.7 单相三线制供电

采用三相五线制供电，有专用的保护零线，保证了连接畅通，使用时接线方便，能很好地起到保护作用。现在新建的民用建筑布线大多采用此法。在对旧建筑物进行大中修、改造、翻建时，应按有关标准加装专用保护零线，将单相两线制供电改为单相三线制供电，并在室内安装符合标准的单相三孔插座。

（5）使用安全操作电压。加在人体上一定时间内不会造成伤害的电压被称为安全电压。为了保障人身安全，使触电者能够自行脱离电源，不会造成人身伤亡，各国都规定了安全电压。

我国对安全电压的规定：50~500Hz的交流电压额定值有36V、24V、12V和6V四种，直流电压额定值有48V、24V、12V和6V四种，以供不同场合使用；安全电压的有效值在任何情况下不得大于50V，当使用大于24V的安全电压时，必须有防止人体直接触及带电体的安全措施；在高温、潮湿场所使用的安全电压为12V。

（6）电气作业人员对安全必须高度负责，应认真贯彻执行《电工安全技术操作规程》，安全技术措施必须落实。安装电气设备必须符合绝缘和隔离要求，拆除电气设备要完全断开电源。运行中的电气设备金属外壳一定要有效接地。电气作业人员要正确使用绝缘的手套、鞋、垫、电工钳、操作杆和试电笔等安全工具。

（7）加强全员的防触电事故教育，提高全员防触电意识，健全安全用电制度。

5.《电工安全技术操作规程》

为了确保人身和设备的安全，国家制定并颁布了一系列规定和规程。这些规定和规程涵盖了电气装置的安装、维护和安全操作等多个方面，被统称为安全技术规程。由于各种规程内容较多，有的专业性较强，不能全部叙述，下面主要介绍《电工安全技术操作规程》的内容。

（1）工作前，必须检查工具、测量仪表和防护用具是否完好。

（2）任何电气设备内部未经验明无电时，一律视为有电，不准用手触及。

（3）不准在运转中拆卸、修理电气设备。必须在停车、切断电源、取下熔断器、挂上"禁止合闸，有人工作"的警示牌，并验明无电后，才可进行工作。

（4）在总配电盘及母线上工作时，验明无电后，应挂临时接地线。接地线的装、拆都必须由值班电工进行。

（5）工作临时中断后或每班开始工作前，都必须重新检查并确认电源是否已断开，并要验明无电。

（6）每次维修结束后，都必须清点所带的工具、零件等，以防将其遗留在电气设备中而造成事故。

（7）当有专门检修人员修理电气设备时，值班电工必须进行登记，完工后做好交代。共同检查后，方可送电。

（8）必须在低压电气设备上带电进行工作时，要经过领导批准，并有专人监护。工作时，要戴工作帽，穿长袖衣服，戴工作手套，使用绝缘工具，并站在绝缘垫上进行操作，邻相带电部分和接地金属部分应用绝缘板隔开。

（9）严禁带负荷操作动力配电箱中的刀开关。

（10）带电装卸熔断器时，要戴防护眼镜和绝缘手套。必要时，使用绝缘夹钳，站在绝缘垫上操作。严禁使用锉刀、钢尺等进行带电工作。

（11）熔断器的容量要与设备和线路的安装容量相符。

（12）电气设备的金属外壳必须接地（接零），接地线必须符合标准，不准断开带电设备的外壳接地线。

（13）拆卸电气设备或线路后，要立即将可能继续供电的导线线头用绝缘胶布包缠好。

（14）安装灯头时，开关必须接在相线上，灯头座螺纹必须接在零线上。

（15）对于临时安装使用的电气设备，必须将其金属外壳接地。严禁把电动工具的外壳接地线和工作零线拧在一起插入插座，必须使用两线带地或三线带地的插座，或者将外壳接地线单独接到接地干线上。当用橡胶软电缆接可移动的电气设备时，专供保护接零的芯线中不允许有工作电流通过。

（16）动力配电盘、配电箱、开关、变压器等电气设备附近，不允许堆放各种易燃、易爆、潮湿和影响操作的物品。

（17）使用梯子时，梯子与地面之间的角度以 60°左右为宜。在水泥地面上使用梯子时，要有防滑措施。使用没有搭钩的梯子时，工作中要有人扶持。使用人字梯时，其拉绳必须牢固。

（18）使用喷灯时，油量不要超过容器容积的 3/4，打气要适当，不得使用漏油、漏气的喷灯。不准在易燃、易爆物品附近点燃喷灯。

（19）使用Ⅰ类电动工具时，要戴绝缘手套，并站在绝缘垫上工作。最好加设漏电保护器或安全隔离变压器。

（20）电气设备发生火灾时，要立即切断电源，并使用 1211 灭火器或二氧化碳灭火器灭火，严禁使用水或泡沫灭火器灭火。

6．电工岗位责任制

岗位责任制是指规定各种工作岗位的职能及责任，并予以严格执行的管理制度。它要求明确各种岗位的工作内容、数量和质量，以及应承担的责任等，以保证各项业务活动有秩序地进行。电工岗位责任制在不同性质的单位内，侧重点会有所不同，大体包含以下内容。

（1）对所辖范围内的电路要了如指掌，一旦发生故障，能及时排除。

（2）工作时，要注意安全，尽量断电作业。检修大型设备时，必须断电操作，并有专人协助。

（3）认真执行电气设备养护、维修分工责任制的规定，使分工范围内的电气线路、设备、设施始终处于良好的养护状况，保证不带故障运行。

（4）对检查中发现的问题要及时解决、当天处理，并做好维修记录。

（5）负责提出电料备货计划，并抓好本单位安全用电和节约用电工作，严格遵守《电工安全技术操作规程》，禁止违章作业。

（6）负责所有电气设备的安全运行、保养维修、更换和安装等工作。

三、实训内容

结合预防触电的措施和所掌握的安全用电知识进行调查、分析，完成以下任务。

（1）检查教室、宿舍、实验室等场所是否有触电隐患，做好记录，并提出整改措施。

（2）选择一个触电事故为对象，分析此事故发生的主观、客观原因，并提出相应的预防措施。

（3）调查了解本单位、本部门安全用电的相关制度，分析这些制度的科学依据。

（4）自己制定一个安全用电制度，并说明这个制度中各条款的制定依据。

四、成绩评定

完成各项操作训练后，进行技能考核，参考表 1.1 中的评分标准进行成绩评定。

表 1.1 预防触电的安全措施评分标准

序号	考核内容	配分	评分细则
1	检查安全隐患，提出整改措施	20 分	① 安全检查记录完整：10 分。 ② 提出的整改措施正确：10 分
2	分析触电事故发生的原因	30 分	① 事故原因分析正确：15 分。 ② 提出预防措施正确：15 分
3	调查安全用电的相关制度	30 分	① 制度调查记录完整：15 分。 ② 分析科学依据正确：15 分
4	制定一个安全用电制度	20 分	① 制定安全制度正确：10 分。 ② 说明制定依据正确：10 分

任务 2　触电事故的断电操作训练

一、任务目标

1．熟悉触电事故的断电措施。
2．掌握触电事故断电操作要遵循的原则。

二、相关知识

一旦发生触电事故，抢救者必须保持冷静，千万不要惊慌失措，首先应尽快使触电者脱离电源，然后进行现场急救。

使触电者迅速脱离电源是极其重要的一环，触电时间越长，触电者受到的伤害就越大。脱离电源的有效措施是断开电源开关、拔掉电源插头或断开熔断器，若情况紧急，则可用干燥的绝缘物挑开或拉开触电者身上的电线。

1．对低压触电事故采取的断电措施

（1）如果触电地点附近有电源开关（刀开关）或插座，可立即断开电源开关（刀开关）或拔掉插头来切断电源，如图 1.8（a）所示。

（2）如果找不到电源开关（刀开关）或距离太远，可用有绝缘套的钳子或用带木柄的斧

子割断电源线,如图1.8(b)所示。

(3) 当无法割断电源线时,可借助干燥的衣服、手套、绳索、木板等绝缘物拉开触电者,使其脱离电源,如图1.8(c)所示。

(4) 当电线搭在触电者身上或被压在触电者身下时,可用干燥的木棒等绝缘物挑开或拉开电线,使触电者脱离电源,如图1.8(d)所示。

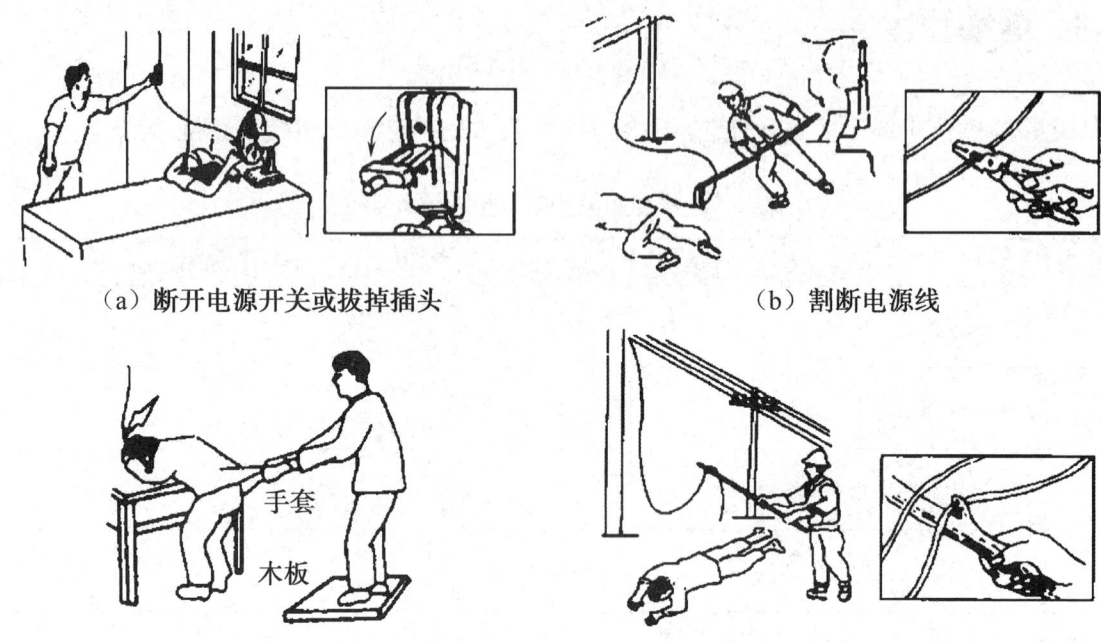

(a) 断开电源开关或拔掉插头　　(b) 割断电源线

(c) 拉开触电者　　(d) 挑开或拉开电源线

图1.8　脱离电源的方法

2. 对高压触电事故采取的断电措施

(1) 如果触电事故发生在高压设备上,应立即通知供电部门停电。

(2) 戴上绝缘手套、穿上绝缘鞋,并用相应电压等级的绝缘工具断开电源开关。

(3) 若不能迅速断开电源开关,则可采用抛掷截面足够大、长度适当的金属裸线短路方法断开电源开关。抛掷短路线前,应将短路线一端固定在铁塔或接地引线上,另一端系重物。抛掷短路线时,应注意防止电弧伤人或断线危及其他人员的安全。

3. 触电事故断电操作要遵循的原则

(1) 触电时间越长,触电者受到的伤害就越大,因此使触电者脱离电源的办法应根据具体情况,以快速为原则来选择并采用。

(2) 触电者未脱离电源前,其本身就是带电体,断电操作人员不可直接将手、其他金属及潮湿的物体作为断电工具,而必须使用适当的绝缘工具。断电时,要单手操作,以防止自身触电。

(3) 当触电事故发生在高处时,要注意防止发生高处坠落事故和触及其他带电线路。无论在何种电压的线路上发生触电,都要考虑触电者倒下的方向,即使触电者在平地,也要注意防止其摔伤。

(4) 如果事故发生在夜间,应迅速解决临时照明问题,以便抢救,并避免扩大事故。

三、实训内容

1. 模拟练习低压触电事故断电

在指导教师的现场指导下，模拟练习低压触电事故采取的断电措施。为了安全，在停电的情况下，由一位同学模拟触电事故，其他同学迅速采取各种断电措施；操作结束后，讨论采取的断电措施是否恰当，并由指导教师给出评价。

2. 模拟练习高压触电事故断电

在指导教师和监护电工的现场指导下，模拟练习高压触电事故采取的断电措施。为了安全，用低压电路代替高压电路。在电源开关保护设施完好的情况下，由指导教师和监护电工指导学生练习利用金属裸线短路方法断开电源开关。

3. 实训报告

将触电事故各种断电措施的操作要领和适用场合填入表1.2中。

表1.2 触电事故的断电操作实训报告

序 号	断电措施	操 作 要 领	适 用 场 合
1	断开电源开关		
2	割断电源线		
3	拉开触电者		
4	挑开或拉开电源线		
5	金属裸线短路		

实训所用时间： 　　　　实训人： 　　　　日期：

四、成绩评定

完成各项操作训练后，进行技能考核，参考表1.3中的评分标准进行成绩评定。

表1.3 触电事故的断电操作评分标准

序 号	考 核 内 容	配 分	评 分 细 则
1	断开电源开关	20分	① 动作迅速：5分。 ② 操作正确：15分
2	割断电源线	20分	① 动作迅速：5分。 ② 操作正确：15分
3	拉开触电者	20分	① 动作迅速：5分。 ② 操作正确：15分
4	挑开或拉开电源线	20分	① 动作迅速：5分。 ② 操作正确：15分
5	金属裸线短路	20分	① 动作迅速：5分。 ② 操作正确：15分

任务3 触电急救的现场操作训练

一、任务目标

1．了解触电者伤情诊断处理知识。
2．学会人工呼吸和闭胸心脏按压的操作手法。
3．熟练掌握触电急救的现场心肺复苏抢救方法。

二、相关知识

1．伤情诊断处理

在触电者脱离电源后，应根据其受电流伤害的程度，采取不同的抢救措施。若触电者只是昏迷，则可将其放在空气流通的地方，使其安静地平卧，松开其身上的紧身衣服，搓揉其全身，使其发热，以利于血液循环；若触电者发生痉挛、呼吸微弱或停止，则应进行现场人工呼吸；当心脏停止跳动或不规则跳动时，应立即采取闭胸心脏按压法进行抢救；若触电者停止呼吸或心脏停止跳动，可能是假死，决不可放弃抢救，应立即进行现场心肺复苏抢救，即同时进行人工呼吸和闭胸心脏按压。抢救要分秒必争，并迅速向120急救中心求救。

2．现场抢救方法

（1）人工呼吸。人工呼吸是指用人工的方法来代替肺的呼吸活动。人工呼吸的方法很多，其中口对口人工呼吸法最为方便、有效，也易学会和传授，其具体做法如下。

① 把触电者移动到空气流通的地方，最好放在平直的木板上，使其仰卧，头部尽量后仰。先把他的头侧向一边，掰开他的嘴，清除其口腔中的杂物、假牙等。如果触电者的舌根下陷，应将其拉出，使他的呼吸道畅通。同时，解开他的衣领，松开其上身的紧身衣服，使其胸部可以自由扩张，如图1.9（a）所示。

② 抢救者位于触电者的一侧，用一只手捏紧触电者的鼻孔，用另一只手掰开触电者的嘴，深呼吸后，以口对口方式紧贴触电者的嘴唇吹气，使其胸部膨胀，如图1.9（b）所示。

③ 放松触电者的口鼻，使其胸部自然恢复，让其自动呼气，时间约为3s，如图1.9（c）所示。

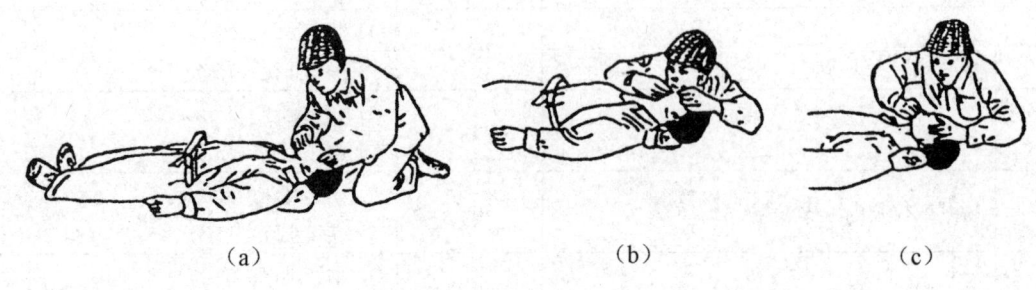

图1.9　口对口人工呼吸法

按照上述步骤反复操作,4~5s吹气1次,每分钟约12次。如果触电者张口有困难,可用口对准其鼻孔吹气,其效果与上面的方法相近。

(2)闭胸心脏按压。闭胸心脏按压是指用人工胸外按压代替心脏的收缩作用,此法简单易学,效果好,不需要设备,易于普及、推广,其具体做法如下。

① 使触电者仰卧在平直的木板或平整的硬地面上,姿势与进行人工呼吸时相似,但后背应完全着地,抢救者跨在触电者的腰部两侧,如图1.10(a)所示。

② 抢救者双手交叉叠起,将掌根置于触电者胸部下端部位,将中指尖部置于其颈部凹陷的边缘,掌根所在的位置为正确按压区。然后,抢救者自上而下直线均衡地用力按压,使触电者的胸部下陷3~4cm,以压迫心脏使其排血,如图1.10(b)、(c)所示。

③ 使按压到位的手掌突然放松,但手掌不要离开胸壁,胸部靠弹性自动恢复原状,心脏自然扩张,大静脉中的血液就能回流到心脏中来,如图1.10(d)所示。

按照上述步骤持续操作,每分钟按压约80次。按压时,定位要准确,压力要适中,不要用力过猛,以免使触电者发生肋骨骨折、气胸、血胸等危险。但也不能用力过小,否则达不到按压目的。

(a)急救者跪跨的位置
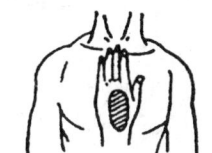
(b)手掌压胸的位置
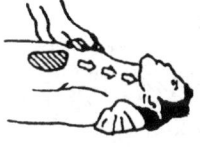
(c)按压方法示意
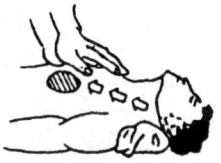
(d)放松方法示意

图1.10 闭胸心脏按压法

上述两种方法应对症使用,若触电者的心跳和呼吸均已停止,则两种方法应同时使用。单人抢救时,每按压15次,吹气2次,如此反复进行;双人抢救时,每按压5次,由另一人吹气1次,如此反复进行。

3.抢救中的观察与处理

经过一段时间的抢救,若触电者面色好转、口唇潮红、瞳孔缩小、心跳和呼吸恢复正常、四肢可以活动,这时可暂停数秒进行观察,有时触电者至此就可恢复。如果触电者还不能维持正常的心跳和呼吸,那么尽量在现场继续对其进行抢救,不要搬动触电者,如果必须搬动触电者,抢救工作决不能中断,直到医务人员到来。

总之,触电事故带来的危害是很大的,要以预防为主,消除发生事故的根源,防止事故的发生;要向社会宣传安全用电知识和触电现场急救知识,这样不仅能防患于未然,万一发生了触电事故,触电者也更易得到正确、及时的抢救。

三、实训内容

(1)伤情诊断说明。说明不同伤情需要采取的现场抢救措施。

(2)心肺复苏训练。利用心肺复苏模拟人(见图1.11),让学生在硬板床或地面上进行口对口人工呼吸和闭胸心脏按压急救手法的力度及节奏训练。根据心肺复苏模拟人显示器上的显示结果，评定学生急救手法的力度及节奏是否符合要求。

图 1.11　心肺复苏模拟人

（3）观察处理说明。说明在抢救中对触电者应如何进行观察和处理。

（4）实训报告。触电急救的现场操作实训报告如表 1.4 所示。

表 1.4　触电急救的现场操作实训报告

序号	操作内容	操作要领	适用场合
1	伤情诊断说明		
2	单独人工呼吸		
3	单独闭胸心脏按压		
4	心肺复苏操作		
5	观察处理说明		

实训所用时间：　　　　　实训人：　　　　　日期：

四、成绩评定

完成各项操作训练后，进行技能考核，参考表 1.5 中的评分标准进行成绩评定。

表 1.5　触电急救的现场操作评分标准

序号	考核内容	配分	评分细则
1	伤情诊断说明	10 分	伤情诊断说明正确：10 分
2	单独人工呼吸	25 分	① 操作手法正确：15 分。 ② 时间、节奏正确：10 分
3	单独闭胸心脏按压	25 分	① 操作手法正确：15 分。 ② 时间、节奏正确：10 分
4	心肺复苏操作	30 分	① 操作手法正确：20 分。 ② 节奏配合正确：10 分
5	观察处理说明	10 分	观察处理说明正确：10 分

任务4 电气火灾的应急处理训练

一、任务目标

1. 了解引起电气火灾的原因。
2. 熟悉电气火灾的预防措施。
3. 熟悉电气消防知识。

二、相关知识

1. 引起电气火灾的原因

（1）线路短路。线路短路时，线路中的电流增大为正常时的几倍甚至几十倍，而产生的热量又和电流的二次方成正比，使得温度急剧上升，明显超出了允许范围。当线路温度达到自燃物或可燃物的燃点时，便会燃烧甚至发生火灾。容易使线路发生短路的情况有以下几种。

① 电气设备的绝缘老化变质、受机械损伤，在高温、潮湿或腐蚀的作用下使绝缘层破损。

② 因雷击等过电压的作用，导致绝缘击穿。

③ 安装和检修工作中，接线和操作错误。

（2）电气设备过载。电气设备过载使导线中的电流超过导线允许通过的最大电流，而保护装置不能发挥作用，导致导线过热，烧坏绝缘层，因而引起火灾。电气设备过载的原因有以下几点。

① 设计选用的线路或设备不合理，以致在额定负载下出现过热现象。

② 用电设备使用不合理，如超载运行、连续使用时间过长，以致出现过热现象。

③ 设备故障运行，如三相电动机断相运行、三相变压器不对称运行，以致出现过载现象。

（3）导线接触不良。导线连接处接触不良，电流通过接触点时打火，引起火灾。导线接触不良的原因有以下几点。

① 接头连接不牢、焊接不良或接头处混有杂物，都会增大接触电阻而导致接头打火。

② 可拆卸的接头连接不紧密或由于振动而松动，也会增大接触电阻而导致接头打火。

③ 开关、接触器等活动触点没有足够的压力或接触面粗糙不平，都会导致打火。

④ 对于铜铝接头，由于铜和铝性质不同，接头处易受到电解作用的腐蚀，从而导致打火。

（4）用电时间过长。长时间使用发热电器，用完后忘关电源，时间一长，周围物品被引燃而引起火灾。引起电气火灾的原因示意图如图1.12所示。

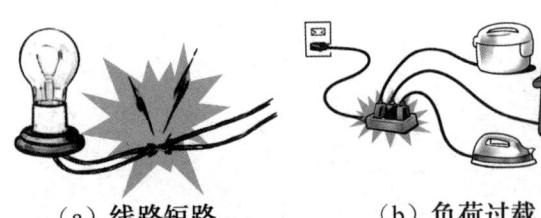 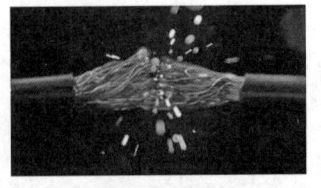 

（a）线路短路　　　　（b）负荷过载　　　　（c）导线接触不良　　　（d）用电时间过长

图 1.12　引起电气火灾的原因示意图

2．电气火灾的预防措施

（1）选择合适的导线和电器。当电气设备增多、电功率过大时，及时更换原有电路中不符合要求的导线及有关设备。

（2）选择合适的保护装置。这样可以预防发生线路过载或用电设备过热等情况。

（3）选择绝缘性能好的导线。对于热能电器，应选用石棉织物护套线绝缘。

（4）避免接头打火和短路。电路中的连接处应牢固、接触良好，防止短路。

3．电气消防知识

发生电气火灾时，应采取以下措施。

（1）发现电子装置、电气设备、电线、电缆等冒烟起火时，应尽快切断电源。

（2）使用沙土或专用灭火器进行灭火。

（3）灭火时，应避免身体或灭火工具触及导线或电气设备。

（4）若不能及时灭火，应立即拨打 119 报警。

几种常见的消防用灭火器的用途和使用方法如表 1.6 所示。

表 1.6　几种常见的消防用灭火器的用途和使用方法

项目	二氧化碳灭火器	干粉灭火器	1211 灭火器	泡沫灭火器
外形				
用途	适宜扑救精密仪器、电子设备，以及 600V 以下电器的初期火灾	适宜扑救油类、可燃气体、电气设备等的初期火灾	适宜扑救油类、仪器、文物及档案等贵重物品的初期火灾	适宜扑救油类及一般物品的初期火灾，不适宜扑救电气设备火灾
使用方法	一手握住喷筒，另一手拔出保险销（或撕掉铅封），打开开关，将喷嘴对准火源喷射	拔出保险销，一手握住喷筒，另一手拉动拉环，将喷嘴对准火源喷射	撕掉铝封、拔出保险销，一手抱住灭火器底部，另一手握住拉把开关，将喷嘴对准火源喷射	一手握住拉环，另一手握住筒身的底边，将灭火器颠倒过来，喷嘴对准火源，用力摇晃几下即可

三、实训内容

（1）火灾处理措施。假设某处发生电气火灾，让学生及时采取措施扑救火灾或报警。
（2）灭火器材的使用。能根据火灾情况，正确选择灭火器材，并模拟其使用方法。
（3）火灾灭火演习。在指导教师和学校保卫部门的指导下进行火灾灭火演习。
（4）检查火灾隐患。检查教室、宿舍和实验室的电路和电器是否存在引起火灾的隐患，并提出预防措施。

四、成绩评定

完成各项操作训练后，进行技能考核，参考表 1.7 中的评分标准进行成绩评定。

表 1.7 电气火灾的应急处理评分标准

序 号	考核内容	配 分	评分细则
1	火灾处理措施	20 分	① 应急动作迅速：10 分。 ② 处理措施恰当：10 分
2	灭火器材的使用	30 分	① 器材选择正确：10 分。 ② 操作、使用熟练：20 分
3	火灾灭火演习	30 分	① 器材使用正确：10 分。 ② 灭火操作熟练：20 分
4	检查火灾隐患	20 分	① 做好检查记录：10 分。 ② 提出预防措施：10 分

思考题

1. 在日常用电和电气维修中，哪些因素会导致触电？
2. 什么是安全电压？对安全电压值有何规定？
3. 简述保护接地和保护接零的作用。
4. 预防触电应该采取的安全措施主要有哪些？
5. 简述口对口人工呼吸法的操作要点。
6. 简述闭胸心脏按压法的操作要点。
7. 电工岗位责任制包括哪些内容？
8. 引起电气火灾的原因有哪些？
9. 发生电气火灾时，应采取哪些措施？

项目 2 电工基本操作

电工基本操作是电工技术的基本技能，是培养电工动手能力和解决实际问题能力的基础。熟练掌握常用电工工具的使用方法，掌握各种导线电连接和铜导线焊接技术，学会电气图的读图方法，并通过操作实践不断积累经验，才能逐步锻炼成为经验丰富、实践能力强的专用型人才。本项目包括常用电工工具的使用训练、导线电连接训练、铜导线焊接训练、电工识图训练这几个任务。

任务 1 常用电工工具的使用训练

一、任务目标

1. 熟悉常用电工工具的种类和用途。
2. 学会常用电工工具的基本使用方法。
3. 掌握常用电工工具的操作要领及注意事项。

二、相关知识

电工工具是电气安装与维修工作的必要工具，正确使用它们是提高工作效率、保证施工质量的重要条件，因此必须十分重视电工工具的使用方法。

电工工具种类繁多，这里仅对常用电工工具做一般介绍。对电工工具的使用过程是一个不断提高、不断实践的过程。

随身携带电工工具是电工随时携带的常用电工工具，包括尖嘴钳、克丝钳、偏口钳、剥线钳、镊子、螺丝刀、电工刀、活络扳手及试电笔等。此外，还有一些电工公用工具（不随身携带），如冲击电钻、喷灯、压接钳、台钻、电烙铁等。

下面介绍几种常用电工工具。

1. 常用随身携带电工工具

常用随身携带电工工具的主要用途和正确使用方法如表 2.1 所示，其外形图如图 2.1 所示。

表2.1 常用随身携带电工工具的主要用途和正确使用方法

名　　称	主要用途和正确使用方法
尖嘴钳	用于夹持小型金属零件、弯曲细引线或导线，不宜夹持螺母
克丝钳	用于截断钢丝和电线、夹持螺母或零件，不宜敲打设备上的零件等物体
偏口钳	用于剪切焊接后的电子元件引线、剥离导线绝缘层、切断细电线，不宜截断钢丝
剥线钳	用于剥离较细导线的绝缘层，要选择合适的刃口，以防损伤线芯
镊子	用于夹持电子元件进行焊接或拆焊，不宜夹持较大的元件
螺丝刀	专门用于旋拧螺钉，分一字和十字两种。要选择合适的规格，不能用力过大，以防螺钉头损坏和滑扣
电工刀	用于切割软物体和剥离导线绝缘层，剖削角度要合适，以防割伤线芯
活络扳手	用于紧固和起松螺母，用力方向要正确，不宜敲打设备上的零件等物体
试电笔	用于检验工作电压为500V以下的导体或各种用电设备的金属外壳是否带电，使用方法详见后面关于试电笔的介绍

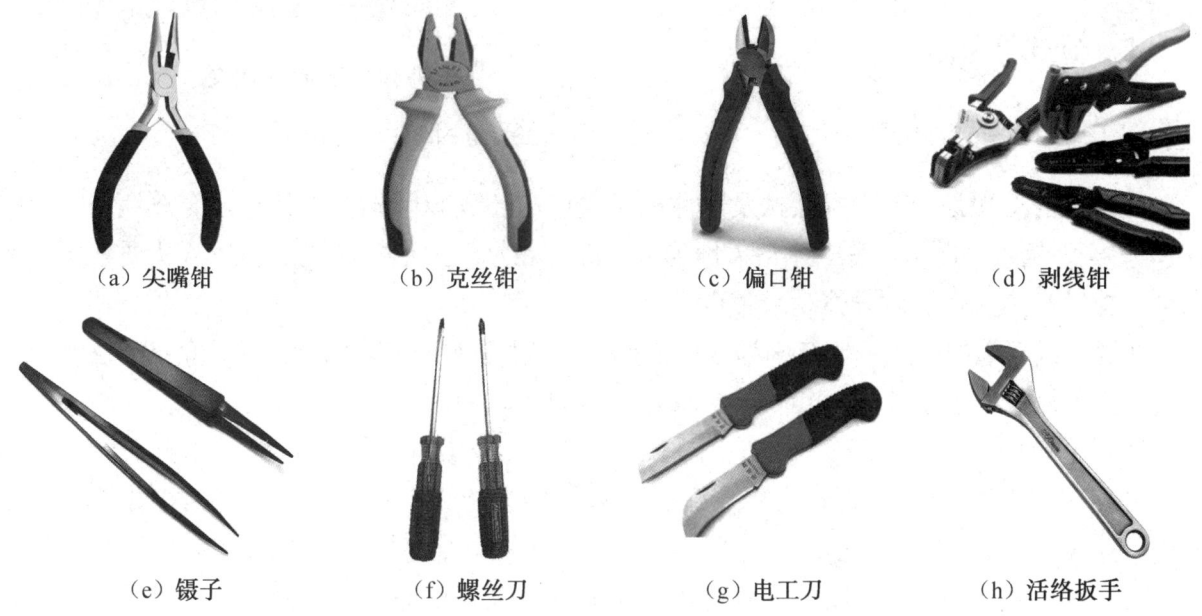

(a) 尖嘴钳　　(b) 克丝钳　　(c) 偏口钳　　(d) 剥线钳

(e) 镊子　　(f) 螺丝刀　　(g) 电工刀　　(h) 活络扳手

图2.1　常用随身携带电工工具的外形图

克丝钳，别称钢丝钳、老虎钳，是一种常用电工工具，可以把坚硬的细钢丝夹断，在安装维修工艺和日常生活中都很常用。克丝钳由钳头和钳柄组成，钳头包括钳口、齿口、刃口、铡口，如图2.2所示。克丝钳各部位的作用：①齿口可用来紧固或拧松螺母；②刃口可用来剖切软电线的橡皮或塑料绝缘层，也可用来剪切电线、铁丝；③铡口可用来切断钢丝等较硬的金属丝；④钳柄带有绝缘套管，耐压在500V以上，有了它，就可以带电剪切电线了。使用中，注意保护绝缘套管，避免发生触电事故。电工常用的克丝钳有150mm、175mm、200mm及220mm等多种规格。

试电笔又称低压验电器，是电工常用的辅助安全工具，用于检验工作电压为500V以下的导体或各种用电设备的金属外壳是否带电。

试电笔的结构图如图2.3所示。试电笔由氖管、电阻、弹簧、笔尖探头（刀体探头）、笔身（刀柄）和尾帽（螺钉）组成。

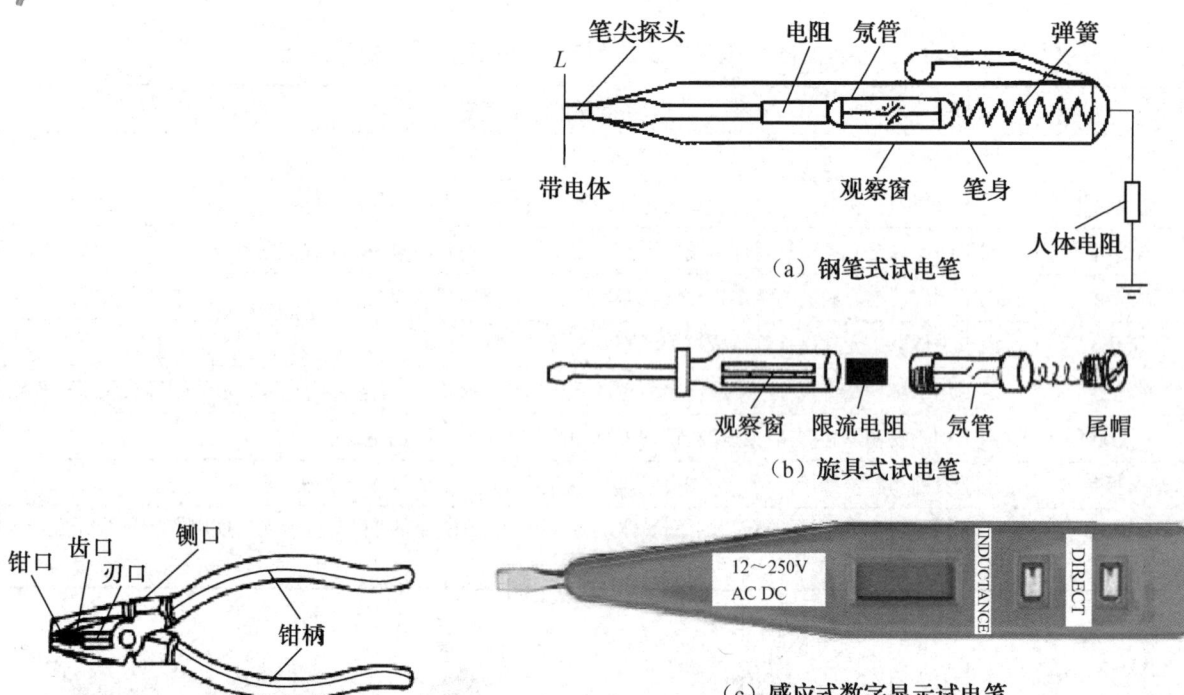

图2.3 试电笔的结构图

图2.2 克丝钳的结构图

试电笔的原理是当笔尖探头探及物体的带电电压超过 60V 时,人体通过金属笔挂(或螺钉)、弹簧、氖管、电阻、带电体与大地形成回路,在氖管内形成辉光放电。可从观察窗观察氖管是否发光来判断被测导体是否带电。

注意:试电笔的电压测试范围为 60~500V,使用前,要在有电的电源上检查氖管能否正常发光;使用时,要防止人体触及笔尖探头、带电体。

试电笔的使用方法如下。

(1)区别电源相线和零线(或地线),若被检线为相线,氖管发光,若被检线为零线和地线,氖管不发光。

(2)区别直流与交流,被测电压为直流电压时,氖管里的两个电极只有一个发光;被测电压为交流电压时,氖管里的两个电极都发光。

(3)区别直流电源的正极、负极,将试电笔分别接在直流电的两极上,氖管发光时,试电笔所接的电极为负极;氖管不发光时,试电笔所接的电极为正极。

(4)区别被测电压的高低,氖管发光亮度越大说明被测电压越高。

(5)感应式数字显示试电笔适合直接检测 12~250V 的交流/直流电压,也可以通过检测交流零线、相线和导线断点来间接检测电压,读数直观,功能齐全,价格低。感应式数字显示试电笔使用说明如下。

① 直接检测:使试电笔金属前端直接接触线路,并按下"DIRECT"键(直接检测键)。

② 间接检测:按下"INDUCTANCE"键(感应断点键)便可进行间接检测,而不需要使试电笔与线路直接接触。

2. 电工公用工具(不随身携带)

1)冲击电钻

冲击电钻是一种安装用的电动工具,具有两种功能:一种是作为普通电钻使用,使用时,应把调节开关扳到标记为"钻"的位置；另一种是用来冲打混凝土砌块和砖墙等建筑面的紧固孔和导线过墙孔，使用时，应把调节开关扳到标记为"锤"的位置。220V 交直流手电钻的结构图如图 2.4 所示。

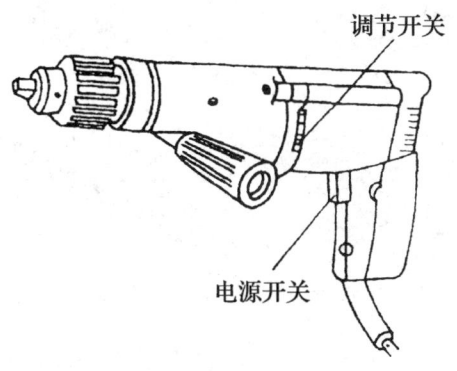

图 2.4　220V 交直流手电钻的结构图

小型冲击电钻通常可冲打直径为 6～16mm 的圆孔。有的冲击电钻可以调节转速，转速有双速和三速之分，需要调速或调挡时，均应在电钻停转的情况下进行。用冲击电钻冲钻墙孔时，必须配有专用的合金冲击钻头，其规格按所需孔径选配，常用的规格有 8mm、10mm、12mm 及 16mm 等。

在用冲击电钻冲钻墙孔的过程中，应间隔一定时间把钻头拔出，退出砖屑后继续钻孔。在钢筋混凝土建筑物上用冲击电钻钻孔，当钻头遭遇坚韧物体时，不应施加太大的压力，以免钻头因过热而退火，退火后的钻头硬度下降，就不能继续使用了。

2）压接钳

压接钳是连接导线或导线端头的常用电工工具，因为采用压接的电连接，所以施工方便，接触电阻较小，牢固可靠。根据压接导线和压接管截面积的不同，可以选择不同规格的压接钳。两种压接钳的使用范围如表 2.2 所示，冷压压接钳的外形结构图如图 2.5 所示。

表 2.2　两种压接钳的使用范围

名　　称	型　　号	使 用 范 围
多股导线压接钳	—	压接截面积为 1.0～6.0mm^2 的多股导线
单股导线压接钳	—	压接截面积为 2.5～10.0mm^2 的单股导线

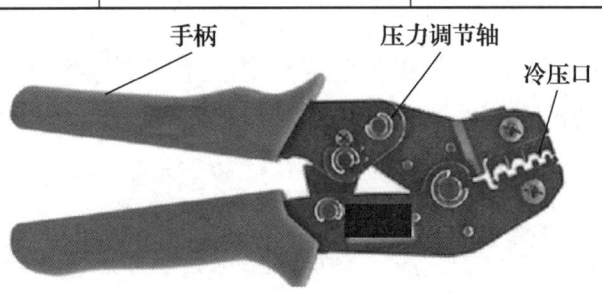

图 2.5　冷压压接钳的外形结构图

压接方法适用于铝芯导线的连接，压接前，先选择好合适的压接管，清除导线表面和压接管内壁上的氧化层及污物，再将两根导线相对插入并穿出压接管，然后用压接钳压接。压接钳在压接管上的压坑数目视导线直径及压接管长度而定，压接管的压接方法如图 2.6 所示。

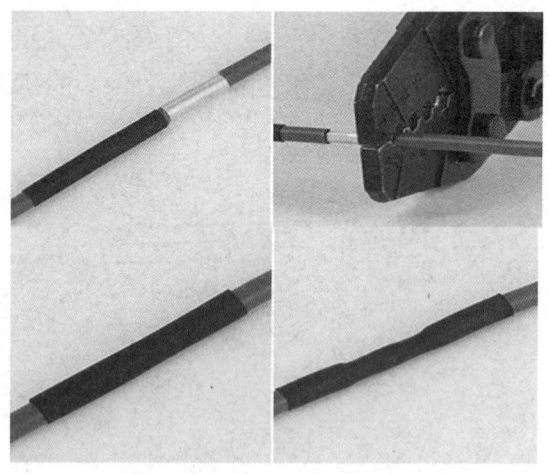

图 2.6　压接管的压接方法

3）电烙铁

电烙铁是手工锡焊的主要工具，选择合适的电烙铁并合理使用是保证焊接质量的基础。电烙铁根据加热方式的不同，可分为直热式、感应式、气体燃烧式等；根据电热功率的不同，可分为20W、30～300W等规格；根据功能的不同，可分为单用式、两用式、调温式等。最常用的电烙铁是单用式直热电烙铁，它又可分为内热式和外热式两种。直热式电烙铁主要由以下几部分组成，如图2.7所示。

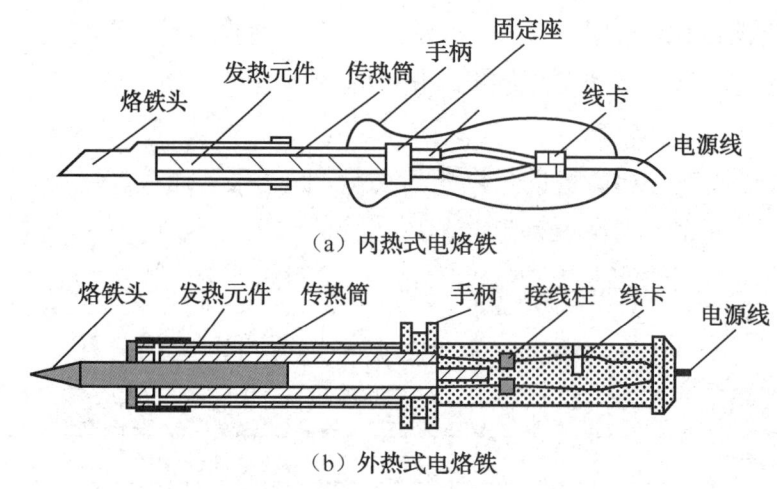

图 2.7　直热式电烙铁的结构图

（1）发热元件：俗称烙铁芯，是将镍铬合金电阻丝缠绕在耐热材料上而制成的。发热元件在传热体内部的电烙铁被称为内热式电烙铁，反之则为外热式电烙铁。

（2）烙铁头：一般用紫铜制成，用于热能存储和传递。烙铁头在使用中，因高温氧化和助焊剂腐蚀，端部会变得凹凸不平，需要经常清理和锉削修整。

（3）手柄：一般用木料或胶木制成。设计不良或安装不当的手柄常因温度升得过高而影响使用。

（4）电源线与电源插头。

在科研、生产、仪器维修中，可根据不同的施焊对象选择不同种类的电烙铁。电烙铁的功率和种类一般是根据焊件大小与材料性质来确定的。在有特殊要求时，可以选择感应式、调温式等规格的电烙铁。电烙铁的选用可参考表2.3。

表 2.3 电烙铁的选用参考

焊件及施焊性质	电烙铁的选用规格	烙铁头的温度
一般的印制电路板	20W 内热式,30W 外热式,恒温式	300～400℃
集成电路	20W 内热式,恒温式,储能式	300～400℃
焊片、电位器、功率为3W以上的电阻器、功率管	35～50W 内热式,外热式,恒温式	350～450℃
截面积为 2.5 mm² 以下的铜导线的接头焊接	50～100W 外热式	400～500℃

电烙铁的握法有三种,即正握法、反握法、笔握法,如图 2.8 所示。正握法适用于中功率电烙铁或带弯头电烙铁的焊接,反握法适用于大功率电烙铁的焊接,笔握法适用于小功率电烙铁的焊接(焊接印制电路板)。

　(a) 正握法　　　　(b) 反握法　　　　(c) 笔握法

图 2.8 电烙铁的三种握法

使用电烙铁的注意事项如下。

(1) 用电烙铁焊接时,挥发的气体对人体有害,长期吸入会损害人体健康。一般电烙铁与鼻子的距离不能小于 20cm,以 30cm 为宜。

(2) 使用电烙铁前,必须检查两根电源线与保护接地线的接头是否正确,千万不能接错,否则会使操作人员触电。

(3) 初次使用电烙铁时,应在烙铁头上浸一层锡;使用一段时间电烙铁后,需要清理传热筒上的氧化层;使用电烙铁的过程中,不能任意敲击烙铁头,以免损坏发热元件。

(4) 电烙铁的助焊剂一般应使用松香或中性助焊剂,不宜选用酸性助焊剂,以免腐蚀电子元件的引脚和烙铁头。

(5) 烙铁头要保持清洁。使用电烙铁时,可在石棉毡等织物上擦几下烙铁头,以除去烙铁头上的氧化层;电烙铁经过长期使用,烙铁头表面可能出现不能上锡(烧死)的现象,这时先用刮刀刮去焊锡,再用锉刀除去表面黑灰色的氧化层,最后重新浸锡。

(6) 电烙铁在工作时要放在专用的电烙铁架上,以免烫坏导线绝缘层和衣服。

电烙铁锡焊导线的操作方法如下。

(1) 去掉一定长度的绝缘层。

(2) 除去线芯上的氧化层,并套上合适的绝缘套管。

(3) 绞合两根线芯,剪齐端部,用电烙铁焊接。

(4) 趁热套上绝缘套管,绝缘套管冷却后会固定在接头处。

注意:焊接后的接头处不能有毛刺,以免刺穿绝缘套管。

导线焊接操作过程如图 2.9 所示。

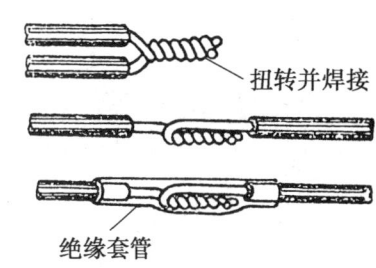

图 2.9 导线焊接操作过程

三、实训内容

1. 实训用工具和材料

（1）工具：随身携带电工工具一套，冲击电钻、冷压压接钳、35W 电烙铁各一把。
（2）材料：GT-2.5 压接铜管、单股截面积为 2.5mm^2 的铜导线、多股截面积为 2.5mm^2 的导线、焊锡、助焊剂。

2. 实训要求

（1）常用随身携带电工工具的使用训练：进行各种工具的基本使用操作。
（2）冲击电钻的使用训练：用冲击电钻在墙上开凿墙孔。
（3）压接钳的使用训练：用压接钳压接多股截面积为 2.5mm^2 的铜导线。
（4）电烙铁的使用训练：用电烙铁焊接单股截面积为 2.5mm^2 的铜导线。

3. 实训报告

根据常用电工工具的使用训练，填写表 2.4 中有关内容。

表 2.4 常用电工工具的使用实训报告

序号	实训项目	主要用途	使用要领	注意事项
1	尖嘴钳的使用训练			
2	克丝钳的使用训练			
3	偏口钳的使用训练			
4	剥线钳的使用训练			
5	镊子的使用训练			
6	螺丝刀的使用训练			
7	电工刀的使用训练			
8	活络扳手的使用训练			
9	试电笔的使用训练			
10	冲击电钻的使用训练			
11	压接钳的使用训练			
12	电烙铁的使用训练			

实训所用时间：　　　　　实训人：　　　　　日期：

四、成绩评定

完成各项操作训练后，进行技能考核，参考表 2.5 中的评分标准进行成绩评定。

表 2.5 常用电工工具的使用评分标准

序　号	考核内容	配　　分	评分细则
1	第 1~8 种工具的使用	40 分	① 使用要领叙述正确：共 16 分，每种 2 分。 ② 实际操作使用正确：共 24 分，每种 3 分

续表

序 号	考核内容	配 分	评分细则
2	第9～12种工具的使用	40分	① 使用要领叙述正确：共20分，每种5分。 ② 实际操作使用正确：共20分，每种5分
3	各种工具的维护	10分	用完后完好无损，损坏一件扣5分
4	安全、文明生产	10分	① 遵守操作规程[①]，无违章操作情况：5分。 ② 听从教师安排，无各类事故发生：5分

任务2　导线电连接训练

一、任务目标

1. 熟练掌握单股导线之间和多股导线之间的各种电连接操作技能。
2. 学会单股导线与接线端子之间、多股导线与接线端子之间的电连接操作技能。
3. 掌握导线电连接后的绝缘恢复操作技能。

二、相关知识

在电气安装与线路维护工作中，通常因导线长度不够或线路有分支，需要把一根导线与另一根导线做成固定电连接，把电线终端与配电箱或用电设备做成固定电连接，这些固定电连接处被称为接头。导线的电连接是电工技术工作中的一道重要工序，电工都必须熟练掌握这项操作技能。

导线的电连接方法有很多，主要有铰接法、焊接法、压接法等。不同的电连接方法适用于不同的导线种类和不同的使用环境。

导线电连接的要求：导线接头处的接触电阻应尽量小，也就是在通过电流时，接头处的电压降不能超过允许的最大值；接头处的机械强度不能低于原导线机械强度的80%；接头处有绝缘要求的，其绝缘强度不能比原导线低；接头处能够耐受有害气体的腐蚀。

1．剖削绝缘层

在进行导线电连接之前，必须将导线端部或导线中间清理干净，剖削绝缘层的方法要正确。对于橡胶绝缘线，要分段剖削，如图2.10所示；对于无保护套的塑料绝缘线，应采用单层剖削。剖削绝缘层时，不能损伤线芯，裸露线的长度一般为50～100mm，截面积小的导线要短一些，截面积大的导线要长一些。

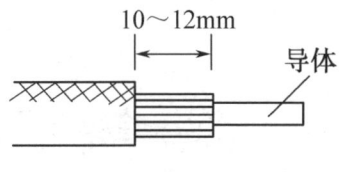

图2.10　橡胶绝缘线的剖削

[①] 操作规程即《电工安全技术操作规程》，下同。

2. 单股导线的直接连接和 T 形连接方法

铰接法适用于截面积小于 $6mm^2$ 的单股铜（铝）导线的电连接，有直接连接、T 形连接等形式。单股导线的铰接如图 2.11 所示。单股导线的连接步骤如表 2.6 所示。

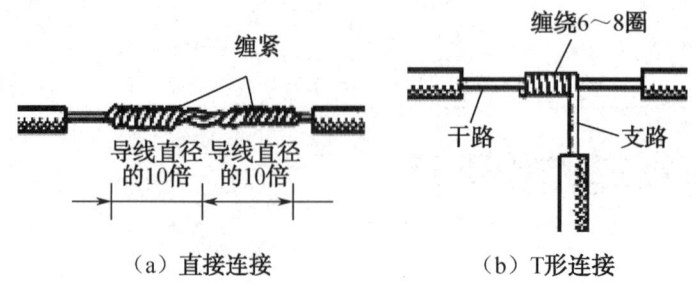

(a) 直接连接　　　　　(b) T 形连接

图 2.11　单股导线的铰接

表 2.6　单股导线的连接步骤

连 接 种 类	连 接 步 骤
单股导线的直接连接	剖削两根导线的连接端，除去 50～100mm 的绝缘层
	将两根金属导线的线头接成 X 形
	使 X 形的导线互相绞绕 10 圈
	扳直两根互相绞绕的金属导线的线头
	使每根导线的线头在芯线上贴紧缠绕 10 圈，剪去多余的线头，除去毛刺
单股导线的 T 形连接	用剥线钳剥开两根导线的绝缘层，剥去直通导线（干线）中间一段的绝缘层
	将支线和干线的金属导线做十字交叉
	将支线芯线按顺时针方向紧贴干线密绕 6～8 圈
	用克丝钳剪去余下的芯线，再除去毛刺

3. 多股导线的直接连接和 T 形连接方法

多股导线的直接连接和 T 形连接如图 2.12 所示，多股导线的连接步骤如表 2.7 所示。

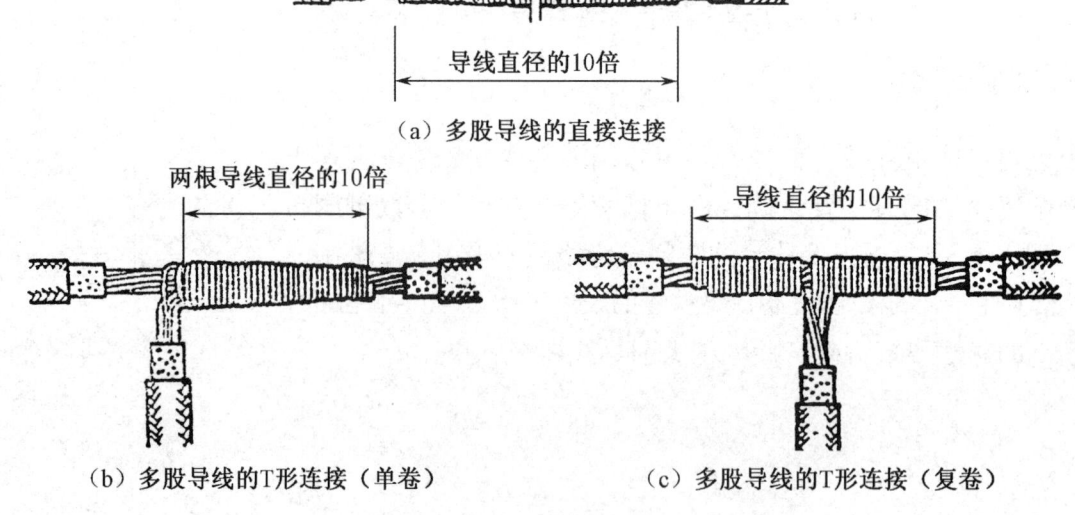

(a) 多股导线的直接连接

(b) 多股导线的 T 形连接（单卷）　　　　　(c) 多股导线的 T 形连接（复卷）

图 2.12　多股导线的直接连接和 T 形连接

表2.7 多股导线的连接步骤

连 接 种 类	连 接 步 骤
多股导线的直接连接	两根导线直线连接采用插接缠绕法。把两根导线线头的绝缘层剥开，除去氧化层，拉直线头，将中心部分的导线切短1/2
	拧开多股导线，将两头线芯插接在一起，利用导线本身缠绕连接
	把对叉的线芯压平，扳起1～3根线芯从中心处开始缠绕，缠完之后，再扳起第二个1～3根线芯继续缠绕，直到缠完为止
多股导线的T形连接	剥去导线绝缘层，将分支线弯成90°形状，使支线紧靠在干线上。扳起1～3根分支芯线，使之与干线紧密缠绕
	单卷：缠完第一个1～3根线芯之后，再扳起第二个1～3根线芯继续缠绕，直到缠完为止，修剪毛刺
	复卷：将分支线根部绞紧，把其余长度的线股均分并紧密排拢在一起，分别向两边紧密缠绕，缠完之后，修剪毛刺

4．导线绝缘层的恢复

连接好导线后，必须恢复绝缘，而导线的绝缘层破损后，也必须恢复其绝缘。要求恢复后的绝缘强度不低于原来绝缘层的绝缘强度。通常将黄蜡带、涤纶薄膜带和黑胶带作为恢复绝缘层的材料，黄蜡带和黑胶带一般选用20mm的宽度，该尺度较为适中，包缠操作也方便。

直连导线绝缘带的包缠方法：将黄蜡带从导线左边完整的绝缘层上开始包缠，包缠两个带宽后方可进入无绝缘层的金属芯线部分，如图2.13（a）所示；包缠时，黄蜡带与导线保持约60°的倾斜角，每圈压叠带宽的1/2，如图2.13（b）所示；包缠一层黄蜡带后，将黑胶带接在黄蜡带的尾端，按反向斜叠方向包缠一层黑胶带，也要每圈压叠带宽的1/2，如图2.13（c）、（d）所示。

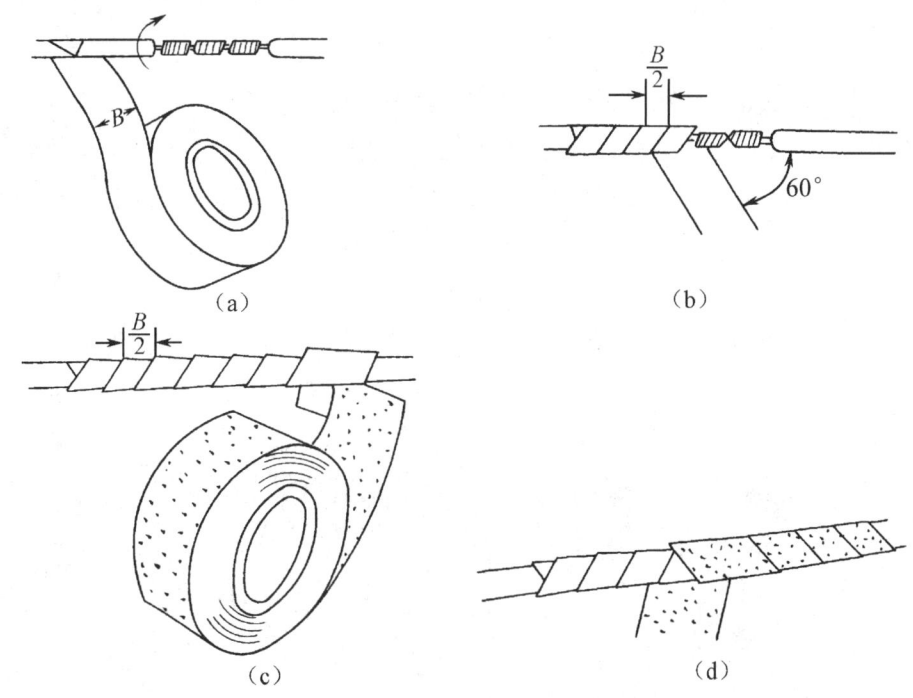

图2.13 直连导线绝缘带的包缠方法

T形连接导线的绝缘恢复步骤如图2.14所示。

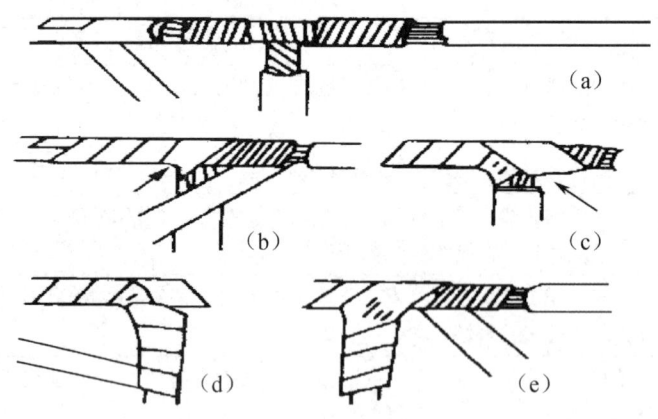

图2.14　T形连接导线的绝缘恢复步骤

在380V线路上的导线恢复绝缘时，必须先包缠1～2层黄蜡带，再包缠一层黑胶带；在220V线路上的导线恢复绝缘时，先包缠一层黄蜡带，再包缠一层黑胶带。包缠绝缘带时，不能过疏，更不允许露出芯线，以免造成触电或短路事故。包缠绝缘带时，要拉紧，包缠得紧密、坚实，并使相邻两圈粘连在一起，以免有害气体进入。绝缘带不可放在温度高的地方，也不可浸染油类。

5. 导线与接线端子的连接

在各种电气元件或电气装置上，均有用于连接导线的接线端子。常用的接线端子有针孔式和螺钉平压式两种。

（1）导线端头与针孔式接线端子的连接。在针孔式接线端子上接线时，如果单股芯线的直径与接线端子插线孔的大小匹配，则只要把线头插入孔中，旋紧螺钉即可；如果单股芯线较细，则要把芯线端头折成两根再插入孔中，如图2.15（a）所示；如果是多股细丝铜软线，必须先把线头绞紧并搪锡或装接针孔式导线端头，再与接线端子连接。

注意：不可有细丝露在接线孔外面，以免发生短路事故。

（2）导线端头与螺钉平压式接线端子的连接。在螺钉平压式接线端子上接线时，对于截面积为10mm^{2}以下的单股导线，应把线头弯成圆弧状，弯曲的方向应与螺钉拧紧的方向一致，如图2.15（b）所示。

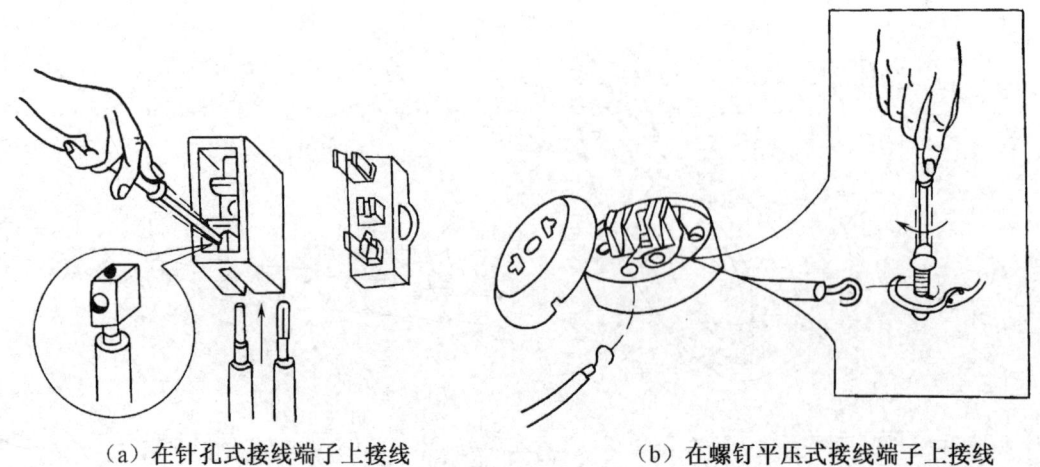

（a）在针孔式接线端子上接线　　　　（b）在螺钉平压式接线端子上接线

图2.15　导线与接线端子的连接方法

6. 导线与导线端头的连接

当多股软导线或较大面积的单股导线与电气元件或电气设备的接线柱连接时，需要装接相应规格的导线端头，应按接线端子的类型选择导线端头，各种形状的导线端头如图2.16所示。

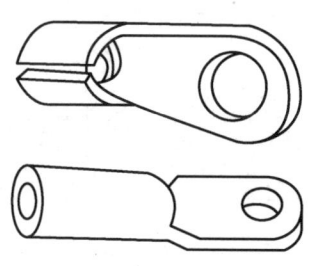 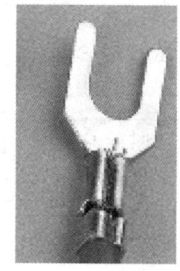 

（a）O形导线端头　　　　　（b）U形导线端头　　　（c）新型O形导线端头、U形导线端头

图 2.16　各种形状的导线端头

（1）单股或多股铝导线与端头的连接一般采用压接方法，这里的压接方法与铝导线的压接方法相同。有条件的也可以采用气焊法。

（2）单股或多股铜导线与端头的连接通常采用压接和锡焊两种方法。这里的压接方法与铝导线的压接方法相同。锡焊方法有三种：截面积在 2.5mm^2 以下的导线，应采用电烙铁锡焊；截面积在 4～16mm^2 的导线，应采用蘸锡焊接；截面积在 16mm^2 以上的导线，应采用浇锡焊接。

三、实训内容

1. 实训用工具和材料

（1）工具：常用电工工具 1 套，O 形导线端头 10 个，U 形导线端头 10 个，0.5～6mm^2 压接钳 1 把。

（2）材料：实训用材料明细表如表 2.8 所示。

表 2.8　实训用材料明细表

名　称	型号规格	数　量
单股绝缘铜线	BV1.5	2m
单股绝缘铝线	BVL2.5	2m
塑料绝缘软线	BVR1.0	2m
O 形导线端头	OT1.0～2.5	10 个
U 形导线端头	UT1.0～2.5	10 个

2. 实训要求

（1）按相关要求剖削导线绝缘层。

（2）单股导线、多股导线的直接连接和 T 形连接。

(3) 按相关要求进行导线连接后的绝缘恢复。

(4) 压接导线端头，O 形导线端头和 U 形导线端头各 10 个。

3. 实训报告

根据导线电连接训练，填写表 2.9 中有关内容。

表 2.9　导线电连接实训报告

项　　目	种　　类		导线型号规格	导线剖削长度/cm	导线连接长度/cm	导线缠绕圈数/圈	导线包缠长度/cm
单股导线连接	直接连接						
	T 形连接	干线					
		支线					
多股导线连接	直接连接						
	T 形连接	干线					
		支线					
压接导线端头	O 形					—	—
	U 形					—	—

实训所用时间：　　　　　　　实训人：　　　　　　　日期：

四、成绩评定

完成各项操作训练后，进行技能考核，参考表 2.10 中的评分标准进行成绩评定。

表 2.10　导线电连接评分标准

序　号	考核内容	配　分	评分细则
1	绝缘导线剖削	15 分	① 剖削长度正确：5 分。 ② 线芯无损伤：5 分。 ③ 剖削过程正确：5 分
2	导线连接	25 分	① 缠绕方法正确：10 分。 ② 缠绕整齐、紧密：10 分。 ③ 缠绕圈数正确：5 分
3	绝缘包缠	20 分	① 包缠方法正确：10 分。 ② 包缠紧密：10 分
4	压接端头	30 分	① 端头压接牢固：10 分。 ② 导线裸露长度适当：10 分。 ③ 不压接绝缘层：10 分
5	安全、文明生产	10 分	① 正确使用工具，用完后完好无损：5 分。 ② 保持工位卫生，做好清洁及整理：5 分
6	操作完成时间 30min		在规定时间内完成，每超时 5min 扣 5 分

任务3　铜导线焊接训练

一、任务目标

1. 了解铜导线的各种焊接方法。
2. 学会铜导线的蘸锡焊接工艺。
3. 掌握电烙铁锡焊的操作技能。

二、相关知识

1. 电阻焊焊接

对单股铜（铝）导线的连接可采用电阻焊焊接，即低电压（6～12V）碳电极电阻焊焊接，先将两根导线剖削 30～50mm，再将两根裸金属线绞合并剪齐，剩余 20～30mm，将焊接电源的一极与被焊接头接上。操纵焊接电极（碳电极）接通焊接电源，随着接触点温度的升高，适量加入焊药（助焊剂），使接头处熔化为球状，如图 2.17 所示。焊点熔化后，将焊把移走，经冷却形成牢固的电连接。

2. 铜导线的锡焊连接

连接好铜导线以后，为保证机械强度和电连接可靠、永久，还应进行焊接处理，工程要求对 70mm² 以下（导体截面积）的接头一般实施锡焊。电接头的锡焊方法通常有三种，即浇锡焊接、蘸锡焊接和电烙铁锡焊。

1）浇锡焊接

浇锡焊接用于截面积为 16～70mm² 的铜导线接头的焊接。焊接方法是把锡放入锡锅内加热熔化，将连接好的导线的接头处打磨干净，涂上助焊剂，放在锡锅正上方，用钢勺盛上熔化的锡，从接头上面浇下，如图 2.18 所示。

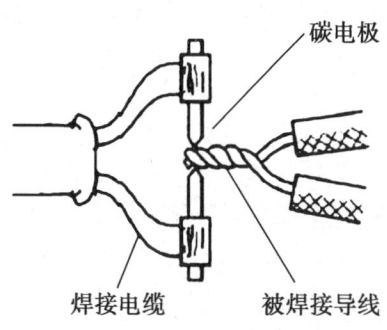

图 2.17　导线的电阻焊焊接

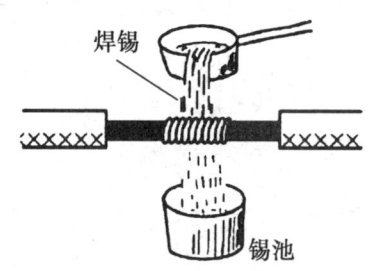

图 2.18　导线的浇锡焊接

2）蘸锡焊接

蘸锡焊接用于截面积为 2.5～16mm² 的铜导线接头的焊接，蘸锡焊接是把锡放入锡锅内加热熔化，将接头处打磨干净，涂上助焊剂后，放入锡锅中蘸锡，待全部浸润后取出，并除去污物。

3）电烙铁锡焊

电烙铁锡焊用于截面积在 2.5mm² 以下的铜导线接头的焊接。

电烙铁锡焊的操作要领如下。

（1）保证烙铁头清洁，温度适于焊锡。

（2）采取正确的传热方法，尽量增加烙铁头与焊件的接触面积，焊接中不能对焊件施加力。

（3）烙铁头上留有少量液态锡有助于热量传递，依靠锡桥传热，使焊件很快被加热到焊接温度。

（4）在焊锡凝固之前，不要使焊件移动或振动。

（5）助焊剂与焊料用量要适中，不能过多或过少。

（6）不要将烙铁头作为焊锡的运载工具，烙铁头的焊锡易氧化，助焊剂易挥发，易导致焊点质量缺陷。

3. 锡焊材料

（1）焊料。焊料是一种低熔点合金，被电烙铁加热可以变为液态，附着在焊件上，冷却后变为固态，以保证接点牢固和导电良好。常用的锡焊焊料是锡铅合金，其中除了含有锡、铅，还含有其他元素。由于铅污染环境，对人体有害，近年来出现了无铅焊料，我国正在推广中。手工电烙铁锡焊常采用管状焊锡丝，它将锡铅合金制成管状而内部填充助焊剂，焊料一般含锡 60%左右，内部助焊剂是优质松香加了一定量的活化剂。焊锡丝的直径有 0.5mm、0.8mm、1.0mm、1.5mm 及 2.0mm 等。

（2）助焊剂。助焊剂分为无机类、有机类、松香类三种，常用的是松香类。松香的主要成分是松香酸和松脂酸酐，在常温下，其化学活性差，呈中性，在被加热熔化时呈酸性，可以溶解焊件上的氧化物，并悬浮在液态焊料表面，阻止焊锡被氧化且降低液态锡的表面张力，增加液态锡的流动性。冷却后，松香又恢复成固态，有较高的绝缘性，而腐蚀性很小。根据经验，将松香溶于酒精制成松香溶液（由松香与酒精按 1∶3 的比例配制而成），将该溶液用于手工锡焊的效果非常显著（牢固性好）。

总之，助焊剂在锡焊中的作用是除去被焊金属的氧化层，阻止液态锡被氧化，降低液态锡的表面张力，增加液态锡的流动性。

三、实训内容

1. 实训用工具与材料

（1）工具：电工工具一套，电热锡锅一口，100W 电烙铁一把。

（2）材料：焊锡、助焊剂、单股铜导线、多股铜导线。

2．实训要求

（1）同规格单股铜导线直连接头的电烙铁锡焊。

（2）同规格多股铜导线 T 形接头的蘸锡焊接。

3．实训报告

根据铜导线焊接训练，填写表 2.11 中有关内容。

表 2.11 铜导线焊接实训报告

项 目	种 类	导线型号规格	导线剖削长度	导线焊接长度	外观质量
电烙铁锡焊	直连接头焊接				
蘸锡焊接	T 形接头焊接				

实训所用时间： 实训人： 日期：

四、成绩评定

完成各项操作训练后，进行技能考核，参考表 2.12 中的评分标准进行成绩评定。

表 2.12 铜导线焊接评分标准

序 号	考核内容	配 分	评分细则
1	焊接工具使用	30 分	① 工具使用正确：10 分。 ② 焊料、助焊剂使用正确：10 分。 ③ 焊接质量好：10 分
2	焊接工艺	30 分	① 无漏焊：10 分。 ② 无虚焊：10 分。 ③ 无残留助焊剂：10 分
3	焊接外观	30 分	① 外观光洁：10 分。 ② 外观无毛刺：10 分。 ③ 焊接牢固：10 分
4	安全、文明生产	10 分	① 正确使用工具，用完后完好无损：5 分。 ② 保持工位卫生，做好清洁及整理：5 分
5	操作完成时间 30min		在规定时间内完成，每超时 5min 扣 5 分

任务 4　电工识图训练

一、任务目标

1．了解电气控制原理图和电气施工图的构成。

2．认识电气原理图中各电气元件的图形符号与文字符号。

3．掌握电工读图的步骤与方法，准确识读电气控制原理图。

二、相关知识

在电气控制系统中,首先由配电器将电能分配给不同的用电设备,再由控制电器使电动机按设定的程序运转,实现由电能到机械能的转换,满足不同生产机械的要求。在电工领域,安装、维修都要依靠电气控制原理图和电气施工图,电气施工图又包括电气元件布置图和电气接线图。

电气控制原理图是电气工程技术的通用语言。为了便于信息交流与沟通,在电气控制原理图中,各种电气元件的图形符号和文字符号必须统一,因此我国颁布了《电气技术用文件的编制 第1部分:规则》(GB/T 6988.1—2008)。电气控制原理图中的图形符号和文字符号必须符合国家标准。

1. 常用低压电气元件的图形符号和文字符号

常用的低压电气元件主要有刀开关、转换开关、熔断器、断路器、接触器、继电器、启动器、主令电器、电磁铁等。

2. 电气控制原理图

电气控制原理图是根据电气控制系统的工作原理,采用电气元件展开的形式给出的,形式上概括了所有电气元件的导电部分和接线端子。电气控制原理图并非按电气元件的实际外形和位置来绘制的,而是按电气元件在控制系统中的作用将其画在特定的位置。

电气控制原理图由主线路、控制线路及辅助线路组成。主线路(大电流经过的回路)的标号由文字符号和数字组成。文字符号用于标明主线路中的元件或线路的主要特征,数字用于区分不同元件或不同线段。三相交流电源的引入线要用 L_1、L_2、L_3 标示,经电源开关后用 U、V、W 或 U、V、W 后加数字标示。

控制线路就是控制主线路工作状态的电路,其标志由三位或三位以下的数字组成。交流控制线路一般以降压元件(接触器电磁线圈、照明灯或指示灯)分界,接触器电磁线圈用奇数标示,照明灯或指示灯用偶数标示。在直流控制线路中,正极用奇数标示,负极用偶数标示。

下面来看一个图例,图2.19所示为某机床的电气控制原理图,可以看出以下几点。

(1)电气控制原理图由主线路和辅助线路组成。主线路是设备的驱动电路,包括从电源到电动机的强电流所通过的部分;辅助线路包括控制线路、照明线路、信号线路等,主要是实现控制功能的弱电流部分。

(2)电气控制原理图采用垂直布线,电源线水平引入。控制线路中的耗能元件(电磁线圈、指示灯)画在最下端。

(3)所有电气元件都没有画出外形,只用国家标准规定的图形符号和文字符号标示,同一元件的不同导电部分根据需要画在不同的位置,同时以相同的文字符号标示。若同一类的电气元件有多个,则以文字符号加下标方式区分,如 KM_1、KM_2。

(4)所有电气元件的可动部分表示在非受激励或不工作状态,手动元件被表示为不受外力驱动的自然状态。

（5）图2.19中央的1~8为电路坐标编号，表示横向分8个区。

（6）图2.19上方方框内的电源开关等表示其下方元件的控制功能，这部分被称为功能表。

（7）元件数据、导线种类、导线直径等可直接在电气控制原理图中标出。

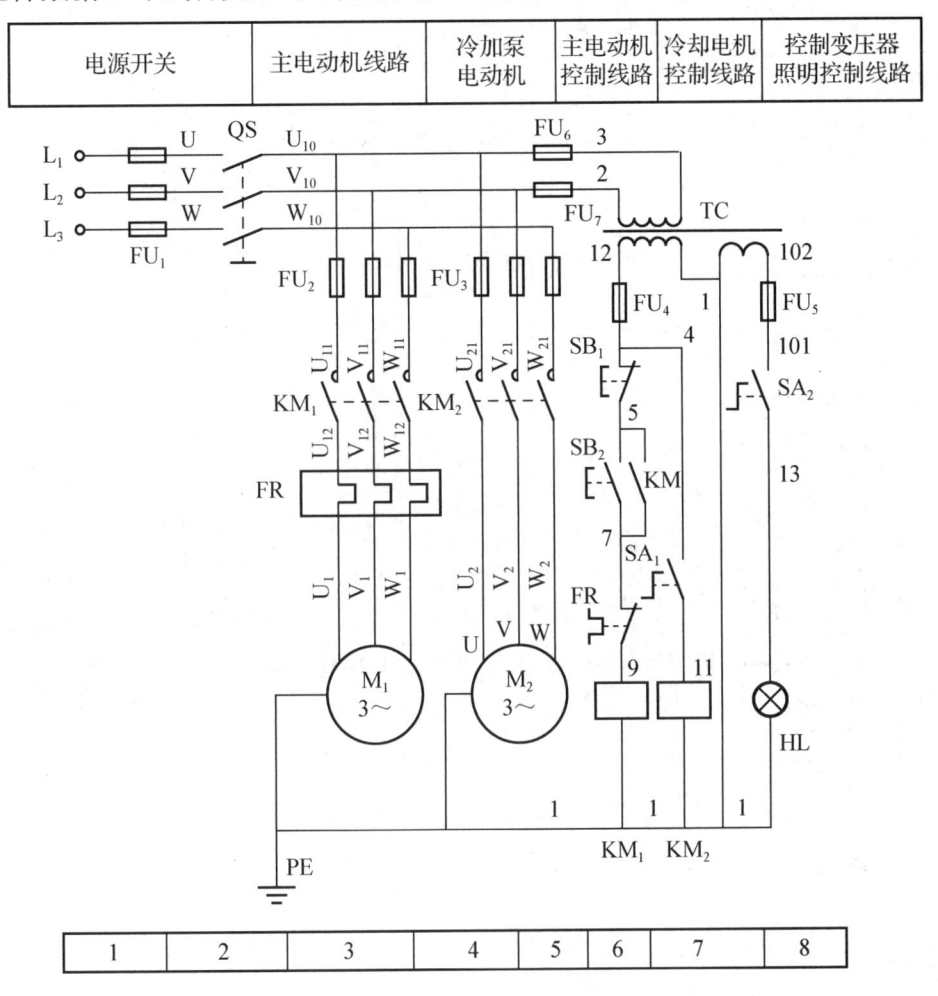

图2.19 某机床的电气控制原理图

3. 电气施工图

电气施工图包括三种，即电气系统图、电气元件布置图和电气控制接线图。

电气系统图概括地表示系统或分系统、成套设备的基本组成部分、主要特征和功能，主要是一次回路系统图和动力系统图。

电气元件布置图用来表明电气设备上所有电动机、电器的实际位置，是电气控制设备制造、安装和维修必不可少的技术文件。电气元件布置图是用双点画线画出设备轮廓，但不需要严格按照比例来画，用粗实线描绘所有可见的电气元件外形轮廓，要求所有电气元件及电气设备的代号与电气控制原理图代号一致。

电气控制接线图是表示电气设备电连接关系的简图，是安装接线、线路检查和线路维修的主要依据，包括项目代号、端子号、导线号、导线类型、导线截面积等内容。

图2.20所示为某机床的电气控制接线图。此图标明了系统中电源进线、按钮盒、照明灯、电动机与安装板之间的电连接关系，同时标注了连线的根数、规格和颜色，以及导线套管材料等信息。

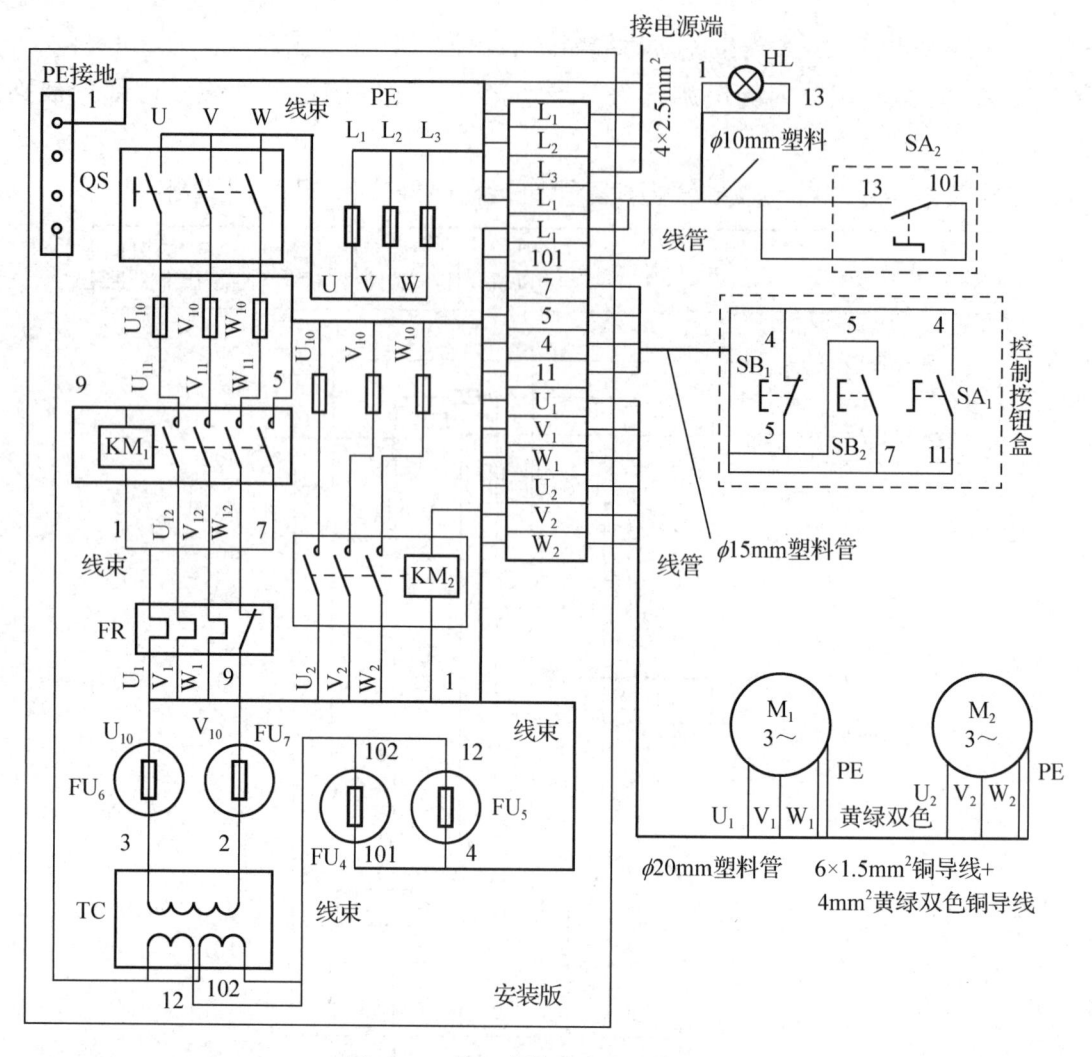

图 2.20 某机床的电气控制接线图

4．电工读图的步骤与方法

（1）粗读：将电工图纸从头到尾浏览一遍，了解图纸总体内容，做到心中有数。

（2）细读：针对技术图中的电气元件和控制对象仔细阅读，分清主线路、控制线路和辅助线路，掌握从电源到负载各段线路的技术要点。

（3）精读：针对技术图纸中的关键电气元件、关键环节仔细阅读，掌握具体控制任务实现、保护环节、监控环节的工作原理，对技术图纸表达的技术信息有比较深入的理解。

综上所述，电气安装、维修技术人员必须熟练掌握读图、识图技能，不仅要具备电器及控制的相关知识，还要具备有关土建、工业设备的知识、技能，在实践中不断积累经验，逐步锻炼成为经验丰富、实践能力强的专家型人才。

三、实训内容

1．实训要求

认真识读图 2.21 所示的机床电动机单向运行电气控制原理图，识别电气元件的型号和作用。按粗读—细读—精读的顺序，从电源开始，先识读主线路，后识读控制线路、辅助线路，认清电气元件的种类及作用。

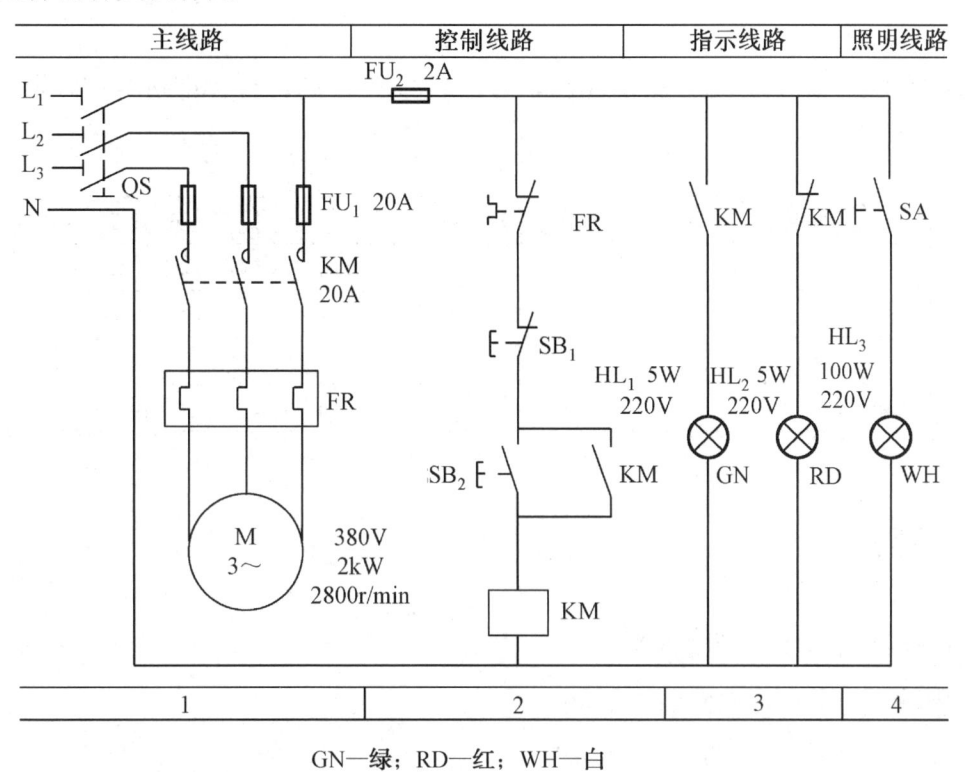

图 2.21　机床电动机单向运行电气控制原理图

2．实训报告

根据电工识图训练，填写表 2.13 中有关内容。

表 2.13　电工识图技能实训报告

序　号	电气元件的名称	电气元件的文字符号	电气元件的作用
1			
2			
3			
4			
5			
6			
7			
8			
9			
10			

实训所用时间：　　　　　实训人：　　　　　日期：

四、成绩评定

完成各项操作训练后,进行技能考核,参考表 2.14 中的评分标准进行成绩评定。

表 2.14 电工识图技能评分标准

序 号	考 核 内 容	配 分	评 分 细 则
1	电气元件的名称	30 分	电气元件的名称正确:每个 3 分
2	电气元件的文字符号	30 分	电气元件的文字符号正确:每个 3 分
3	电气元件的作用	30 分	电气元件的作用正确:每个 3 分
4	操作完成时间 30min	10 分	在规定时间内完成,每超时 5min 扣 5 分

思考题

1. 试电笔的电压测试范围是多少?
2. 使用冲击电钻时应注意哪些问题?
3. 如何根据焊接对象选择合适的电烙铁?
4. 导线之间的手工焊接操作步骤是怎样的?
5. 手工焊接时,助焊剂的作用是什么?
6. 导线电连接的接线质量从哪几个方面进行考查?
7. 对导线电连接的绝缘包缠有哪些要求?
8. 机床的电气控制原理图由哪几部分组成?

项目 3

照明灯具与配电线路

电气照明广泛应用于生产和生活空间，不同场合对照明装置与配电线路安装的要求不同。在各种生产场合都必须有足够的照明装置以改善劳动条件。为提高产品质量和工作效率，保护工作人员的身心健康，以及保障安全生产，可以通过本项目来学习照明灯具的安装、运行与维修操作，认知电气照明设备及配电线路的安装与维修。本项目包括照明灯具安装训练、照明配电箱安装训练、室内配电线路布线训练和漏电保护器安装训练这几个任务。

任务 1 照明灯具安装训练

一、任务目标

1. 了解常用照明灯具的性能特点。
2. 熟悉常用照明灯具的安装工艺。
3. 掌握常用照明灯具的安装技能。

二、相关知识

照明灯具安装的一般要求如下。

各种灯具、开关、插座及所有附件，都必须安装得牢固、可靠，且符合相关规定的要求。壁灯及吸顶灯要牢固地敷设在建筑物的平面上；吊灯必须装有吊线盒，每个吊线盒一般只允许装一盏电灯，荧光灯和较大的吊灯必须采用金属链条吊悬，以防跌落。灯具与附件的固定必须正确、可靠。

常用照明灯的开关控制有以下两种基本形式。

一种是用一个单联开关控制一盏灯，接线时，开关应接在相线上，这样在开关断开后，灯头就不会带电，以保证使用和维修的安全，其电路图如图 3.1 所示；另一种是用两个双联开关在两个地方控制一盏灯，这种形式通常用于楼梯或走廊上，在楼上、楼下或走廊两端均可控制灯的接通和断开，其电路图如图 3.2 所示。

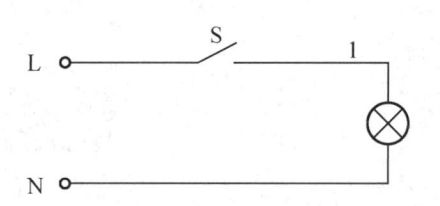

图 3.1 一个单联开关控制一盏灯的电路图 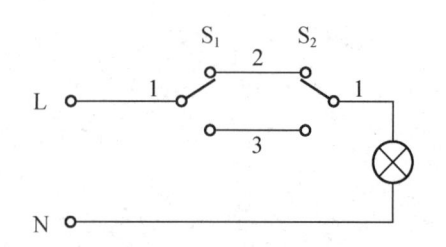　　图 3.2 两个双联开关控制一盏灯的电路图

常用的室内照明灯主要有白炽灯、荧光灯、高压汞灯等。下面先介绍这些照明灯的安装工艺与检修方法。

1．白炽灯的安装

白炽灯又称钨丝灯泡，灯泡内充有惰性气体，当电流通过钨丝时，将灯丝加热到白炽状态而发光，白炽灯的功率为 15～300W。因其结构简单、使用可靠、价格低廉，且便于安装和维修，广泛应用于公共区域的照明。室内白炽灯的安装方式通常为吸顶式、壁式和悬吊式三种，如图 3.3 所示。

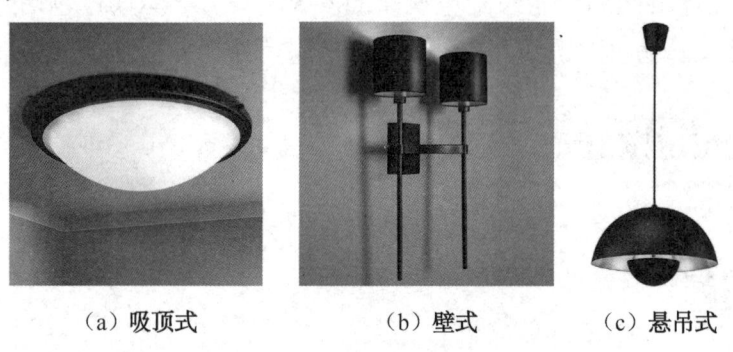

（a）吸顶式　　（b）壁式　　（c）悬吊式

图 3.3　室内白炽灯的安装方式

下面以悬吊式白炽灯为例介绍室内白炽灯的具体安装步骤。

（1）安装圆木。先在准备安装吊线盒的地方打孔，预埋木榫或尼龙胀管。再在圆木底面用电工刀刻两条槽，在圆木中间钻三个小孔。然后将两根电源线的端头分别嵌入圆木的两条槽内，并从两边小孔穿出。最后通过中间小孔，用木螺钉将圆木紧固在木榫或尼龙胀管上，如图 3.4 所示。

（2）安装吊线盒。先将圆木上的电源线从吊线盒底座孔中穿出，用木螺钉将吊线盒紧固在圆木上；将穿出的电源线剥头，接在吊线盒的接线柱上；按灯的安装高度取一段软电线，将其作为吊线盒和灯头的连接线，将连接线的上端接在吊线盒的接线柱上，连接线的下端准备接灯头；在距离连接线上端约 5cm 处打一个结，使结正好卡在接线孔内，以便承受灯具的重量，如图 3.5 所示。

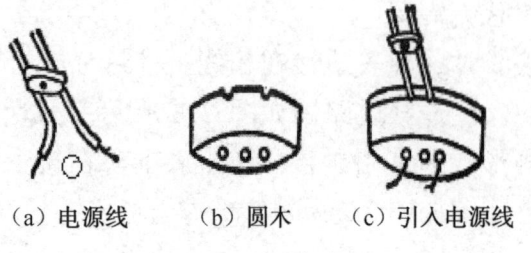

（a）电源线　　（b）圆木　　（c）引入电源线

图 3.4　圆木的安装　　　　　　　　　图 3.5　吊线盒的安装

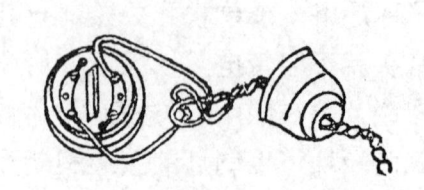

（3）安装灯头。旋下灯头盖，将软电线下端穿入灯头盖孔中；在距离线头约 3mm 处也打一个结，把两个线头分别接在灯头的接线柱上，然后旋上灯头盖，如图 3.6 所示。若安装的是螺口灯头，则相线应接在与中心铜片相连的接线柱上，否则容易发生触电事故。

在一般环境中，灯头离地高度不能低于 2m，潮湿、危险场所不能低于 2.5m，若因生活、工作和生产需要而必须把电灯放低，其离地高度不能低于 1m，且应在电源线上加绝缘套管保护，并使用安全灯座。离地不足 1m 的电灯必须采用额定电压为 36V 以下的安全灯。

（4）安装开关。控制白炽灯的开关应串接在相线上，即相线先通过开关再进入灯头。一般拉线开关的离地高度为 2.5m，扳动开关（包括明装或暗装）的离地高度为 1.4m。安装扳动开关时，各个扳动开关的安装方向要一致，一般向上为"合"，向下为"断"。

明装扳动开关、安装拉线开关的步骤和方法与安装吊线盒相似，都是先安装圆木，再把开关安装在圆木上，如图 3.7 所示。

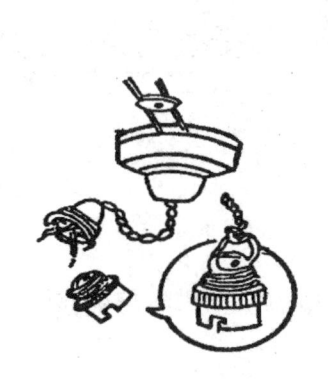

图 3.6 灯头的安装　　　　　　　　图 3.7 开关的安装

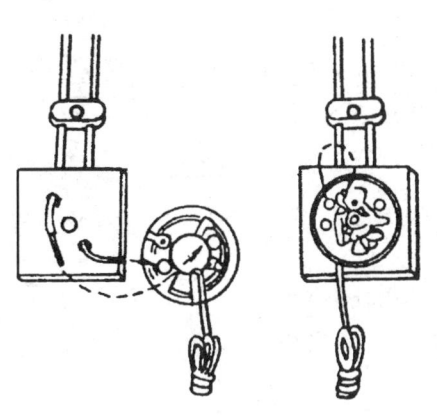

对于暗敷线路，通常使用暗装开关。暗装开关应安装在预埋墙内的开关盒中，先连接好开关的接线，再用螺钉将其固定在开关盒上。

（5）常见故障及其处理方法。白炽灯线路比较简单，检修起来也比较容易。白炽灯的常见故障及其处理方法如表 3.1 所示。

表 3.1　白炽灯的常见故障及其处理方法

故障现象	故障原因	故障处理方法
灯泡不亮	① 灯泡灯丝已断或灯座引线断开。 ② 灯头或开关处的接线接触不良。 ③ 线路断路。 ④ 电源熔丝烧断	① 更换灯泡或灯座。 ② 查明原因，加以紧固。 ③ 检查并接通线路。 ④ 查明原因并重新更换熔丝
灯泡特亮	① 灯泡断丝后搭丝（短路），电流增大。 ② 灯泡额定电压小于供电线路电压。 ③ 电源电压过高	① 更换灯泡。 ② 更换灯泡。 ③ 采取措施，降低电源电压
灯光暗淡	① 灯泡使用时间久，灯丝升华变细，电流减小。 ② 灯泡额定电压大于供电线路电压。 ③ 电源电压过低。 ④ 线路因潮湿或绝缘损坏有漏电现象	① 更换灯泡。 ② 更换灯泡。 ③ 采取措施，提高电源电压。 ④ 检查线路，更换新线

2．荧光灯的安装

荧光灯由灯管、启辉器、镇流器、灯座和灯架等部件组成。在灯管中充有水银蒸气和氩气，灯管内壁涂有荧光粉，灯管两端装有灯丝，通电后灯丝能发射电子轰击水银蒸气，使其电离，产生紫外线，激发荧光粉而发光。

荧光灯具有发光效率高、使用寿命长、光色较好、经济省电的优点，因此被广泛使用。荧光灯按功率分，常用的有 6W、8W、15W、20W、30W 及 40W 等；按外形分，常用的有直管形、U 形、环形、盘形等；按发光颜色分，有日光色、冷光色、暖光色和白光色等。

荧光灯的安装方式有悬吊式和吸顶式，如图 3.8 所示。当荧光灯采用吸顶式安装方式时，灯架与天花板之间应留 15mm 的间隙，以便通风。荧光灯的具体安装步骤如下。

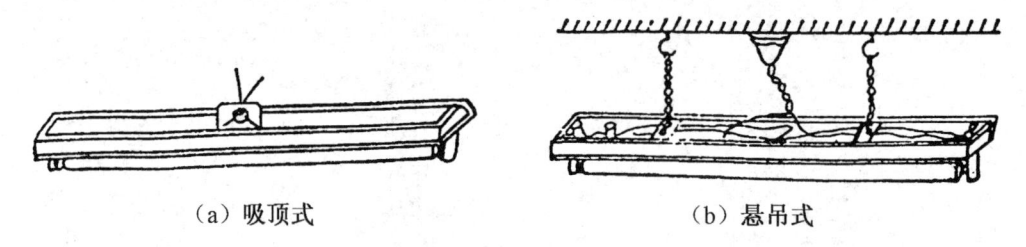

（a）吸顶式　　　　（b）悬吊式

图 3.8　荧光灯的安装方式

（1）安装前的检查。

安装前，先检查灯管、镇流器、启辉器等有无损坏，镇流器和启辉器的规格是否与灯管的功率相符。

特别注意：镇流器与灯管的功率必须一致，否则不能使用。

（2）各部件的安装。

当荧光灯采用悬吊式安装方式时，应将镇流器用螺钉固定在灯架的中间位置；当荧光灯采用吸顶式安装方式时，不能将镇流器放在灯架上，以免散热困难，可将镇流器放在灯架外的其他位置。

将启辉器座固定在灯架的一端或一个侧边上，将两个灯座分别固定在灯架的两端，中间的距离按所用灯管的长度留好，使灯脚刚好插进灯座的插孔中。

吊线盒和开关的安装方法与白炽灯的安装方法相同。

（3）电路接线。

将各部件位置固定好后，进行接线，如图 3.9 所示。接线完毕，要对照电路图仔细检查，以防接错或漏接。然后把启辉器和灯管分别装入插座内。接电源时，其相线应经开关连接在镇流器上，通电试验正常后，即可投入使用。

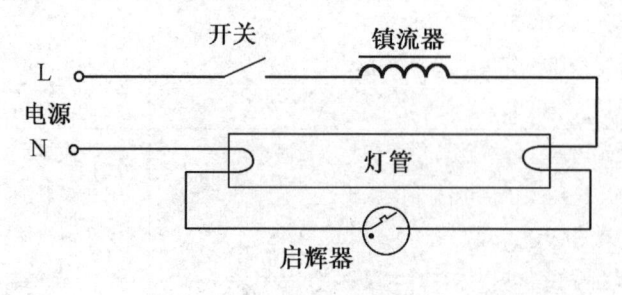

图 3.9　荧光灯接线图

（4）常见故障及其处理方法。

由于荧光灯的附件较多，故障相对来说要比白炽灯多。

荧光灯的常见故障及其处理方法如表 3.2 所示。

表 3.2　荧光灯的常见故障及其处理方法

故障现象	故障原因	故障处理方法
不能发光或启动困难	① 电源电压太低或线路压降太大。 ② 启辉器损坏或内部电容击穿。 ③ 新装的灯接线有错误。 ④ 灯丝断丝或灯管漏气。 ⑤ 灯座与灯脚接触不良。 ⑥ 镇流器选配不当或内部断路。 ⑦ 气温过低	① 调整电源电压，更换线路导线。 ② 更换启辉器。 ③ 检查线路，改正错误。 ④ 检查后，更换灯管。 ⑤ 检查灯座与灯脚的接触点，加以紧固。 ⑥ 检查、修理或更换镇流器。 ⑦ 加热灯管
灯管两头发光及灯光抖动	① 新装的灯接线有错误。 ② 启辉器内部触点粘连或电容击穿。 ③ 镇流器选配不当或内部接线松动。 ④ 电源电压太低或线路压降太大。 ⑤ 灯座与灯脚接触不良。 ⑥ 灯管老化，灯丝不能起到放电作用。 ⑦ 气温过低	① 检查线路，改正错误。 ② 更换启辉器。 ③ 检查、修理或更换镇流器。 ④ 调整电源电压或更换线路导线。 ⑤ 检查灯座与灯脚的接触点，加以紧固。 ⑥ 更换灯管。 ⑦ 加热灯管
灯光闪烁	① 新灯管的暂时现象。 ② 线路接线不牢。 ③ 启辉器损坏或接触不良。 ④ 镇流器选配不当或内部接线松动	① 使用几次后即可消除。 ② 检查线路，紧固接线。 ③ 更换启辉器或紧固接线。 ④ 检查、修理或更换镇流器
灯管两头发黑	① 灯管老化，荧光粉被烧坏。 ② 启辉器损坏。 ③ 镇流器选配不当，电流过大。 ④ 电源电压太高。 ⑤ 因接触不良而长期闪烁。 ⑥ 灯管内水银凝结，细灯管较易产生	① 更换灯管。 ② 更换启辉器。 ③ 更换镇流器。 ④ 调整电源电压。 ⑤ 紧固接线。 ⑥ 亮后自行蒸发或将灯管扭转 180°
灯管亮度降低	① 灯管老化，发光效率降低。 ② 气温过低或冷风直接吹在灯管上。 ③ 电源电压太低或线路压降太大。 ④ 灯管上污垢太多	① 更换灯管。 ② 加防护罩或回避冷风。 ③ 调整电源电压或更换线路导线。 ④ 清除灯管上的污垢
产生杂音或电磁声	① 镇流器质量不佳，铁芯未夹紧。 ② 电源电压太高导致镇流器发声。 ③ 启辉器质量不佳引起辉光杂音。 ④ 镇流器过载或内部短路以致过热	① 检查、修理或更换镇流器。 ② 调整电源电压。 ③ 更换启辉器。 ④ 更换镇流器
产生电磁干扰	① 同一线路上产生干扰。 ② 无线电设备距灯管太近。 ③ 镇流器质量不佳，产生电磁辐射。 ④ 启辉器质量不佳引发干扰	① 在电路上加装电容或滤波器。 ② 增大无线电设备与灯管的距离。 ③ 更换镇流器。 ④ 更换启辉器

3．高压汞灯的安装

高压汞灯分镇流器式和自镇流式两种。高压汞灯的功率在 125W 以下的，应配用 E27 型瓷质灯座；功率在 175W 以上的，应配用 E40 型瓷质灯座。

（1）镇流器式高压汞灯。镇流器式高压汞灯是普通荧光灯的改进型，是一种高压放电光源，与白炽灯相比，具有发光效率高、省电、寿命长等优点，适用于大面积照明。

镇流器式高压汞灯的玻璃外壳内壁上涂有荧光粉，中心是石英放电管，其两端有一对主电极，在主电极旁装有启动电极，用来启动放电。其灯泡内充有水银蒸气和氩气，辅助电极上串联着一个阻值为 4kΩ 的电阻。镇流器式高压汞灯的结构图如图 3.10 所示。

安装镇流器式高压汞灯时，其镇流器的规格必须与灯泡的功率相符；镇流器应安装在灯具附近、人体触及不到的位置；在镇流器接线端上应覆盖保护物；若镇流器安装在室外，应有防雨措施。镇流器式高压汞灯的接线图如图 3.11 所示。

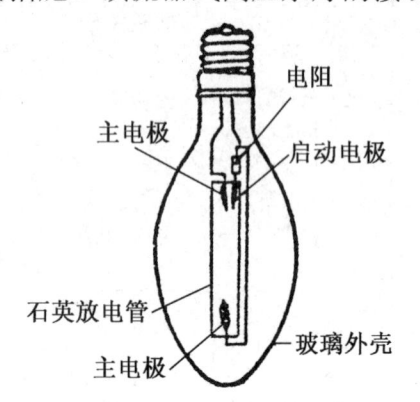

图 3.10　镇流器式高压汞灯的结构图　　　图 3.11　镇流器式高压汞灯的接线图

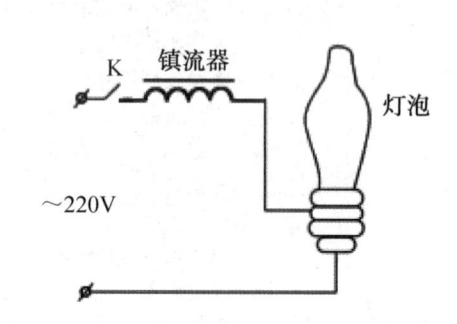

（2）自镇流式高压汞灯。自镇流式高压汞灯是利用水银放电管、白炽体和荧光质三种发光元素同时发光的一种复合光源，故又称复合灯。它与镇流器式高压汞灯的外形相同，工作原理基本一样。不同的是，它在石英放电管的周围串联了镇流用的钨丝，不需要外附镇流器（像白炽灯一样使用），并能瞬时起燃，安装简便，光色也好。但它的发光效率低，不耐振动，寿命较短。

三、实训内容

1. 实训用工具、仪表和材料

（1）工具：常用电工工具一套，冲击电钻及钻头一套，锤子一把。
（2）仪表：数字万用表、500V 绝缘电阻表。
（3）材料：螺口灯座、220V 15W 螺口 E27 型白炽灯泡、护套线、软电线、木螺钉、绝缘胶布、尼龙胀管等。

2. 实训要求

1）白炽灯的安装
（1）主要材料：白炽灯泡、灯头、吊线盒各一个，双联开关两个。
（2）按要求在指定位置采用悬吊式安装方式正确安装一个白炽灯。
（3）用两个双联开关在两个地方控制一个白炽灯，并使电路能正常工作。

2）荧光灯的安装
（1）主要材料：T5 荧光灯管、镇流器、启辉器、灯座、开关、圆木、吊线盒。
（2）按图 3.12 组装一套荧光灯，并排除荧光灯的所有故障，使之能正常工作。

3. 实训报告

（1）根据白炽灯安装训练，填写表 3.3 中有关内容。

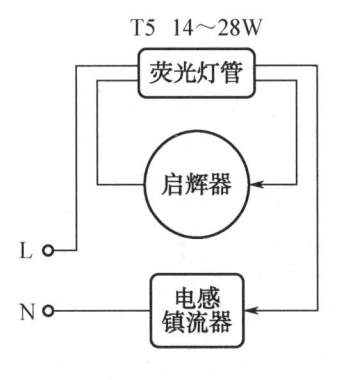

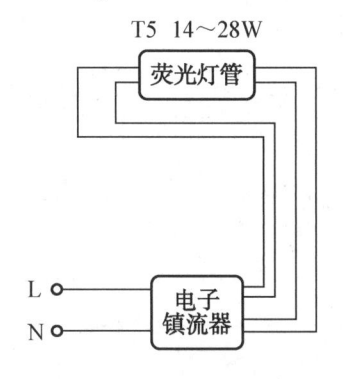

（a）电感镇流器电路　　　　　　（b）电子镇流器电路

图 3.12　荧光灯管与镇流器接线图

表 3.3　白炽灯安装实训报告

项目	灯泡规格			辅助材料数量	
	功率/W	电压/V	灯丝电阻/Ω	硬电线/m	软电线/m
数据					

实训所用时间：　　　　　　实训人：　　　　　　日期：

（2）根据荧光灯安装训练，填写表 3.4 中有关内容。

表 3.4　荧光灯安装实训报告

项目	灯管规格			镇流器规格		安装高度/m	
	功率/W	电压/V	灯管长度/m	工作电压/V	功率/W	灯架	开关
数据							
安装步骤				安装接线图			

实训所用时间：　　　　　　实训人：　　　　　　日期：

四、成绩评定

完成各项操作训练后，进行技能考核，参考表 3.5 中的评分标准进行成绩评定。

表 3.5　照明灯具安装评分标准

序号	考核内容	配分	评分细则
1	白炽灯安装	40 分	① 安装正确、牢固：20 分。 ② 接线牢固、正确：10 分。错一根线扣 5 分。 ③ 导线剖削无损伤：10 分。损伤一处扣 5 分
2	荧光灯安装	40 分	① 安装正确、牢固：20 分。 ② 接线牢固、正确：10 分。错一根线扣 5 分。 ③ 导线剖削无损伤：10 分。损伤一处扣 5 分

续表

序　号	考 核 内 容	配　分	评 分 细 则
3	安全、文明生产	20 分	① 遵守操作规程，无违章操作情况：5 分。 ② 正确使用工具，用完后完好无损：5 分。 ③ 保持工位卫生，做好清洁及整理：5 分。 ④ 听从教师安排，无各类事故发生：5 分
4	操作完成时间 90min		在规定时间内完成，每超时 10min 扣 5 分

任务 2　照明配电箱安装训练

一、任务目标

1．了解单相照明配电箱的组成。
2．熟悉照明配电箱及电源插座的安装工艺。
3．掌握照明配电箱及电源插座的安装技能。

二、相关知识

1．照明配电箱的安装工艺

照明配电箱是用户室内照明及电器用电的配电点，其输入端接在供电部门送到用户的进户线上，它将计量电器、保护电器和控制电器安装在一起，便于管理和维护，有利于安全用电。

单相照明配电箱一般由电能表、控制开关、过载保护器和短路保护器等组成，要求较高的还装有漏电保护器。

PZ40-1 单相电能表照明配电箱的外形图如图 3.13 所示。

1）断路器的安装

断路器的作用是控制用户电路与电源之间的通断和保护，在单相照明配电箱上，一般采用小型终端断路器（如 DZ47-1P-C12 终端断路器）来实现控制和保护作用。

2）单相电能表的安装

电能表是用来对用户的用电量进行计量的仪表，按电源相数分，有单相电能表和三相电能表。在小容量照明配电箱上，大多使用单相电子式电能表，如 DDSY666 5～20A 单相电能表。

（1）电能表的选择。选择电能表时，应考虑照明灯具和其他电器的总耗电量，电能表的额定电流应大于室内所有电器的总电流，电能表所能提供的总容量为额定电流和额定电压的乘积。

图 3.13　PZ40-1 单相电能表照明配电箱的外形图

（2）电能表的接线。单相电能表的接线盒内有四个接线端子，接线方法如图 3.14 所示。有的电能表接线方法特殊，具体接线时应以电能表所带说明书为依据。

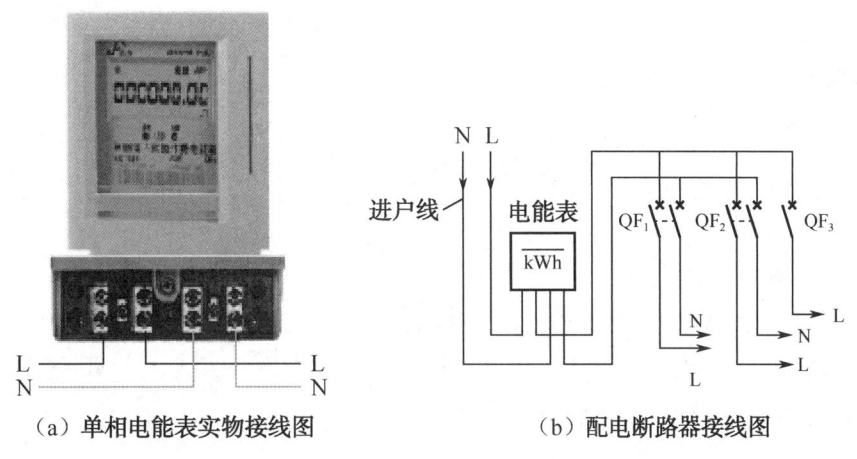

(a) 单相电能表实物接线图　　　　　　(b) 配电断路器接线图

图 3.14　单相照明配电箱接线图

2. 电源插座的安装工艺

电源插座是各种电器的供电点，一般不用开关控制（少数带开关），单相插座分为双孔插座和三孔插座，三相插座为四孔插座。照明线路上常用单相插座，使用时，最好选用扁孔的三孔插座，它带有保护接地，可避免发生漏电事故。

明装插座的安装步骤和安装工艺与安装吊线盒大致相同，先安装圆木或木台，然后把明装插座安装在圆木或木台上。对于暗敷线路，需要使用暗装插座，暗装插座应安装在预埋墙内的插座盒中。电源插座安装工艺的要点如下。

（1）双孔插座以水平排列方式安装时，应零线接左孔，相线接右孔，即左"零"右"火"；以垂直排列方式安装时，应零线接上孔，相线接下孔，即上"零"下"火"，如图3.15（a）所示。在安装三孔插座时，下方两孔接电源线，零线接左孔，相线接右孔，上面那个孔接保护接地线，如图3.15（b）所示。

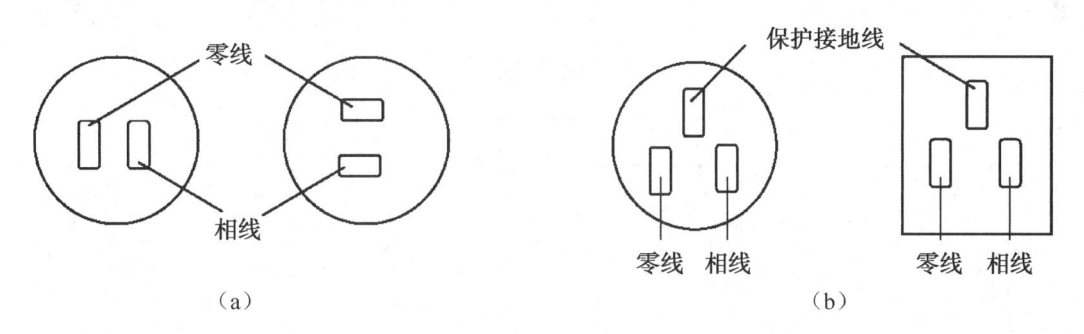

图 3.15　电源插座及接线

（2）在安装电源插座时，一般应使其与地面保持 1.4m 的垂直距离，如有特殊需要，可以低装，其离地高度不得小于 0.15m，且应采用安全插座，但托儿所、幼儿园和小学等儿童集中的地方禁止低装。

（3）在同一块木台上安装多个电源插座时，每个电源插座相应位置的插孔相位必须相同，接地孔的接地必须正规；相同电压和相同相数的电源插座应选用统一的结构形式，不同电压或不同相数的电源插座应选用有明显区别的结构形式并标明电压。

三、实训内容

1. 实训用工具、仪表和材料

（1）工具：常用电工工具一套，冲击电钻及钻头一套，锤子一把。
（2）仪表：数字万用表、500V 绝缘电阻表。
（3）材料：PZ40-1 单相电能表照明配电箱、DDSY666 5~20A 单相电能表、DZ47-C12 终端断路器（2P、1P）、软电线 BVR1.5（红色、黑色各 5m）、硬电线 BV1.5（红色、黑色各 5m）等。

2. 照明配电箱的安装

（1）主要材料：DDSY666 5~20A 单相电能表一块，2P 小型断路器两个，1P 断路器一个。
（2）按要求组装一套 PZ40-1 单相电能表照明配电箱。单相电能表和断路器的安装应严格按要求来。
（3）将组装好的照明配电箱按规定高度正确安装在实训室墙上，并使之能正常工作。

3. 实训报告

根据照明配电箱安装训练，填写表 3.6 中有关内容。

表 3.6 照明配电箱安装实训报告

项目	单相电能表规格		断路器型号规格		照明配电箱尺寸		材料数量
	额定电流/A	额定电压/V	型号	额定电流/A	长度/mm	宽度/mm	硬电线规格长度
数据							
安装步骤	安装接线图						

实训所用时间：　　　　　实训人：　　　　　日期：

四、成绩评定

完成各项操作训练后，进行技能考核，参考表 3.7 中的评分标准进行成绩评定。

表 3.7 照明配电箱安装评分标准

序 号	考核内容	配 分	评分细则
1	照明配电箱布置和固定	40 分	① 电气元件布置合理：20 分。 ② 电气元件安装牢固：20 分。一件松动扣 5 分
2	照明配电箱电路连接	40 分	① 接线正确、牢固：30 分。错一根线扣 3 分。 ② 导线剖削无损伤：5 分。 ③ 布线整齐、美观：5 分
3	安全、文明生产	20 分	① 遵守操作规程，无违章操作情况：5 分。 ② 正确使用工具，用完后完好无损：5 分。 ③ 保持工位卫生，做好清洁及整理：5 分。 ④ 听从教师安排，无各类事故发生：5 分
4	操作完成时间 90min		在规定时间内完成，每超时 10min 扣 5 分

任务 3　室内配电线路布线训练

一、任务目标

1．了解室内配电线路布线（以下简称室内布线）的技术要求和类型。
2．学会室内线管布线工艺。

二、相关知识

室内布线就是敷设室内电器的供电和控制线路，有明装式和暗装式两种：明装式是导线沿墙壁、天花板、横梁及柱子等的表面敷设，暗装式是将导线穿管埋设在墙内、地下或顶棚里。

室内布线方式有室内瓷夹板布线、室内绝缘子布线、室内槽板布线、室内护套线布线和室内线管布线等，暗装式室内布线方式中常用的是室内线管布线，明装式室内布线方式中常用的是室内绝缘子布线和室内槽板布线。

1．室内布线的技术要求

室内布线不仅要使电能安全、可靠地传送，还要使线路布置正规、合理、整齐和牢固，其技术要求如下。

（1）导线的额定电压应大于线路的工作电压。导线的绝缘应符合线路的安装方式和敷设环境的条件。导线的截面积应满足供电安全电流和机械强度的要求，一般的家用照明线路选用铝芯绝缘导线 BVL2.5 或铜芯绝缘导线 BV1.5 为宜。额定电压为 500V 的单芯橡胶绝缘导线、单芯塑料绝缘导线在常温下的安全载流量分别如表 3.8 和表 3.9 所示。

表 3.8 额定电压为 500V 的单芯橡胶绝缘导线在常温下的安全载流量

线芯截面积/mm²	明敷安全载流量/A		穿铁管敷设安全载流量/A						穿塑料管敷设安全载流量/A					
			两根线		三根线		四根线		两根线		三根线		四根线	
	铜芯	铝芯	铜芯	铝芯	铜芯	铝芯	铜芯	铝芯	铜芯	铝芯	铜芯	铝芯	铜芯	铝芯
0.75	18	—	13	—	12	—	10	—	11	—	10	—	9	—
1.0	21	—	15	—	14	—	12	—	13	—	12	—	11	—
1.5	27	19	20	15	18	14	17	11	17	14	16	12	14	11
2.5	33	27	28	21	25	19	23	16	25	19	22	17	20	15
4.0	45	35	37	28	33	25	30	23	33	25	30	23	26	20
6.0	60	45	49	37	43	34	39	30	43	33	38	29	34	26
10	85	65	68	52	60	46	53	40	59	44	52	40	46	35
16	110	85	86	66	77	59	69	52	76	58	68	52	60	46
25	125	110	113	86	100	76	90	68	100	77	90	68	80	60
50	158	127	140	106	122	94	110	93	125	95	110	84	98	74
70	180	160	175	133	154	118	138	105	160	120	140	108	123	95

表 3.9 额定电压为 500V 的单芯塑料绝缘导线在常温下的安全载流量

线芯截面积/mm²	明敷安全载流量/A		穿铁管敷设安全载流量/A						穿塑料管敷设安全载流量/A					
			两根线		三根线		四根线		两根线		三根线		四根线	
	铜芯	铝芯	铜芯	铝芯	铜芯	铝芯	铜芯	铝芯	铜芯	铝芯	铜芯	铝芯	铜芯	铝芯
0.75	16	—	12	—	11	—	9	—	10	—	9	—	8	—
1.0	19	—	14	—	13	—	11	—	12	—	11	—	10	—
1.5	24	18	19	15	17	13	16	12	16	13	15	12	13	10
2.5	32	25	26	20	24	18	22	15	24	18	21	16	19	14
4.0	42	32	35	27	31	24	28	22	31	24	28	22	25	19
6.0	55	42	47	35	41	32	37	28	41	31	36	29	32	25
10	75	59	65	49	57	44	50	38	56	42	49	38	44	33
16	105	80	82	63	73	56	65	50	72	55	65	49	57	44
25	120	105	107	80	95	70	85	65	95	73	85	65	75	57
50	148	122	130	100	115	90	105	80	120	90	105	80	93	70
70	170	150	165	125	145	110	130	100	150	115	130	103	117	90

（2）布线时，应尽量避免导线有接头，若导线必须有接头，应采用压接或焊接，按导线的电连接中的操作方法进行连接，然后用绝缘胶布包缠好。穿在管内的导线不允许有接头，必要时应把接头放在接线盒、开关盒或插座盒内。

（3）布线时，应水平或垂直敷设。水平敷设时，导线离地高度不小于 2.5m；垂直敷设时，导线离地高度不小于 2m。布线位置应便于检查和维修。

（4）导线穿过楼板时，应敷设钢管加以保护，以防遭受机械损伤；导线穿过墙壁时，应敷设塑料管加以保护，以防墙壁潮湿引发漏电；导线相互交叉时，应在每根导线上套上绝缘套管，并将套管固定，以防碰线。

(5) 为确保用电安全，室内电气线路及配电设备和其他线路、设备间的最小距离应符合有关规定，否则应采取其他安全措施。

2．室内布线的工艺步骤

无论哪种室内布线方式，都有以下工艺步骤。

(1) 按设计图样确定灯具、插座、开关、照明配电箱等装置的位置。

(2) 勘察建筑物情况，确定导线敷设的路径、导线穿越墙壁或楼板的位置。

(3) 在土建涂灰之前，打好布线所需的孔眼，预埋好螺钉、螺栓或木榫。暗敷线路还要预埋接线管、线盒、开关盒及插座盒等。

(4) 装设绝缘支撑物、线夹或管卡。

(5) 进行导线敷设，即进行导线连接、分叉或封端。

(6) 将出线接头与电气装置或电气设备连接起来。

3．室内线管布线的工艺步骤与要点

在室内把绝缘导线穿在线管内敷设被称为室内线管布线。这种布线方式比较安全、可靠，可避免腐蚀性气体侵蚀和遭受机械损伤，适用于公共建筑和工业厂房。

室内线管布线有明装式和暗装式两种。明装式要求线管横平竖直、整齐美观，暗装式要求线管短、弯头少。室内线管布线的工艺步骤与要点如下。

1）选择线管规格

常用的线管有电线管、水煤气管和硬塑料管三种。电线管的管壁较薄，适用于环境较好的场所；水煤气管的管壁较厚，机械强度较高，适用于有腐蚀性气体的场所；硬塑料管的耐腐蚀性较好，但机械强度较低，适用于腐蚀性较强的场所。

选择好线管种类后，还应考虑管的内径与导线的直径、根数是否合适，一般要求管内导线的总截面积（包括绝缘层）不超过线管内径截面积的40%。线管直径选择表如表3.10所示。

表 3.10 线管直径选择表

导线标称截面积 /mm²	导线根数						
	2	3	4	5	6	7	8
	导线管最小标称直径/mm						
1	10	10	10	15	15	20	20
1.5	10	15	15	20	20	20	25
2	10	15	15	20	20	25	25
2.5	15	15	20	25	25	25	25
3	15	15	20	25	25	25	25
4	15	20	25	25	25	25	32
5	15	20	25	25	25	25	32
6	15	20	25	25	25	32	32
8	25	25	25	32	32	32	40
10	25	25	32	32	40	40	40
16	25	32	32	40	40	50	50

续表

导线标称截面积 /mm²	导线根数						
	2	3	4	5	6	7	8
	导线管最小标称直径/mm						
20	25	32	40	40	50	50	50
25	32	40	40	50	50	70	70
35	32	40	50	50	70	70	70
50	40	50	70	70	70	70	80
70	50	50	70	70	80	80	80

为了便于穿线，若线管较长，须装设拉线盒，无弯头或有一个弯头时，管长不超过50m；有两个弯头时，管长不超过40m；有三个弯头时，管长不超过20m，否则应选大一级的线管直径。

2）线管除锈与防锈

管内除锈可用圆形钢丝刷，两头各绑一根钢丝，穿入管内来回拉动，把管内铁锈清除干净。管子外壁可用钢丝刷或电动除锈机除锈。为防止线管年久生锈，应对线管进行防锈处理。除锈后，在线管的内外表面涂以防锈漆或沥青。对埋设在混凝土中的线管，其外表面不要涂漆，以免影响混凝土的结构强度。

3）锯管套丝与弯管

按所需线管的长度将线管锯断，为使管与管或接线盒与接线盒连接起来，需要在线管端部进行套丝操作。水煤气管套丝，可用钢管绞扳；电线管和硬塑料管套丝，可用圆丝扳。线管套丝工具如图3.16所示。套丝完毕，应去除管口毛刺，使管口保持光滑，以免划破导线的绝缘层。

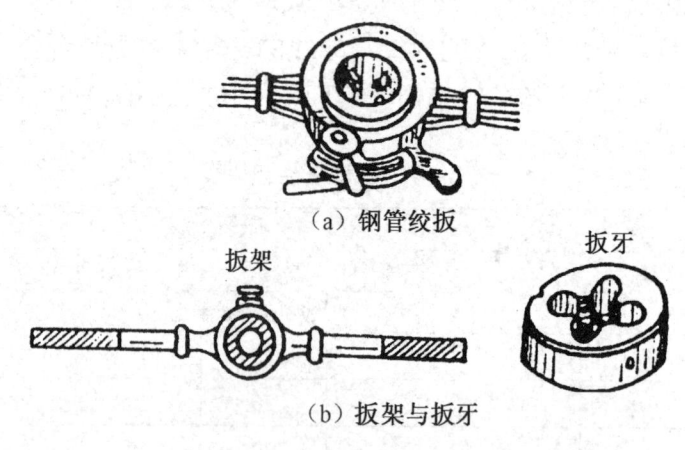

（a）钢管绞扳

（b）扳架与扳牙

图3.16 线管套丝工具

根据线路敷设的需要，在线管改变方向时，需将线管弯曲。为了便于穿线，应尽量减少弯头。在需要弯管的地方，其弯曲角度一般要在90°以上；其弯曲半径，明装管应大于管直径的6倍，暗装管应大于管直径的10倍。

对于直径在50mm及以下的电线管和水煤气管，可用手工弯管器弯管；对于直径在50mm以上的管子，可用电动或液压弯管机弯管。塑料管的弯曲可采用热弯法，塑料管的直径在50mm以上时，应在管内添加沙子进行热弯操作，以避免弯曲后管径粗细不匀或弯扁。

4）布管与连接

线管加工好后，就可以按预定的线路布管。布管工作一般从照明配电箱开始，逐段布至各用电装置处，有时也可反着来。无论从哪端开始，都应使整个线路连通。

（1）固定线管。对于明装管，为使布管整齐、美观，管路应沿建筑物水平或垂直敷设。当线管沿墙壁、柱子和屋架等敷设时，线管可用管卡或管夹固定；当线管沿建筑物的金属构件敷设时，薄壁管应用支架、管卡等固定，厚壁管可用电焊直接点焊在金属构件上；当线管进入开关、灯头、插座等的接线盒内和有弯头的地方时，线管也应用管卡固定。线管在混凝土模板上的固定如图3.17所示，管卡固定方法如图3.18所示。

图3.17 线管在混凝土模板上的固定　　　图3.18 管卡固定方法

对于硬塑料管，由于其膨胀系数较大，因此沿建筑物表面敷设时，在直线部分每隔30m要装一个温度补偿盒。对于安装在支架上的硬塑料管，可通过改变其挠度来适应其长度的变化，故可不装设温度补偿盒。

（2）线管连接。无论是明装管还是暗装管，钢管与钢管之间都最好采用管接头来连接。特别是埋地线管和防爆线管，为了保证接口的严密性，应涂上铅油、缠上麻丝，用管钳拧紧。直径在50mm以上的线管可采用外加套管来焊接。硬塑料管之间的连接可采用插入法或套接法，如图3.19所示。插入法是在电炉上将线管加热至柔软状态后扩口插入，并用黏结剂或塑焊密封；套接法是将同直径的塑料管加热扩大成套筒套在线管上，并用黏结剂或塑焊密封。线管与灯头盒的连接如图3.20所示。

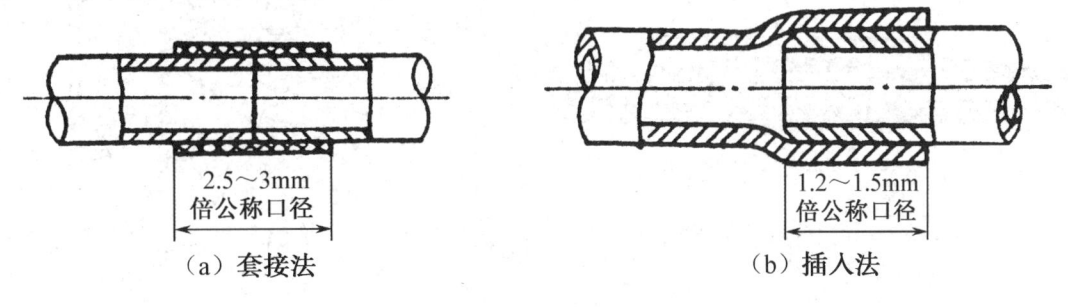

（a）套接法　　　（b）插入法

图3.19 硬塑料管之间的连接

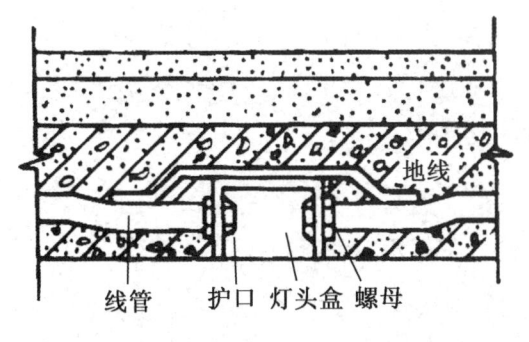

图3.20 线管与灯头盒的连接

（3）线管接地。为了安全用电，钢管与钢管、照明配电箱、接线盒等的连接处都应做好系统接地。在管路中有了接头将影响整个管路的导电性能和接地的可靠性，因此应在接头处焊上跨接线，如图 3.21 所示。钢管与照明配电箱上均应焊有专用的接地螺栓。

（4）装设补偿盒。当线管经过建筑物的伸缩缝时，为防止基础下沉不均，损坏线管和导线，需要在伸缩缝的旁边装设补偿盒。暗装管的补偿盒安装在伸缩缝的一侧，明装管通常用软管补偿。

5）清管穿线

穿线就是将绝缘导线由照明配电箱穿到用电设备或由一个接线盒穿到另一个接线盒，一般在土建地平和粉刷工程结束后进行。为了不伤及导线，穿线前应先清扫管路，可将压缩空气吹入已布好的线管中，或将绑了碎布的钢丝伸入线管来回拉几次，即可将管内杂物和水分清除。清扫完管路，随即向管内吹入滑石粉，以便穿线。之后还要在线管端部安装上护线套，再进行穿线。

穿线时，一般用钢丝引入导线，并使用放线架，以使导线不乱又不产生急弯。穿入管中的导线应平行成束进入，不能相互缠绕。为了便于检修换线，穿在管内的导线不允许有接头和绞缠现象。为使穿在管内的线路安全、可靠地工作，不同电压和不同回路的导线不应穿在同一根管内。

当导线出现分支时，必须在分支点处设置绝缘子，用以支撑导线。当导线互相交叉时，应在距建筑物近的导线上套上瓷管予以保护，如图 3.22 所示。

平行的两根导线应放在两个绝缘子的同一侧或均在外侧，不能放在两个绝缘子的内侧。

当绝缘子沿墙壁垂直排列敷设时，导线弛度不得大于 5mm；当绝缘子沿层架或水平支架敷设时，导线弛度不得大于 10mm。

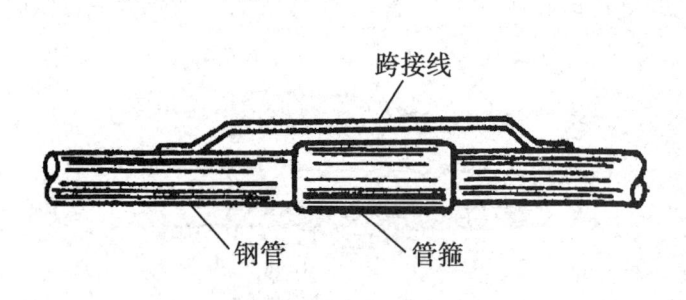

图 3.21 管箍连接钢管及跨接线

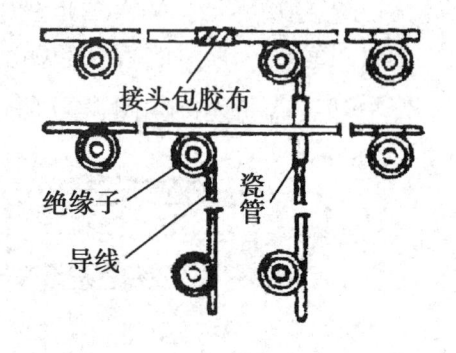

图 3.22 绝缘子的分支做法

三、实训内容

1. 实训用工具、仪表和材料

（1）工具：常用电工工具一套。

（2）仪表：数字万用表、500V 绝缘电阻表。

（3）材料：明装聚氯乙烯（PVC）线槽 40mm×20mm（带亚克力双面胶 2m）、平面直角接头、平面三通接头、直通接头、堵头帽、硬电线 BV1.5（红色、黑色各 3m）、扎线带、绝缘胶布等。

2. 室内PVC线槽布线及其要求

（1）在实训室墙上用PVC线槽布线，将安装好的照明灯与照明配电箱的出线端连接起来。

（2）在PVC线槽内完成直行线段、直角转向、T形分支的走线，并将照明配电箱、照明灯的灯座连接起来。

（3）在PVC线槽内敷设导线并进行线路分叉，将照明灯、电源插座与照明配电箱连接起来，之后固定线槽盖板。

3. 实训报告

将室内PVC线槽布线的步骤、数据、故障及其排除方法填入表3.11中，并画出总线路接线图。

表3.11 室内PVC线槽布线实训报告

项目	PVC线槽		硬导线	PVC线槽分段数		
	规格	使用长度/m	截面积/mm²	直行线段/个	直角转向/个	T形分支/个
数据						
步骤			故障及其排除方法			

实训所用时间：　　　　　　实训人：　　　　　　日期：

四、成绩评定

完成各项操作训练后，进行技能考核，参考表3.12中的评分标准进行成绩评定。

表3.12 室内布线评分标准

序号	考核内容	配分	评分细则
1	布线规划和定位画线	20分	① 布线规划合理：10分。 ② 定位画线正确：10分
2	布线和导线绑扎	20分	① 导线选择合理，行线路径简洁：10分。 ② 布线和导线绑扎正确：10分
3	线槽固定、布线和盖板安装	20分	① 线槽固定牢固、整齐：10分。 ② 布线和盖板安装正确、齐全：10分
4	线路分叉和线路连接	20分	① 线路分叉合理：10分。 ② 线路连接正确：10分

续表

序 号	考核内容	配 分	评分细则
5	安全、文明生产	20分	① 遵守操作规程，无违章操作情况：5分。 ② 正确使用工具，用完后完好无损：5分。 ③ 保持工位卫生，做好清洁及整理：5分。 ④ 听从教师安排，无各类事故发生：5分
6	操作完成时间90min		在规定时间内完成，每超时10min扣5分

任务4 漏电保护器安装训练

一、任务目标

1. 了解漏电保护器的工作原理。
2. 熟悉漏电保护器的安装操作。

二、相关知识

当低压电网发生人体触电或设备漏电事件时，如果能迅速断开电源，就可以使触电者脱离危险或使漏电设备停止运行，从而避免造成事故。此时，能迅速且自动地切断电源的装置被称为漏电保护器，又称漏电保护开关，它可以防止由设备漏电引起的触电、火灾和爆炸事故。漏电保护器若与自动开关组装在一起，则会同时具有短路保护、过载保护、欠电压保护、失电压保护和漏电保护等多种功能。

漏电保护器按其动作类型可分为电压型和电流型，电压型漏电保护器性能较差，已趋于淘汰，电流型漏电保护器可分为单相双极式、三相三极式和三相四极式三类。对于居民住宅及其他单相电路，应用最广泛的漏电保护器是单相双极式电流型漏电保护器；三相三极式电流型漏电保护器应用于三相动力电路，三相四极式电流型漏电保护器应用于动力、照明混用的三相电路。

1. 单相双极式电流型漏电保护器

单相双极式电流型漏电保护器的电路原理图如图3.23所示。线路正常运行（不漏电）时，流过相线和零线的电流相等，两者的合成电流为零，漏电电流检测元件（零序电流互感器）无漏电信号输出，脱扣器因无电流流过而不跳闸；发生人碰触相线触电或相线漏电事件时，线路对地产生漏电电流，相线电流大于零线电流，两者的合成电流不为零，零序电流互感器输出漏电信号，经放大器输出驱动电流，脱扣器因有电流而跳闸，体现了漏电保护器在人体触电或设备漏电事件中的保护作用。单相双极式电流型漏电保护器的外形图如图3.24所示。

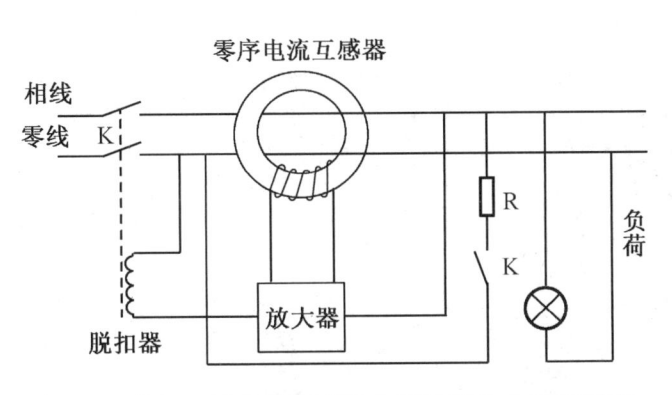

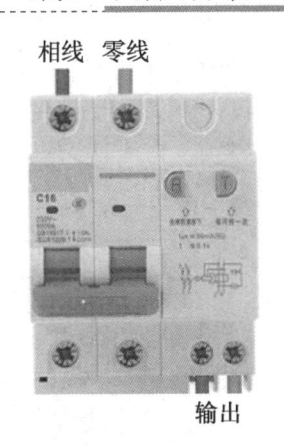

图3.23 单相双极式电流型漏电保护器的电路原理图　　图3.24 单相双极式电流型漏电保护器的外形图

单相双极式电流型漏电保护器的常用型号为DZ47LE系列。将漏电保护器安装在线路中，一次绕组与电网供电线路连接，二次绕组与漏电保护器中的脱扣器连接。用电设备正常运行时，主线路在零序互感器中的电流矢量之和为零，电流是有方向的矢量，如果按流出的方向为"+"，则返回的方向为"−"，在零序互感器中往返的电流大小相等、方向相反，正、负电流的矢量和为零。如果出现漏电信号，即供电相线经漏电阻抗接地，零序互感器的一次电流矢量和不为零，漏电信号经放大器控制脱扣器动作，断开供电线路。放大器采用集成电路，具有体积小、动作灵敏、工作可靠的优点。该系列漏电保护器适用于额定交流电压220V、额定电流63A及以下的单相电路，参考图3.25，其额定漏电动作电流有30mA、15mA和10mA可选用，动作时间小于0.1s。

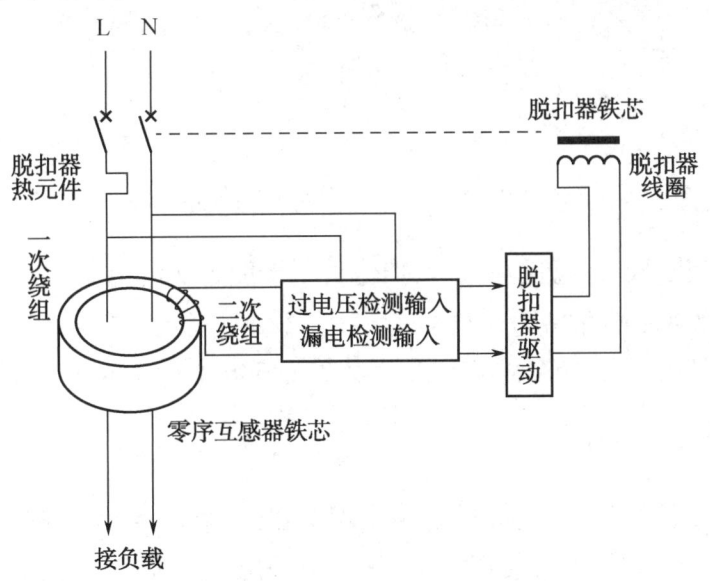

图3.25 DZ47LE系列单相双极式电流型漏电保护器的原理图

2. 三相四极式电流型漏电保护器

三相四极式电流型漏电保护器的工作原理与单相双极式电流型漏电保护器基本相同，其电路原理图如图3.26所示。在三相五线制供电系统中，要注意正确接线，零线有工作零线（N线）和保护零线（PE线），工作零线与三根相线一同穿过漏电互感器铁芯。工作零线不可重复接地，保护零线应与电气设备的保护接地线连接。保护零线不能经过漏电互感器铁芯，末端必须重复接地。错误安装漏电保护器会导致漏电保护器误动作或保护失效。三相四极式电流型漏电保护器的外形图与图形符号如图 3.27 所示。

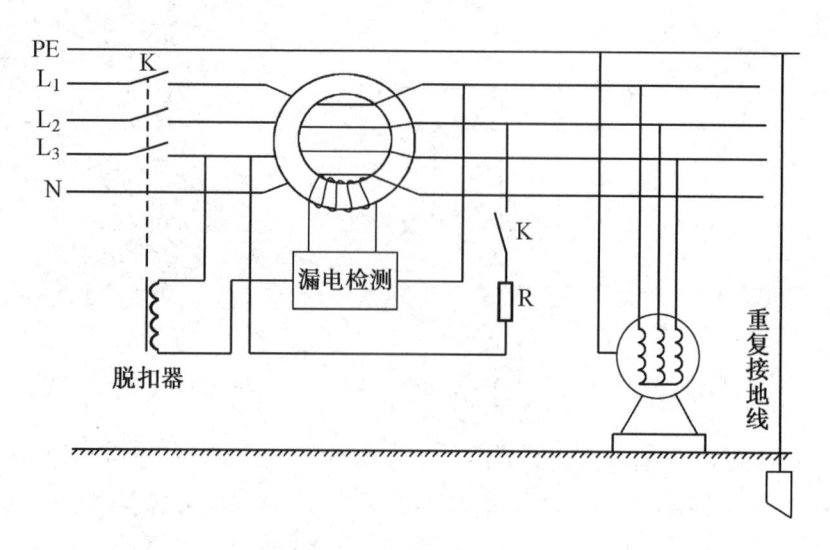

图 3.26　三相四极式电流型漏电保护器的电路原理图

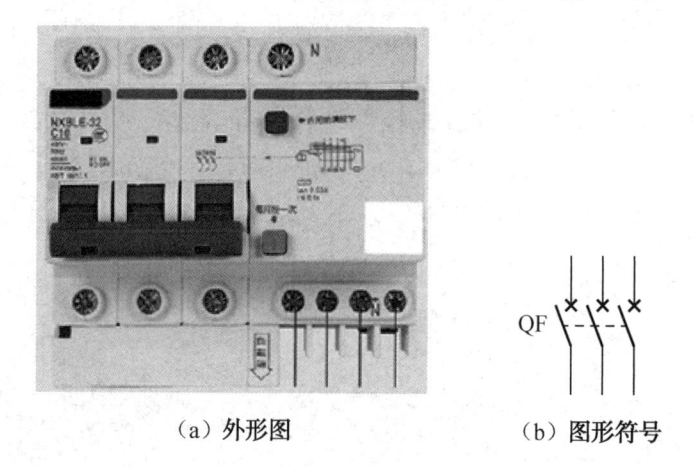

(a) 外形图　　(b) 图形符号

图 3.27　三相四极式电流型漏电保护器的外形图与图形符号

DZ47LE-63 三相四极式电流型漏电保护器适用于额定交流电压 380V、额定电流 63A 及以下的三相电路。该型号断路器的极数有 1~4P，额定电流有 10~63A（扩展到 100A），额定漏电动作电流有 30mA、50mA 和 75mA（4P 的为 50mA 和 75mA），动作时间小于 0.1s。

3．漏电保护器的安装与使用

（1）照明线路的相线和零线均要经过漏电保护器，电源进线必须接在漏电保护器的正上方，即外壳上标注"电源"或"进线"的一端；电源出线必须接在漏电保护器的正下方，即外壳上标注"负载"或"出线"的一端，如图 3.28 所示。

（2）安装漏电保护器后，保留原有供电线路上一级的刀开关、熔断器等隔离电器，以便日后进行设备维护。

（3）漏电保护器在安装后，先带负荷分、合 3 次，不应出现误动作；再按压漏电试验按钮 3 次，应能自动跳闸，注意按压时间不要太长，以免烧坏漏电保护器。试验结果正常，即可投入使用。

（4）每月应按压漏电保护器的试验按钮 1 次，检查漏电保护动作性能，确保供电系统正常运行。

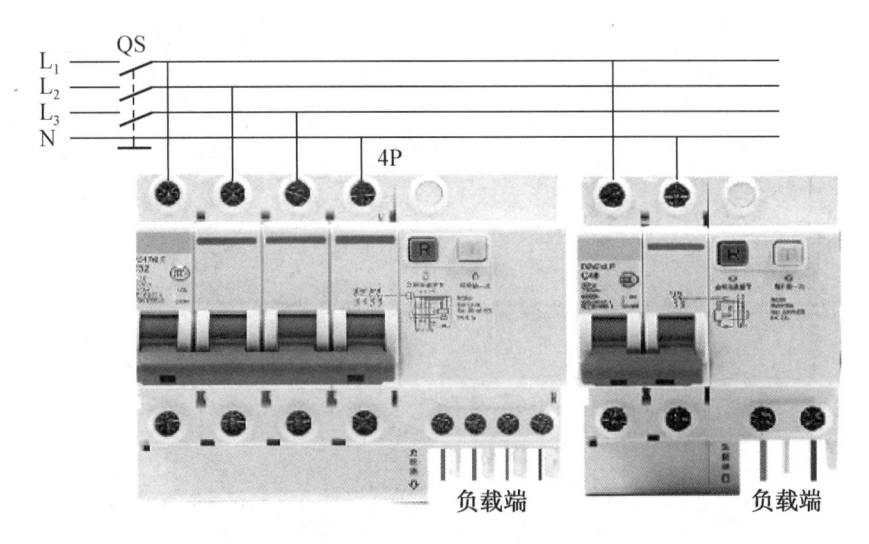

图 3.28 漏电保护器在三相四线制供电系统中的接线

三、实训内容

1．实训用工具、仪表和材料

（1）工具：常用电工工具一套。
（2）仪表：数字万用表、500V 绝缘电阻表。
（3）主要材料：DZ47L-63/16 单相双极式电流型漏电保护器和 DZ47L-63/32 三相四极式电流型漏电保护器。
（4）辅助材料：JXF 三相照明配电箱（300mm×400mm×160mm）、硬电线 BV1.5（红色、黑色各 3m）、绝缘胶布等。

2．实训步骤

（1）阅读漏电保护器使用说明书，认清型号规格参数。
（2）为漏电保护器在照明配电箱上选择合适的位置。
（3）按图 3.28 所示线路进行装接。检查接线正确无误后，接通电源。
（4）按压试验按钮，漏电保护器应瞬间跳闸。

3．实训报告

根据漏电保护器安装训练，填写表 3.13 中有关内容。

表 3.13 漏电保护器安装实训报告

项目	漏电保护器型号规格			照明配电箱尺寸	
	型号	额定电流/A	动作电流/A	长度/mm	宽度/mm
单相断路器					
三相断路器					

续表

项目	漏电保护器型号规格			照明配电箱尺寸	
	型号	额定电流/A	动作电流/A	长度/mm	宽度/mm
安装步骤				安装接线图	

实训所用时间：　　　　　　　实训人：　　　　　　　日期：

四、成绩评定

完成各项操作训练后，进行技能考核，参考表 3.14 中的评分标准进行成绩评定。

表 3.14　漏电保护器安装评分标准

序号	考核内容	配分	评分细则
1	电气元件布置和固定	20 分	① 电气元件布置合理：10 分。 ② 电气元件安装牢固：10 分。一件松动扣 5 分
2	电路布线连接	30 分	① 电路连接正确：10 分。错一根线扣 2 分。 ② 导线剖削无损伤：10 分。损伤一处扣 2 分。 ③ 布线整齐、美观：10 分
3	通电运行情况	30 分	① 通电工作通断正常：20 分。 ② 通电输出电压正常：10 分
4	安全、文明生产	20 分	① 遵守操作规程，无违章操作情况：5 分。 ② 正确使用工具，用完后完好无损：5 分。 ③ 保持工位卫生，做好清洁及整理：5 分。 ④ 听从教师安排，无各类事故发生：5 分
5	操作完成时间 120min		在规定时间内完成，每超时 10min 扣 5 分

思考题

1. 常用的室内照明灯有哪几种？
2. 荧光灯由哪些部件组成？
3. 荧光灯的常见故障有哪些？
4. 照明配电箱由哪些电气元件组成？
5. 室内布线的技术要求是什么？
6. 简述线槽布线的工艺步骤。
7. 单相电能表的进线、出线各有几条？

项目 4

常用电工仪表

在电工技术中经常测量的量主要有电流、电压、电阻、电能、电功率和功率因数等，测量这些量所使用的仪器仪表被统称为电工仪表。在实际电气测量工作中，必须了解电工仪表的分类、基本用途、性能特点，以便合理地选择电工仪表，还必须掌握电工仪表的使用方法和电气测量的操作技能，以获得正确的测量结果。本项目包括电工仪表的符号识别与选用训练、万用表的测量使用训练、绝缘电阻表的测量使用训练、接地电阻表的测量使用训练、直流电桥的测量使用训练这几个任务。

任务 1　电工仪表的符号识别与选用训练

一、任务目标

1．了解电工仪表的分类。
2．熟悉指示仪表的符号。
3．掌握电工仪表的选用技能。

二、相关知识

1．电工仪表的分类

电工仪表的种类繁多，归纳起来可分为两类，即直读式电工仪表和比较式电工仪表。直读式电工仪表按指示方式又分为指示仪表和数字仪表。虽然二者的结构原理不同，但测量使用方法是相似的。在此主要介绍指示仪表。

指示仪表是最常见的一种电工仪表，其特点是把被测量转换为可动部分的角位移，根据可动部分的指针在标尺刻度上的位置，直接读出被测量的数值。常用的指示仪表又可按以下 6 种方法分类。

（1）指示仪表按使用方式分类，有安装式仪表和可携式仪表。

安装式仪表是指在发电厂、变电站、配电室的开关板上及各种小型电气设备上所使用的固定安装式仪表。

可携式仪表是指在科学研究、教学实验、工矿企业的实验室和生产工序中所使用的非固定安装式仪表。

（2）指示仪表按测量的量分类，有电流表、电压表、功率表、电能表、欧姆表等。表 4.1 所示为常用的指示仪表及其符号。

表 4.1　常用的指示仪表及其符号

被 测 量	指示仪表名称	指示仪表符号
电流	电流表（安培表/毫安表/微安表/千安表）	Ⓐ　ⓜⒶ　μⒶ　ⓀⒶ
电压	电压表（伏特表/毫伏表/千伏表）	Ⓥ　ⓜⓋ　ⓀⓋ
电功率	功率表（瓦特表/千瓦表）	Ⓦ　ⓀⓌ
电能	电能表	kWh
电阻	欧姆表（普通欧姆表/绝缘电阻表）	Ω　mΩ
频率	频率表	Hz
功率因数	功率因数表	cosφ
电容	万用表或交流电桥	F　μF　pF
电感	万用表或交流电桥	H　mH

（3）指示仪表按工作原理分类，有磁电系、电磁系、电动系、感应系、整流系等仪表。三种常用指示仪表的结构图如图 4.1 所示。

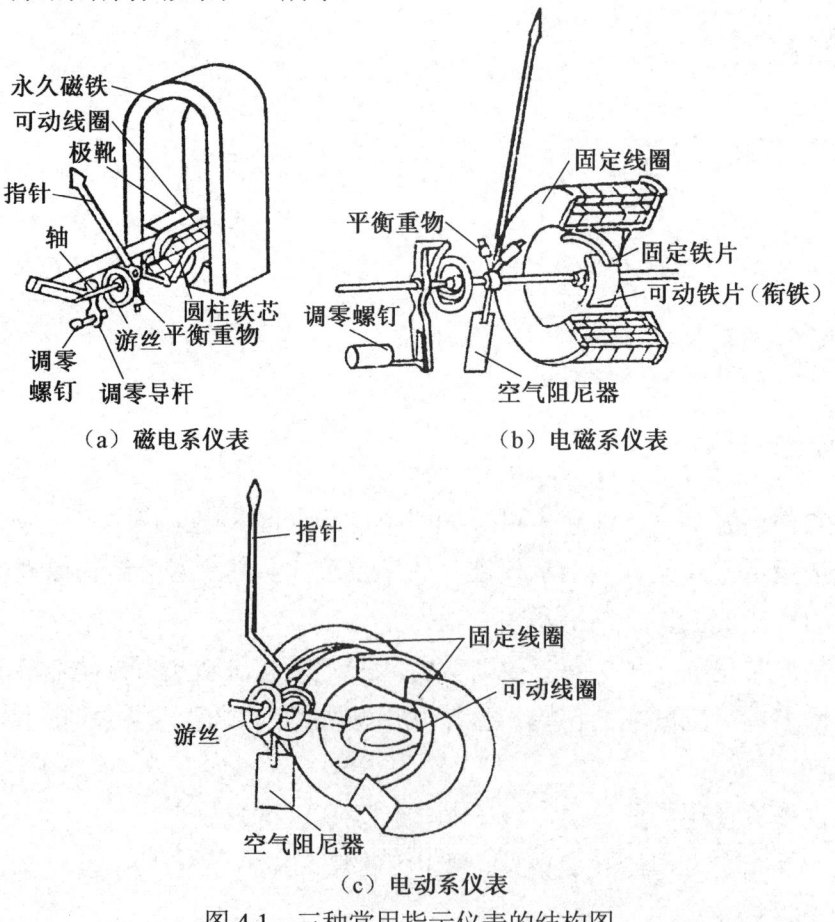

（a）磁电系仪表

（b）电磁系仪表

（c）电动系仪表

图 4.1　三种常用指示仪表的结构图

磁电系仪表根据通电线圈在恒定磁场中受电磁力作用的原理制成，电磁系仪表根据铁磁物质在通电线圈的磁场中受电磁力作用的原理制成，电动系仪表根据两个通电线圈之间产生电动力的原理制成，感应系仪表根据交变磁场中导体感生涡流与磁场产生作用力的原理制成，整流系仪表是经整流器整流后再进行测量的仪表。表 4.2 所示为几种常用指示仪表的类型、符号、代号及用途。

表 4.2 几种常用指示仪表的类型、符号、代号及用途

仪表类型	符号	代号	可测的量
磁电系		C	直流电流、电压、电阻
电磁系		T	直流或交流电流、电压
电动系		D	直流或交流电流、电压、电功率、电能
感应系		G	电能
整流系		L	交流电流、电压

（4）指示仪表按防护性能分类，有普通型、防尘型、防溅型、防水型、水密型、气密型、隔爆型七种形式。

（5）指示仪表按精度等级分类，有 0.1、0.2、0.5、1.0、1.5、2.5、5.0 七个等级。

仪表精度等级的百分数又称仪表的基本误差，仪表可能产生的绝对误差等于精度等级的百分数乘以仪表的量程。

（6）指示仪表按被测量的性质分类，有直流电表、交流电表和交直流电表。交流电表一般都是按正弦交流电的有效值标度的。

2. 电工仪表的型号

电工仪表的型号是按规定的编号规则编制的，可以反映出仪表的用途和工作原理。对不同结构形式的仪表规定有不同的编号规则。

安装式仪表的型号一般由形状代号、系列代号、设计序号和用途代号组成。形状代号有两位：第一位代表仪表面板的最大尺寸，第二位代表仪表的外壳尺寸。系列代号（参见表 4.2 中的"代号"）表示仪表的工作原理，用途代号（参见表 4.1 中的"仪表符号"）表示测量的量。例如，44C2-A 型电流表，其中，"44"为形状代号，"C"表示磁电系仪表，"2"为设计序号，"A"表示测量电流。

可携式仪表的型号除了不用形状代号，其他部分与安装式仪表相同。例如，T62-V 型电压表，其中，"T"表示电磁系仪表，"62"为设计序号，"V"表示测量电压。

电能表的型号与可携式仪表基本相同，只是前者比后者在型号前多了一个"D"。例如，"DD"表示单相电能表，"DT"表示三相电能表，"DS"表示有功电能表，"DX"表示无功电能表。在使用电工仪表进行测量时，为了保证测量精度、减小测量误差，应合理选择仪表的类型、测量范围、精度等级、仪表内阻等，同时须采用正确的测量方法。

3. 仪表类型的选择

被测量可分为直流量和交流量，交流量又分为正弦量和非正弦量。在电力工程中涉及的交流电，大多数是工频（50Hz）正弦交流电。

对于直流量的测量，普遍选用磁电系仪表。对于正弦交流量的测量，可选用电磁系或电动系仪表。一般交流电表都是按正弦交流电的有效值标度的，若要测量正弦交流电的平均值、峰值、峰-峰值或非正弦交流电，则需要进行换算或使用具有专门刻度的仪表。

4. 仪表精度的选择

从提高测量的准确度出发，仪表的精度越高越好。但精度高的仪表对工作条件的要求严格，成本也高，所以仪表精度的选择要从测量的实际需要出发，既要满足测量要求，又要本着节约的原则。

通常 0.1 级和 0.2 级仪表用作标准仪表或在精密测量时选用，0.5 级和 1.0 级仪表在实验室测量时选用，1.5 级、2.5 级和 5.0 级仪表可在一般工程测量中选用。

5. 仪表量程的选择

仪表的准确度只有在合理的量程下才能发挥作用，这在指示仪表中具有普遍意义。由于测量误差与仪表的量程有关，如果仪表的量程选择得不合理，标尺刻度得不到充分利用，那么即使仪表本身的准确度很高，测量误差也会很大。

为了充分利用仪表的准确度，应尽量按使用标尺的后 1/4 段的原则选择仪表的量程。此段的测量误差基本上等于仪表的精度等级，而在标尺中间位置的测量误差为仪表准确度的 2 倍。应尽量避免使用标尺的前 1/4 段，但要保证仪表的量程大于被测量的最大值。

6. 仪表内阻的选择

仪表的内阻是指仪表两个端子间的等效电阻，它反映了仪表本身消耗的功率的大小，将有内阻的仪表接入电路会影响电路的工作状态。选择仪表时，须根据被测对象的阻抗大小来选择仪表内阻，否则会给测量结果带来很大误差。

为了使仪表接入测量电路后不至于改变原来电路的工作状态，要求电流表或功率表的电流线圈电阻尽量小些，并且量程越大，电阻应越小，而要求电压表或功率表的电压线圈电阻尽量大些，并且量程越大，电阻应越大。

选择仪表时，对仪表的类型、精度、量程、内阻等的选择要综合考虑，特别要考虑引起较大误差的因素。除了这些，还应考虑仪表的使用环境和工作条件，在国家标准中，对仪表的使用环境和工作条件做了具体的规定，仪表必须在规定的工作条件下使用。

三、实训内容

（1）识别图 4.2 所示三种仪表面板上的文字符号和图形符号的含义。
（2）说明图 4.2 所示三种仪表型号的含义与用途。
（3）按给定测量用途选择仪表的类型和量程范围。

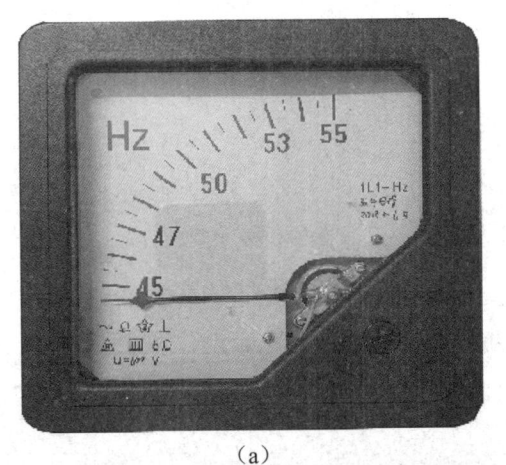

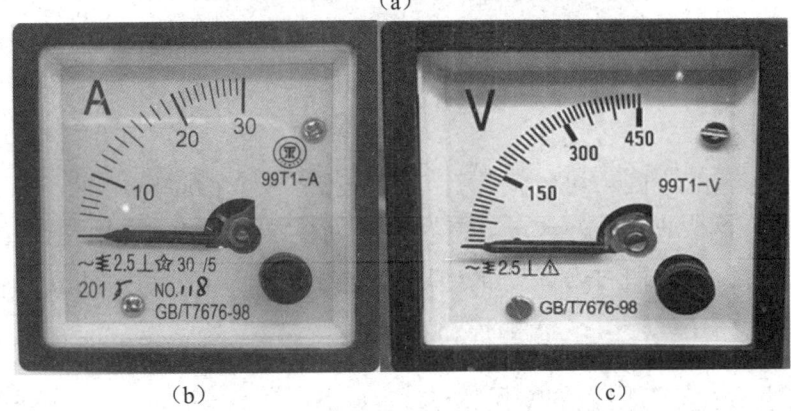

图 4.2 三种仪表

四、成绩评定

完成各项操作训练后，进行技能考核，参考表 4.3 中的评分标准进行成绩评定。

表 4.3 电工仪表的符号识别与选用评分标准

序号	考核内容	配分	评分细则
1	识别各电工仪表符号的含义	50 分	电工仪表符号识别正确，每个 5 分
2	说明电工仪表的型号与用途	20 分	① 型号说明正确：每种 5 分，该项最高给 10 分。 ② 用途说明正确：每种 5 分，该项最高给 10 分
3	选择电工仪表的类型和量程	30 分	① 类型选择正确：15 分。 ② 量程选择正确：15 分
4	操作完成时间 30min		在规定时间内完成，每超时 5min 扣 5 分

任务 2　万用表的测量使用训练

一、任务目标

1．了解万用表的组成与基本性能。
2．学会万用表的使用方法。
3．掌握电压、电流和电阻的测量技能。

二、相关知识

1. 万用表的组成与基本性能

万用表又称复用电表，是一种可测量多种量的多量程便携式仪表。它由于具有测量种类多、测量范围宽、使用与携带方便、价格低等优点，因此应用十分广泛。

一般万用表都可以测量直流电流、直流电压、交流电压、直流电阻等，有的万用表还可以测量电平、交流电流、电容、电感及三极管的电流放大倍数（h_{FE} 值）等。

万用表的基本原理是建立在欧姆定律和电阻串并联分流、分压规律的基础之上的。万用表主要由表头、转换开关、分流和分压电路、整流电路等组成。在测量不同的量或使用不同的量程时，可通过转换开关进行切换。

万用表按指示方式的不同，可分为指针式（模拟式）和数字式两种。指针式（模拟式）万用表的表头为磁电系电流表，数字万用表的表头为数字电压表。在电工测量中，指针式（模拟式）万用表使用得较多，但有些场合也使用数字万用表，下面分别讲述这两种万用表的使用方法。

2. 指针式（模拟式）万用表的使用方法

指针式（模拟式）万用表的型号有很多，但不同型号的指针式（模拟式）万用表的测量原理基本相同，使用方法相近。下面以电工测量中常用的 MF-47 型指针式（模拟式）万用表为例，说明其使用方法。MF-47 型指针式（模拟式）万用表的表头灵敏度测量范围为 0～45μA，表头内阻为 2500Ω，并对各量程实现了全保护。其主要性能指标如表 4.4 所示，面板如图 4.3 所示，表盘如图 4.4 所示。

表 4.4 MF-47 型指针式（模拟式）万用表的主要性能指标

测量项目	测量范围	压降/内阻/功耗/电流	精度
直流电流	0～0.05mA、0～0.5mA、0～5mA、0～50mA、0～500mA、0～5A	0.25V	2.5
直流电压	0～0.25V、0～1V、0～2.5V、0～10V、0～50V、0～250V	20kΩ/V	2.5
	0～500V、0～1000V、0～2500V	10kΩ/V	
交流电压	0～10V、0～50V、0～250V、0～500V、0～1000V、0～2500V	10kΩ/V	5.0
直流电阻	R×1Ω、R×10Ω、R×100Ω、R×1kΩ、R×10kΩ	中心值为 16.5Ω	2.5
电平指示	-10～+22dB	0dB=1mW/600Ω	
三极管的 h_{FE} 值	0～300	I_B=0.01mA	

MF-47 型指针式（模拟式）万用表的使用方法如下。

（1）使用 MF-47 型指针式（模拟式）万用表之前的准备。在使用 MF-47 型指针式（模拟式）万用表之前，先要调整机械零点，把万用表水平放置好，看表针是否指在电压刻度零点上，若未指零，则应旋动机械调零螺钉，使表针准确指在电压刻度零点上。

MF-47 型指针式（模拟式）万用表有红色和黑色两支表笔，两支表笔在使用时应插在表下方标有"+"和"*"的两个插孔内，红表笔插入"+"插孔，黑表笔插入"*"插孔。

MF-47型指针式（模拟式）万用表用一个转换开关来选择测量的量和量程，使用时，应根据被测量及其量程的大小来选择相应挡位。在被测量大小不详时，应先选用较大的量程测量，如不合适，再改用较小的量程，以表头指针指到满刻度的2/3以上位置为宜。

MF-47型指针式（模拟式）万用表的刻度盘上有许多标度尺，分别对应不同的被测量和不同的量程，测量时应在与被测量及万用表量程相对应的刻度线上读数。

图4.3 MF-47型指针式（模拟式）万用表面板

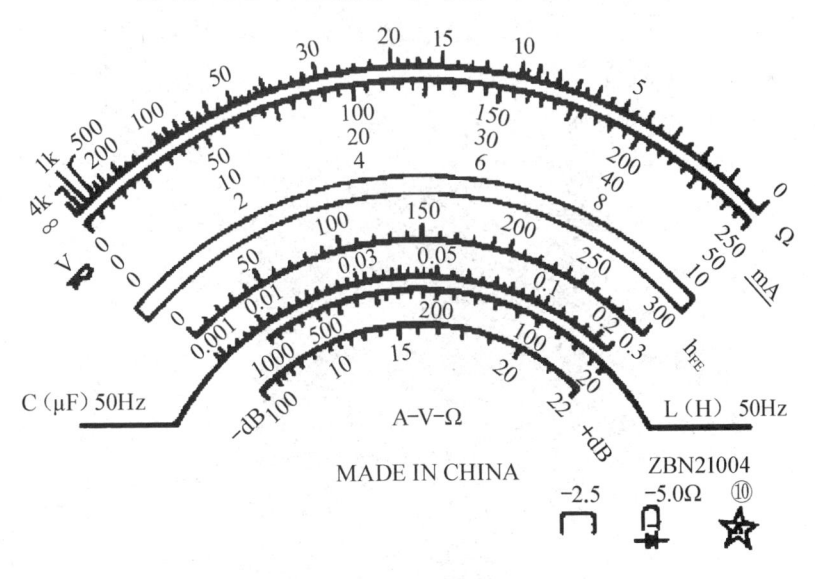

图4.4 MF-47型指针式（模拟式）万用表表盘

（2）电流的测量。测量直流电流时，用转换开关选择好适当的直流电流量程，将MF-47型指针式（模拟式）万用表串联到被测电路中进行测量。测量时注意正负极性必须正确，应按电流从正到负的方向，即由红表笔流入、黑表笔流出。测量大于500mA的电流时，应将红表笔插到"5A"插孔内。

（3）电压的测量。测量电压时，用转换开关选择好适当的电压量程，将MF-47型指针式（模拟式）万用表并联在被测电路上进行测量。测量直流电压时，正负极性必须正确，红表笔应接被测电路的高电位端，黑表笔应将被测电路的低电位端。测量大于 500V 的电压时，应使用高压表笔，将其插在"2500V"插孔内，并应注意安全。交流电压的刻度值为交流电压的有效值。被测交流、直流电压的数值在表盘相应量程的刻度线上读数。

（4）电阻的测量。测量电阻时，用转换开关选择好适当的电阻倍率。测量前，应先调整欧姆零点，将两支表笔短接，看表针是否指在欧姆零刻度上，若不指零，应转动欧姆调零旋钮，使表针指在欧姆零刻度上。若调不到零，说明表内电池的电量不足，需更换电池。每次变换电阻倍率挡后，应重新调零。

测量电阻时，将红、黑表笔接在被测电阻两端，为提高测量的准确度，选择量程时应使表针指在欧姆刻度的中间位置附近，测量值在表盘欧姆刻度线上读数。

$$被测电阻的阻值=表盘欧姆读数\times电阻倍率$$

测量接在电路中的电阻时，须断开电阻的一端或断开与被测电阻并联的所有电路。此外，还必须断开电源，对电解电容进行放电，不能带电测量电阻。

（5）三极管的测量。将测量转换开关置于"h_{FE}"位置，将被测三极管（NPN 型或 PNP 型）的基极、集电极和发射极分别插入测试插座相应的"B"、"C"和"E"插孔中，即可得到 h_{FE} 的值。测试条件：$V_{CE}=1.5V$，$I_B=10\mu A$。h_{FE} 的值显示为 0～300。

（6）使用 MF-47 型指针式（模拟式）万用表的注意事项。

① 测量大电流或高电压时，禁止带电转换量程开关，以免损坏转换开关的触点。切忌用电流挡或电阻挡测量电压，否则会烧坏仪表内部电路和表头。

② 测量直流量时，正负极性应正确，接反会导致表针反向偏转，损坏仪表。在不能分清正、负极时，可选用较大量程的挡位试测一下，一旦发现指针反向偏转，应立即更正。

③ 测量完毕，将转换开关置于空挡或电压最高挡位置，以保护仪表。若仪表长期不用，应取出内部电池，以防电解液流出而损坏仪表。

DT9205A 数字万用表操作指示盘如图 4.5 所示。

图 4.5　DT9205A 数字万用表操作指示盘

3. 数字万用表的使用方法

数字万用表以其测量精度高、显示直观、速度快、功能全、可靠性好、小巧轻便、耗电量小及便于操作等优点，受到人们的普遍欢迎，已成为电子、电工测量及电子设备维修的必备仪表。DT9205A 数字万用表的主要性能指标如表 4.5 所示。

表 4.5　DT9205A 数字万用表的主要性能指标

测量项目	测量范围	误差极限
直流电压	0～±0.2V、0～±2V、0～±20V、0～±200V、0～±1000V	±(0.5% + 2 DGT)
直流电流	0～±200μA、0～±2mA、0～±200mA、0～±20A	±(0.8% + 1 DGT)
交流电压	0～200mV、0～2V、0～20V、0～200V、0～750V	±(1.0% + 3 DGT)
交流电流	0～2mA、0～20mA、0～200mA、0～20A	±(1.0% + 3 DGT)
直流电阻	0～200Ω、0～2kΩ、0～20kΩ、0～200kΩ、0～200MΩ	±(1.0% + 1 DGT)
电容	0～20nF、0～2μF、0～20μF、0～200μF	±(4% + 3 DGT)

注：DGT—显示数据最后一位的最小值。例如(0.5% + 2 DGT)，0.5%为线性误差，2DGT 为相对误差，其值为显示数据最后一位的最小值的 2 倍。

（1）判断带不带电。数字万用表的交流电压挡很灵敏，哪怕周围有很小的感应电压都可以显示出来，可以作为试电笔使用。

将数字万用表打到 AC 20V 挡，黑表笔悬空，手持红表笔与所测路线或器件相接触，如果数字万用表显示的数据在几伏到十几伏范围内，则表明该线路或器件带电；如果显示数据为零或很小，则表明该线路或器件不带电。

（2）交流电压、直流电压的测量（"$\overline{V}$"指直流电压，"$\widetilde{V}$"指交流电压）。测量时将功能转换开关置于"$\widetilde{V}$"挡或"$\overline{V}$"挡的合适量程上，将红表笔插入测量插孔"VΩ"中，黑表笔插入测量插孔"COM"中，两支表笔并联在被测电路两端，黑色导线先放在电压最低的点上，红色导线放在电压较高的点上。观察数字万用表的读数。测量交流电压所显示的数值为测量端交流电压的有效值。如果被测电压超过所设定的量程，显示屏将只显示最高位"1"，表示溢出，此时应将量程改用高一挡测量。

（3）交流电流或直流电流的测量。测量时将功能转换开关置于"$\widetilde{A}$"挡或"$\overline{A}$"挡的合适量程上，将红表笔插入带有字母"A"或"mA"的电流插座中，带有字母"mA"的电流插座是低电流插座，将黑表笔插入测量插孔"COM"中，断开被测电路，两支表笔应串联在被测电路中，转动刻度盘并设置仪表的电流量程，选择最大的预估值。接通被测电路，观察数字万用表的读数。测量直流电流时，红表笔接在电流正极方向上，黑表笔接在电流负极方向上。当电流超过 200mA 时，将量程转换开关置于"$\overline{A}$"挡的"20A"量程上，并将红表笔插入测量插孔"20A"中。此时测量的电流最大可达 20A，测量时间不得超过 10s，否则会因分流电阻发热使读数变化。

测量电流时，数字万用表内部需要有电流通过，测量点必须断开电路（数字钳形表测电流可以不断开电路）。

（4）电阻的测量。切断被测电路的电源。如果连接了电容，先将电容两端放电。测量时打开数字万用表，将功能转换开关置于"Ω"挡的合适量程上，无须调零，将红表笔插入测量插孔"VΩ"中，黑表笔插入测量插孔"COM"中，两支表笔跨接在被测电阻两端，即可在显示屏上得到被测电阻的阻值。若使用200Ω的量程进行测量，两支表笔短路时，读数不为零，这是正常的，此读数是一个固定的偏移值，正确的阻值是读数减去偏移值。

（5）二极管和通断检测。将功能转换开关置于二极管测试位置，红表笔插入"VΩ"插孔，黑表笔插入"COM"插孔。将红表笔接被测二极管正极，黑表笔接被测二极管负极，即可测量二极管的正向导通压降。显示屏即显示出二极管的正向导通压降，单位为毫伏（mV）。二极管的正向导通压降显示值：锗管应为200~300mV，硅管应为500~800mV。若表笔反接，显示屏应显示"1"，表明二极管不导通，否则，表明二极管反向漏电电流大。若被测二极管已损坏，则正、反向连接时都显示"000"（短路）或都显示"1"（断路）。

（6）三极管的测量。将功能转换开关置于"h_{FE}"位置，测量三极管的h_{FE}值时不用接表笔，将被测三极管插入数字万用表控制面板右上角的三极管插孔即可测量。用测试插座连接三极管的引脚，即将被测晶体管（NPN型或PNP型）的基极、集电极和发射极分别插入相应的"B"、"C"和"E"插孔中，即得到h_{FE}的值。测试条件：$V_{CE}=3V$，$I_B=10\mu A$。通常h_{FE}的值显示为0~1000。

（7）使用数字万用表的注意事项。

① 当显示屏出现"LOBAT"或电池符号时，表明电池电量不足，应更换。装换电池时，关掉电源开关，打开电池盒后盖，即可更换。

② 当测量电流没有读数时，请检查熔丝。更换熔丝时，需打开整个后端盒盖，更换相同规格的熔丝。

③ 测量完毕，应断开电源，以免消耗电池电量。若数字万用表长期不用，应取出电池，以免产生漏液而损坏仪表。

④ 这种仪表不宜在日光直射、高温及潮湿的地方使用与存放。其工作温度为0~40℃，湿度小于80%。

三、实训内容

1. 实训用仪表、器材和工具

（1）仪表：数字万用表。

（2）器材：0~250V交流调压器，MS-305DS 0~30V可调直流稳压电源（见图4.6），RX20-20W瓷管变阻器，1/4W 1Ω、10Ω、100Ω、360Ω、1.5kΩ、2kΩ、220kΩ、1MΩ碳膜电阻。

（3）工具：常用电工工具一套，35W内热式电烙铁一把。

2. 实训要求

（1）交流电压的测量。测量前，先在总电源处接一台0~250V交流调压器，用来改变工作台上插座的交流电压，以供测量使用，由指导教师调节交流输出测量电压。使用数字万用表，正确选择挡位和量程。

（2）直流电压的测量。使用MS-305DS 0~30V可调直流稳压电源，设置5个调压位置。

使用数字万用表，正确选择挡位和量程。

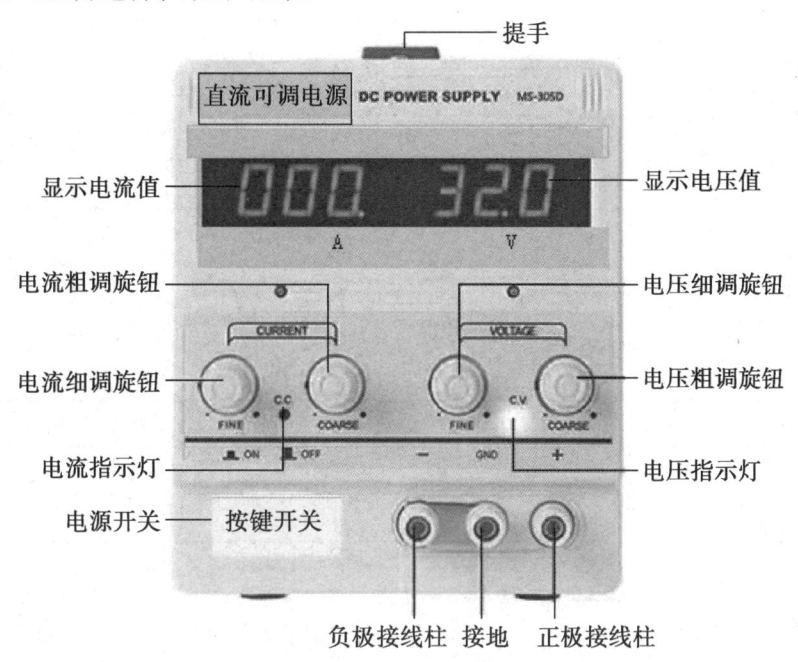

图 4.6 MS-305DS 0～30V 可调直流稳压电源

（3）直流电流的测量。按图 4.7 串接 RX20-20W 瓷管变阻器，调整它可获得不同的电阻值，测量对应的输出电流，注意输出电流不能超过电源或瓷管变阻器允许的最大电流。万用表的红表笔接直流电源正极，黑表笔接 a 点，电源负极接 b 点。

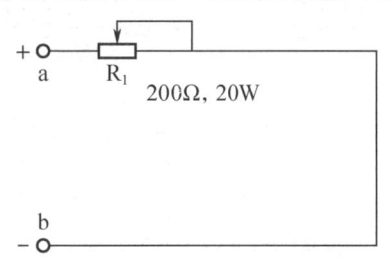

图 4.7 使用万用表测量直流电流的接线图

（4）直流电阻的测量。使用数字万用表的欧姆挡测量，并正确选择欧姆挡的量程。先测量单个电阻的阻值，再测量串、并联电阻网络中两点间的电阻值。

3．实训报告

（1）根据交流电压的测量训练，填写表 4.6 中有关内容。

表 4.6 交流电压的测量实训报告

测量次数	第一次	第二次	第三次
使用的仪表	数字万用表	数字万用表	数字万用表
仪表的量程			
读数/V			
实训所用时间：	实训人：		日期：

（2）根据直流电压的测量训练，填写表 4.7 中有关内容。

表 4.7　直流电压的测量实训报告

测量的电压	U_1	U_2	U_3	U_4	U_5
仪表的量程					
读数/V					
输出标准值/V					

实训所用时间：　　　　实训人：　　　　日期：

（3）根据直流电流的测量训练，填写表 4.8 中有关内容。

表 4.8　直流电流的测量实训报告

测量的电流	I_1	I_2	I_3	I_4	I_5
仪表的量程					
读数					

实训所用时间：　　　　实训人：　　　　日期：

（4）根据直流电阻的测量训练，填写表 4.9 中有关内容。

表 4.9　直流电阻的测量实训报告

单个电阻	R_1	R_2	R_3	R_4	R_5
欧姆挡位					
读数/Ω					
标称电阻值/Ω					

实训所用时间：　　　　实训人：　　　　日期：

四、成绩评定

完成各项操作训练后，进行技能考核，参考表 4.10 中的评分标准进行成绩评定。

表 4.10　万用表的测量使用评分标准

序　号	考核内容	配　分	评分细则
1	交流电压的测量	20 分	① 量程选择正确：10 分。错一次扣 2 分。 ② 测量读数正确：10 分。错一个值扣 2 分
2	直流电压的测量	20 分	① 量程选择正确：10 分。错一次扣 2 分。 ② 测量读数正确：10 分。错一个值扣 2 分
3	直流电流的测量	20 分	① 量程选择正确：10 分。错一次扣 2 分。 ② 测量读数正确：10 分。错一个值扣 2 分
4	直流电阻的测量	20 分	① 量程选择正确：10 分。错一次扣 2 分。 ② 测量读数正确：10 分。错一个值扣 2 分
5	安全、文明生产	20 分	① 遵守操作规程，无违章操作情况：5 分。 ② 正确使用工具，用完后完好无损：5 分。 ③ 保持工位卫生，做好清洁及整理：5 分。 ④ 听从教师安排，无各类事故发生：5 分
6	操作完成时间 60min		在规定时间内完成，每超时 5min 扣 5 分

任务3 绝缘电阻表的测量使用训练

一、任务目标

1. 了解绝缘电阻表的结构原理。
2. 学会绝缘电阻表的使用方法。
3. 掌握电气设备绝缘电阻的测量技能。

二、相关知识

1. 绝缘电阻表的结构原理

绝缘电阻表是用来检测电气设备、供电线路绝缘电阻的一种可携式仪表。其标尺刻度以"MΩ"为单位,可较准确地测出绝缘电阻值。

绝缘电阻表主要由手摇直流发电机和磁电系电流比率式测量机构(流比计)组成,其外形图和结构原理图如图 4.8 所示。手摇直流发电机的额定输出电压有 250V、500V、1kV、2.5kV、5kV 等规格。

(a) 外形图　　　　　　　　　(b) 结构原理图

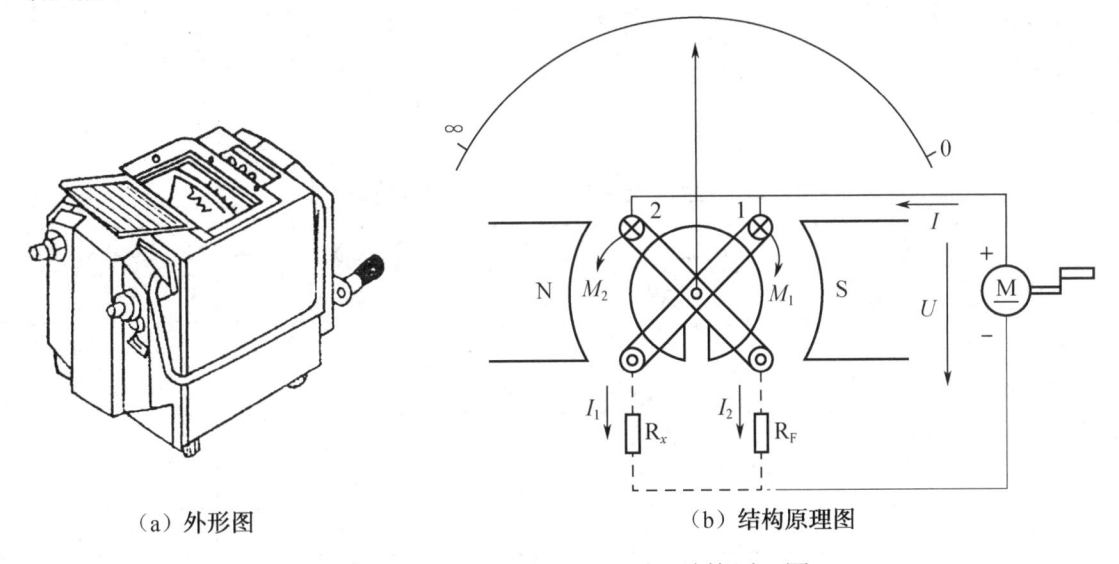

图 4.8　绝缘电阻表的外形图和结构原理图

绝缘电阻表的测量机构有两个互成一定角度的可动线圈,这两个线圈装在一个有缺口的圆柱铁芯外边,与指针一起固定在同一转轴上,并置于永久磁铁的磁场中。由于指针上没有力矩弹簧,仪表不用时,指针可停留在任何位置。

测量时摇动手柄,手摇直流发电机产生电压,形成两路电流 I_1 和 I_2,其中,I_1 流过线圈 1 和被测电阻 R_x,I_2 流过线圈 2 和附加电阻 R_F。若线圈 1 的电阻为 R_1,线圈 2 的电阻为 R_2,则有

$$I_1 = \frac{U}{R_1 + R_x}, \quad I_2 = \frac{U}{R_2 + R_F}$$

两式相比得

$$\frac{I_1}{I_2} = \frac{R_2 + R_F}{R_1 + R_x} \tag{4-1}$$

式中，R_1、R_2 和 R_F 均为定值，只有 R_x 是变量，可见 R_x 的改变与电流的比值相对应。当 I_1、I_2 分别流过线圈 1、线圈 2 时，因为受到永久磁铁磁场力的作用，线圈 1 产生转动力矩 M_1，线圈 2 与线圈 1 绕向相反，则产生反作用力矩 M_2，M_1 和 M_2 的合力矩使指针发生偏转。当 $M_1 = M_2$ 时，指针停留在一定位置，这时指针所指的数据就是被测绝缘电阻的阻值。

未接 R_x 时，指针仅在 M_2 的作用下向逆时针方向偏转，最终指在标尺刻度的 $R_x = \infty$ 处。如果将测量端短路，此时 I_1 最大，M_1 也最大，综合作用之下，指针向顺时针方向偏转，最终指在标尺刻度的 $R_x = 0$ 处。

2. 绝缘电阻表的选择

选择绝缘电阻表时，绝缘电阻表的额定电压一定要与被测电气设备或线路的工作电压相适应，测量范围也要与被测绝缘电阻的阻值范围相吻合。

测量 500V 以下电气设备的绝缘电阻时，可选用额定电压为 500V 或 1kV 的绝缘电阻表；测量高压电气设备的绝缘电阻时，须选用额定电压为 2.5kV 或 5kV 的绝缘电阻表。不能用额定电压低的绝缘电阻表测量高压电气设备的绝缘电阻，否则测量结果不能反映工作电压下的绝缘电阻值，也不能用额定电压过高的绝缘电阻表测量低压电气设备的绝缘电阻，否则会产生击穿电压而损坏设备。测量何种电气设备的绝缘电阻，就应当选用何种规格的绝缘电阻表，参见表 4.11。

表 4.11 绝缘电阻表的额定电压和量程选择

被测对象	设备的额定电压	绝缘电阻表的额定电压/V	绝缘电阻表的量程/MΩ
普通线圈的绝缘电阻	500V 以下	500	250
变压器和电动机线圈的绝缘电阻	500V 以上	1000～2500	500
手摇直流发电机线圈的绝缘电阻	500V 以下	1000	250
低压电气设备的绝缘电阻	500V 以下	500～1000	250
高压电气设备的绝缘电阻	500V 以上	2500	2000
绝缘子、高压电缆、刀开关	500V 以上	2500～5000	2000

对于绝缘电阻表测量范围的选择，注意不要使测量范围超出被测绝缘电阻的阻值过多，以免读数时产生较大误差。一般情况下，测量低压电气设备的绝缘电阻时，可选用 200MΩ 量程的绝缘电阻表；测量高压电气设备或电缆的绝缘电阻时，可选用 2000MΩ 量程的绝缘电阻表。

3. 使用绝缘电阻表之前的准备

（1）测量前须校表，将绝缘电阻表平稳放置，先使 L、E 两端断路，摇动手柄使手摇直流发电机达到额定转速，这时表头指针应指在"∞"刻度上。然后使 L、E 两端短路，缓慢摇动手柄，表头指针应指在"0"刻度上。若指示得不对，则说明该绝缘电阻表不能使用，应进行检修。

（2）用绝缘电阻表测量线路或设备的绝缘电阻，必须在不带电的情况下进行，决不允许带电测量。测量前应先断开被测线路或被测设备的电源，并使被测设备充分放电，清除残存静电荷，以免危及人身安全或损坏仪表。

4．绝缘电阻表的使用方法

绝缘电阻表有三个接线柱，分别标有"L"（线路）、"E"（接地）和"G"（屏蔽），测量时将被测绝缘电阻接在 L、E 两个接线柱之间。测量线路的绝缘电阻时，使 E 接线柱可靠接地，L 接线柱接被测线路；测量电动机、电气设备的绝缘电阻时，使 E 接线柱接设备外壳，L 接线柱接电动机绕组或设备内部电路；测量电缆芯线与电缆外壳间的绝缘电阻时，使 E 接线柱接电缆外壳，L 接线柱接电缆芯线，G 接线柱接电缆外壳与电缆芯线之间的绝缘层，如图 4.9 所示。

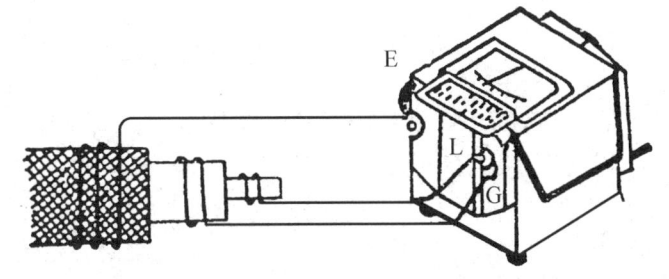

图 4.9　测量电缆芯线与电缆外壳间的绝缘电阻的接线方法

接好线后，按顺时针方向摇动手柄，速度由慢到快，并稳定在 120r/min，约 1min 后从表盘读取数据。

5．使用绝缘电阻表的注意事项

（1）绝缘电阻表测量用的接线要选用绝缘良好的单股导线，测量时两根线不能绞在一起，以免导线间的绝缘电阻影响测量结果。

（2）测量完毕，在绝缘电阻表没有停止转动或被测设备没有放电之前，不可用手触及被测部位，也不可拆除连接导线，以免触电。

三、实训内容

1．实训用仪表、器材和工具

（1）仪表：ZC-7 系列 500V 绝缘电阻表。
（2）器材：三相电动机、电源变压器、低压电缆线。
（3）工具：常用电工工具一套。

2．实训要求

使用 ZC-7 系列 500V 绝缘电阻表分别测量三相电动机、电源变压器和低压电缆线的绝缘电阻。

3. 实训报告

根据绝缘电阻的测量训练，填写表 4.12 中有关内容。

表 4.12　绝缘电阻的测量实训报告

三相电动机	U—V	U—W	V—W	U—外壳	V—外壳	W—外壳
读数/MΩ						
电源变压器低压电缆线	一次绕组与二次绕组之间		一次绕组与铁芯之间		二次绕组与铁芯之间	
读数/MΩ						

实训所用时间：　　　　　实训人：　　　　　日期：

四、成绩评定

完成各项操作训练后，进行技能考核，参考表 4.13 中的评分标准进行成绩评定。

表 4.13　绝缘电阻的测量评分标准

序 号	考 核 内 容	配 分	评 分 细 则
1	三相电动机绝缘电阻的测量	40 分	① 仪表选择和接线正确：20 分。 ② 测量操作和读数正确：20 分。错 1 处扣 4 分
2	电源变压器绝缘电阻的测量	40 分	① 仪表选择和接线正确：20 分。 ② 测量操作和读数正确：20 分。错 1 处扣 4 分
3	安全、文明生产	20 分	① 遵守操作规程，无违章操作情况：5 分。 ② 正确使用工具，用完后完好无损：5 分。 ③ 保持工位卫生，做好清洁及整理：5 分。 ④ 听从教师安排，无各类事故发生：5 分
4	操作完成时间 30min		在规定时间内完成，每超时 5min 扣 5 分

任务 4　接地电阻表的测量使用训练

一、任务目标

1. 了解接地电阻表的结构原理。
2. 学会接地电阻表的使用方法。
3. 掌握电气设备接地电阻的测量技能。

二、相关知识

1. 对电气设备的接地电阻值的要求

电气设备的任何金属部分与接地体之间的连接被称为"接地"，与土壤直接接触的金属导体被称为接地体或接地电极。

电气设备运行时,为了防止电气设备漏电而危及人身安全,要求将电气设备的金属外壳、框架接地。另外,为了防止大气雷电袭击,在高大建筑物或高压输电铁架上,都装有避雷装置。避雷装置也需要可靠接地。

电气设备不同,对接地电阻值的要求也不同。电压在 1kV 以下的电气设备,其接地装置的工频接地电阻值不应超过表 4.14 中所列数值。

表 4.14 电压在 1kV 以下的电气设备的接地电阻值

电气设备类型	接地电阻值
额定容量为 100kVA 及以上的变压器或发电机	不大于 4Ω
电压互感器或电流互感器的二次绕组	不大于 10Ω
额定容量为 100kVA 以下的变压器或发电机	不大于 10Ω
独立避雷针	不大于 25Ω

电气设备接地是为了安全,如果接地电阻值不符合要求,不但安全得不到保证,而且还会造成安全假象,形成事故隐患。因此,电气设备的接地装置安装上以后,要对其接地电阻进行测量,检查其接地电阻值是否符合要求。接地电阻表是测量和检查接地电阻的专用仪器。

2. 接地电阻表的结构原理

接地电阻表主要由手摇交流发电机、电流互感器、检流计和测量电路等组成,是利用比较测量原理工作的,其结构原理图如图 4.10 所示。在图 4.10 中,E 为接地电阻的测量电极,P 和 C 分别为电位和电流的辅助电极,被测接地电阻 R_x 位于 E 和 P 之间,且不包括 C 的接地电阻 R_C。

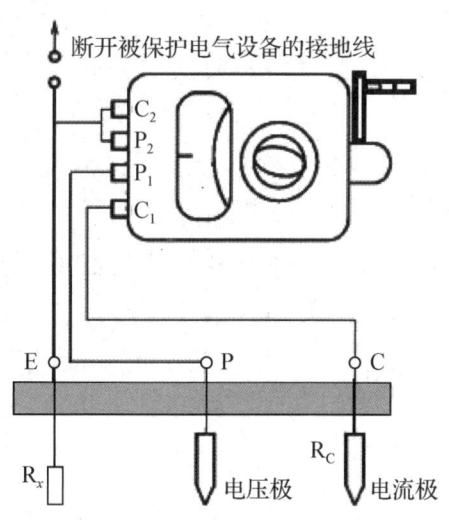

图 4.10 接地电阻表的结构原理图

手摇交流发电机的输出电流 I 流经由电流互感器的一次绕组、E、C 等构成的闭合回路,在 R_x 上形成的压降为 $U_x=IR_x$,在 R_C 上形成的压降为 $U_C=IR_C$。

电流互感器的二次绕组输出的电流为 KI,其中 K 为互感器的电流比。该电流在电位器动触点下边的电阻 R 上产生的压降为 KIR。当检流计指示零时,有 $IR_x=KIR$,可得 $R_x=KR$。可见,R_x 与 R_C 的大小无关。

3. 接地电阻表的使用方法

下面以常用的 ZC-8 型接地电阻表为例说明接地电阻表的使用方法。ZC-8 型接地电阻表的外形图及电路图如图 4.11 所示，测量使用步骤如下。

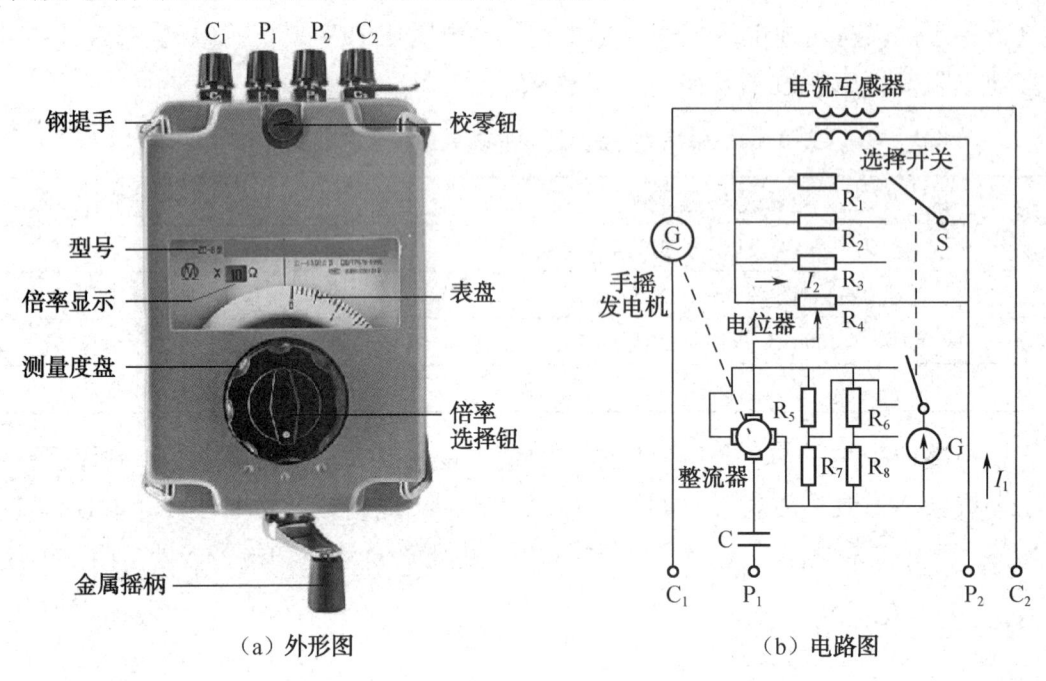

(a) 外形图　　　　(b) 电路图

图 4.11　ZC-8 型接地电阻表的外形图及电路图

（1）连接接地电极和辅助探针。先拆开接地干线与接地体的连接点，把电位辅助探针和电流辅助探针插在距接地体约 20m 处的地下，两个辅助探针均垂直插入地下 400mm 处，电位辅助探针应离被测接地电极近一些，两个辅助探针之间应保持一定距离，然后用测量导线将它们分别接在 P_1、C_1 接线柱上，把接地电极与 C_2 接线柱（相当于图 4.10 中的 E 点）相接。

（2）选择量程并调节测量度盘。在对检流计进行机械调零后，先将量程开关置于 100Ω 挡，缓慢摇动手柄，调节测量度盘，改变可动触点的位置，使检流计指针趋近于零。若测量度盘读数小于 1，应将量程开关置于较小的一挡并重新测量。测量时逐渐提高手摇交流发电机的转速，使之达到 120r/min，并调节测量度盘，使检流计指针完全指零。

（3）读取接地电阻值。在检流计指针完全指零后，即可读数，接地电阻值=测量度盘读数×量程倍率值。

三、实训内容

1. 实训用仪表、器材、工具和劳保用品

（1）仪表：ZC-8 型接地电阻表。
（2）器材：埋设好的设备接地体。
（3）工具：常用电工工具一套。

(4)劳保用品：绝缘鞋一双，绝缘手套一副。

2．实训要求

使用 ZC-8 型接地电阻表测量接地体的接地电阻值。重点训练正确插入辅助探针、正确进行仪表接线、选择合适的量程和正确读数。

3．实训报告

根据设备接地体的接地电阻测量训练，填写表 4.15 中有关内容。

表 4.15　设备接地体的接地电阻测量实训报告

项目	接地体与辅助探针的距离/m			辅助探针插入的深度/mm		使用的量程	接地电阻值/Ω
	E、P 之间	P、C 之间	E、C 之间	P	C		
数据							

实训所用时间：　　　　　　　实训人：　　　　　　　日期：

四、成绩评定

完成各项操作训练后，进行技能考核，参考表 4.16 中的评分标准进行成绩评定。

表 4.16　接地电阻表的测量使用评分标准

序　号	考核内容	配　分	评分细则
1	插入辅助探针	20 分	① 电位辅助探针插入正确：10 分。 ② 电流辅助探针插入正确：10 分
2	仪表接线与选择量程	30 分	① 仪表接线正确：15 分。 ② 量程选择正确：15 分
3	测量操作与读数	30 分	① 测量操作正确：15 分。 ② 读数正确：15 分
4	安全、文明生产	20 分	① 遵守操作规程，无违章操作情况：5 分。 ② 正确使用工具，用完后完好无损：5 分。 ③ 保持工位卫生，做好清洁及整理：5 分。 ④ 听从教师安排，无各类事故发生：5 分
5	操作完成时间 30min		在规定时间内完成，每超时 5min 扣 5 分

任务 5　直流电桥的测量使用训练

一、任务目标

1．了解直流单臂电桥和直流双臂电桥的测量原理。
2．学会直流单臂电桥和直流双臂电桥的使用方法。
3．掌握使用直流单臂电桥和直流双臂电桥测量各种电阻的技能。

二、相关知识

精确测量电阻须使用直流电桥，直流电桥是一种比较测量仪器，它直接把被测电阻与标准电阻进行比较，从而确定被测电阻的大小。直流电桥主要用于电阻测量，分为直流单臂电桥和直流双臂电桥。

1. 直流单臂电桥

（1）直流单臂电桥的工作原理。直流单臂电桥又称惠斯通电桥，其电路原理图如图 4.12 所示。它由四个电阻连接成一个封闭的环形电路，每个电阻支路均被称为桥臂。在图 4.12 中，电桥的两个顶点 a、b 端为输入端，接电桥直流电源；另两个顶点 c、d 端为输出端，接检流计G。

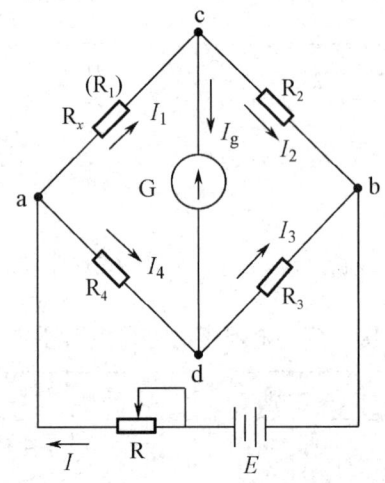

图 4.12 直流单臂电桥的电路原理图

在四个桥臂电阻中，R_x 为被测电阻，其他电阻均为标准电阻。测量时接通电桥电源，调节标准电阻，使检流计指示零，即 $I_g=0$。此时电桥处于平衡状态，c、d 两点电位相等，即 $I_1R_x=I_4R_4$，$I_2R_2=I_3R_3$，其中，$I_1=I_2$，$I_3=I_4$，则可得到 $R_x/R_2=R_4/R_3$ 或 $R_xR_3=R_2R_4$，由此可求得

$$R_x = \frac{R_2}{R_3}R_4 \tag{4-2}$$

在图 4.12 中的直流单臂电桥中，R_2、R_3 所在支路为比率臂电阻，R_4 所在支路为比较臂电阻。

由于被测电阻是与标准电阻进行比较的，而标准电阻的准确度很高，检流计的灵敏度也很高，因此直流单臂电桥测量电阻的准确度是很高的。一般直流单臂电桥的准确度等级有 0.01、0.02、0.05、0.1、0.2、0.5、1.0、1.5 八个等级。

（2）直流单臂电桥的使用方法。直流单臂电桥的型号有很多，但不同型号的直流单臂电桥的使用方法基本相同。下面以常用的 QJ23 型直流单臂电桥为例，介绍直流单臂电桥的测量使用方法。

QJ23 型直流单臂电桥的电路图和面板图如图 4.13 所示，其比率臂由八个电阻组成，有七个挡位，对应×0.001、×0.01、×0.1、×1、×10、×100、×1000 七种比率，这七个挡位由比率臂开关（比率盘）切换；其比较臂由四组电阻串联而成，第一组为九个 1Ω 的电阻，第二组

为九个10Ω的电阻、第三组为九个100Ω的电阻,第四组为九个1000Ω的电阻,当全部电阻串联时,总电阻值为9999Ω,测量值由读数盘转换。选择不同的比率臂和比率臂的电阻,可测量不同的电阻值。

QJ23型直流单臂电桥可以测量0.001Ω~9.999MΩ的电阻。其准确度在不同测量范围内有所不同。由于接线电阻的影响,只有在1Ω~9.999MΩ的测量范围内,其基本误差才不超过±0.2%。

QJ23型直流单臂电桥的测量使用步骤如下。

① 测量前先将检流计锁扣打开,并调节其调零装置使指针指示零。

② 将被测电阻 R_x 接在测量接线柱上,估计一下它的数值,选择合适的比率,以保证比较臂上的四组电阻都能用上。

③ 测量时,应先按电源按钮,再按检流计按钮,然后调节读数盘,使检流计指示零,最后读数,被测电阻的阻值=读数盘数值之和×比率盘的比率。

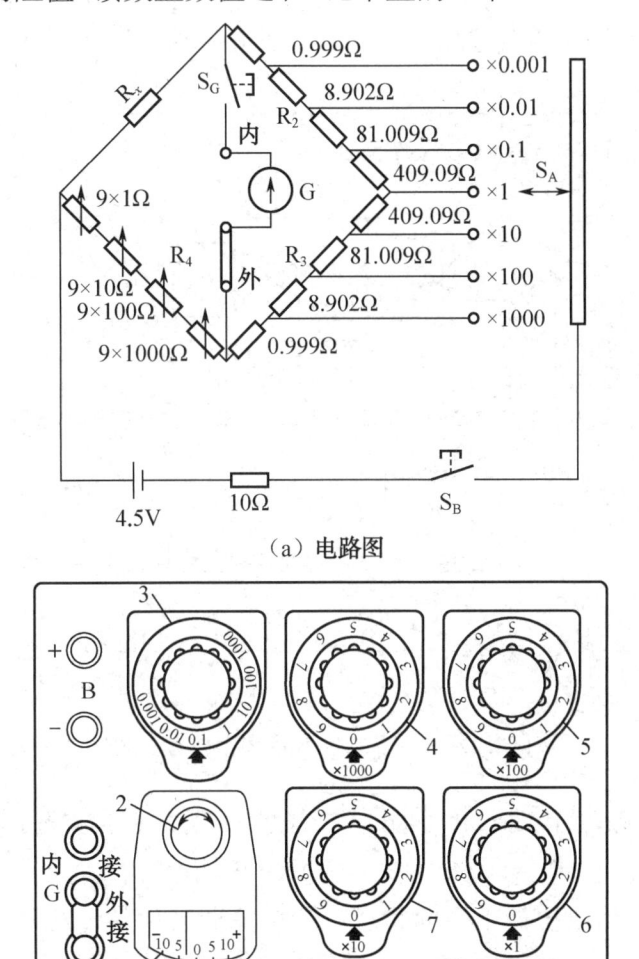

（a）电路图

（b）面板图

1—检流计；2—调零旋钮；3—比率臂开关（比率盘）；
4、5、6、7—比较臂开关（读数盘）

图4.13　QJ23型直流单臂电桥的电路图和面板图

（3）使用直流单臂电桥的注意事项。

① 测量完毕,应先按检流计按钮,再按电源按钮。特别是被测电阻具有电感时,一定

要遵守上述规则，否则会损坏检流计。

② 测量结束后，应将检流计锁扣锁上，以免检流计受到振动而损坏。

③ 若使用外接电源，应按规定选择电压。若使用外接检流计，也应按规定选择其灵敏度和临界电阻。

2. 直流双臂电桥

当待测电阻的阻值小于 1Ω 时，使用直流双臂电桥的四端钮电阻测量该电阻。

（1）直流双臂电桥又称开尔文电桥，用于测量小电阻，例如测量电流表的分流器电阻、电动机绕组或变压器绕组的低值电阻。

直流双臂电桥的电路原理图如图 4.14 所示，其中，E 为电源，R_x 为被测电阻，KB 为电池开关，KG 为检流计开关，K_3 为检流计检测开关，R_x 与 R_N 组成各桥臂，R_x 和 R_N 都有两对接头，即电流接头 C_1、C_2 和电位接头 P_1、P_2。先将被测电阻的电流接头和电位接头分别与接线柱 C_1、C_2 和 P_1、P_2 连接，C_1 与 P_1、C_2 与 P_2 的连接导线应尽量短而粗，以减小导线电阻。

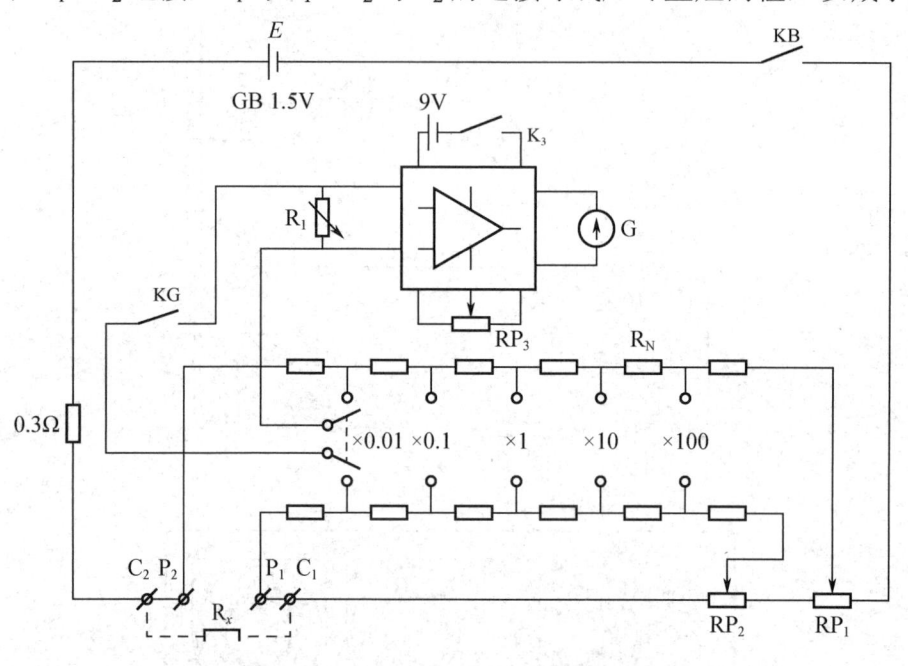

图 4.14 直流双臂电桥的电路原理图

QJ44 型直流双臂电桥的电路图和面板图如图 4.15 所示。其测量范围为 $0.0001\sim11\Omega$，基本误差为 ±2%，有 ×0.01、×0.1、×1、×10、×100 五种比率。

调节各桥臂电阻，使电桥处于平衡状态，即检流计指示零，此时只要能保证电桥平衡，就能使 R_x=倍率读数×(步进盘读数+滑线盘读数)。

（2）QJ44 型直流双臂电桥的测量使用步骤。

给电桥安装干电池或接上交流 220V 电源，内部整流稳压电路开始工作，此时电桥就能显示电源正常。将被测电阻按四端连接法接在电桥相应的 C_1、P_1、C_2、P_2 接线柱上。

① 选择倍率。将倍率盘转到所需的电阻测量范围。先按 B 按钮，再按 G 按钮，如果不预知被测电阻的阻值，则可先将读数盘转到最大倍率处；如果检流计偏转过大，则适当减小倍率，直到检流计反偏，再返回一挡倍率盘挡位。调整步进盘读数和滑线盘读数，逐步调整使检流计指针指示零。

② 电桥的平衡调整。测量时可把步进盘、滑线盘放在被测电阻的大略读数位置，按 B 按钮和 G 按钮，逐步调整使检流计指示零，则电桥处于平衡状态，即可读取被测电阻的阻值。从步进盘开始读数，再从滑线盘读数。

③ 读取被测电阻的阻值：各读数盘示值之和再乘上倍率就是被测电阻 R_x 的阻值，即 R_x=倍率盘读数×(步进盘读数+滑线盘读数)。

④ 用毕电桥就把倍率盘转至"断"位置处，同时松开 B 按钮和 G 按钮，切断电桥的内附交流或直流电源。

（a）电路图

（b）面板图

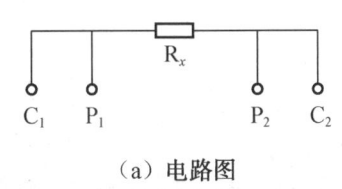

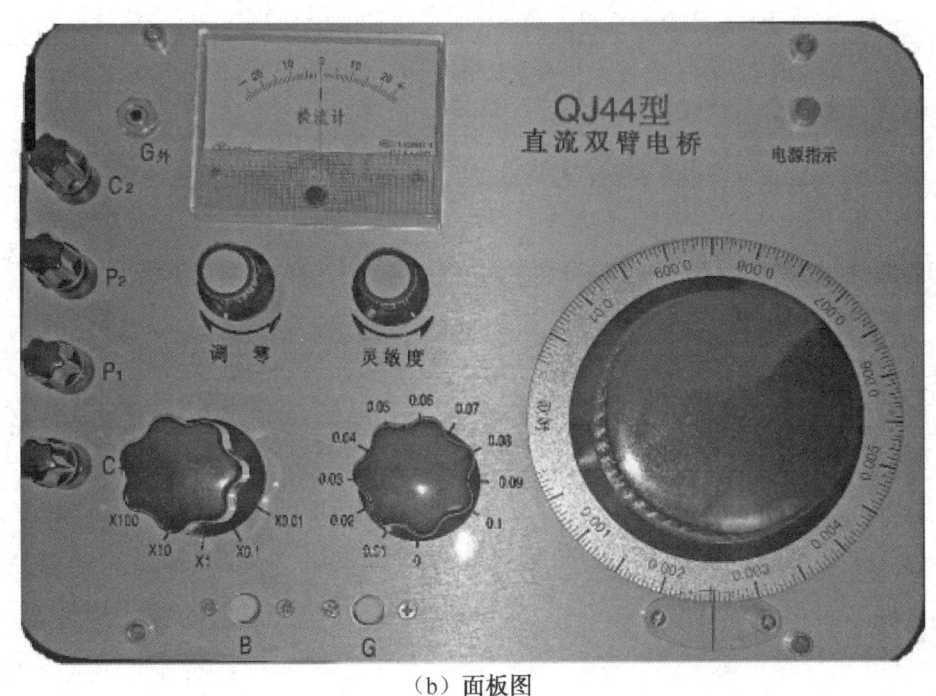

图 4.15　QJ44 型直流双臂电桥的电路图和面板图

（3）使用直流双臂电桥的注意事项。

① 测量时，接线头要除尽污物并接紧，尽量减小接触电阻，以提高测量的准确度。

② 直流双臂电桥的工作电流很大，如果使用电池测量，那么操作速度要快，以免耗电过多。测量结束后，应立即断开电源。

三、实训内容

1. 实训用仪表、器材和工具

（1）仪表：QJ23 型直流单臂电桥、QJ44 型直流双臂电桥。
（2）器材：三相异步电动机、单相变压器、三种阻值的瓷管电阻。
（3）工具：常用电工工具一套，35W 内热式电烙铁一把。

2. 实训要求

（1）用直流单臂电桥测量 3 个 10～1000Ω 不同的瓷管电阻。

用 QJ23 型直流单臂电桥测量不同的电阻。

（2）用直流双臂电桥测量不同细导线的直流电阻（导线的长度分别为 0.5m、1m 和 1.5m，截面积均为 0.2mm^2）。

用 QJ44 型直流双臂电桥测量不同细导线的直流电阻。

3. 实训报告

（1）根据用直流单臂电桥测量 3 个不同阻值的电阻的训练，填写表 4.17 中有关内容。

表 4.17　用直流单臂电桥测量 3 个不同阻值的电阻实训报告

测量项目	R_1	R_2	R_3
标称电阻值/Ω			
测量电阻值/Ω			

实训所用时间：　　　　　实训人：　　　　　日期：

（2）根据用直流双臂电桥测量不同细导线的直流电阻的训练，填写表 4.18 中有关内容。

表 4.18　用直流双臂电桥测量不同细导线的直流电阻实训报告

测量项目	细导线的直流电阻		
	1 号导线	2 号导线	3 号导线
直流双臂电桥读数/Ω			

实训所用时间：　　　　　实训人：　　　　　日期：

四、成绩评定

完成各项操作训练后，进行技能考核，参考表 4.19 中的评分标准进行成绩评定。

表 4.19　直流电桥的测量使用评分标准

序号	考核内容	配分	评分细则
1	用直流单臂电桥测量不同的瓷管电阻	25 分	① 倍率选择正确：5 分。 ② 测量操作正确：5 分。 ③ 读数正确：15 分。错一个值扣 5 分
2	用直流单臂电桥测量绕组电阻	25 分	① 倍率选择正确：5 分。 ② 测量操作正确：5 分。 ③ 读数正确：15 分。错一个值扣 3 分
3	用直流双臂电桥测量绕组电阻	40 分	① 倍率选择正确：10 分。 ② 测量操作正确：10 分。 ③ 读数正确：20 分。错一个值扣 5 分
4	安全、文明生产	10 分	① 遵守操作规程，无违章操作情况：5 分。 ② 听从教师安排，无各类事故发生：5 分
5	操作完成时间 60min		在规定时间内完成，每超时 5min 扣 5 分

思考题

1. 如何选择电工仪表的类型和量程?
2. 如何用数字万用表测定值电阻?
3. 简述绝缘电阻表的使用方法。
4. 简述接地电阻表的使用方法和使用时的注意事项。
5. 简述直流单臂电桥的使用方法。
6. 使用直流单臂电桥时应注意哪些事项?
7. 简述直流双臂电桥的使用方法。

项目 5

单相变压器

在电力供电系统以外所使用的变压器大多是单相变压器。变压器可用于变换电压、电流和阻抗,在电子电器产品中普遍使用变压器提供整机电源、进行阻抗匹配和信号耦合,其中使用较多的是单相电源变压器。本项目包括变压器的识别训练、单相变压器的性能测试训练、单相变压器的故障检修训练这几个任务。

任务 1 变压器的识别训练

一、任务目标

1. 了解变压器的基本构造和分类。
2. 熟悉变压器的额定值。

二、相关知识

1. 变压器的基本构造

变压器主要由铁磁材料构成的铁芯和绕在铁芯上的两个及以上的线圈组成,与输入交流电源相接的线圈被称为一次线圈或一次绕组,与负载相接的线圈被称为二次线圈或二次绕组。变压器的电路符号如图 5.1(a)所示。

变压器是以电磁感应原理为基础工作的,其工作原理可以用图 5.1(b)来说明。在给一次绕组加上交流电压 U_1(有效值)后,铁芯中产生交变磁通 Φ,由于铁芯的磁耦合作用,二次绕组中会产生感应电压 U_2(有效值),负载中就有电流 I_2 通过。

变压器的铁芯通常用硅钢片叠成,硅钢片的表面涂有绝缘漆,以避免在铁芯中产生较大的涡流损耗。变压器的铁芯有多种形状,小型变压器的常用铁芯主要有两种——E 型和 C 型,如图 5.2 所示。E 型铁芯是将硅钢片冲裁成 E 型铁芯片,两片 E 型铁芯片相对叠加而成的;C 型铁芯是将硅钢片剪裁成带状后绕制成环形,从中间切开而成的。

(a) 电路符号　　　　　　　　　(b) 工作原理图

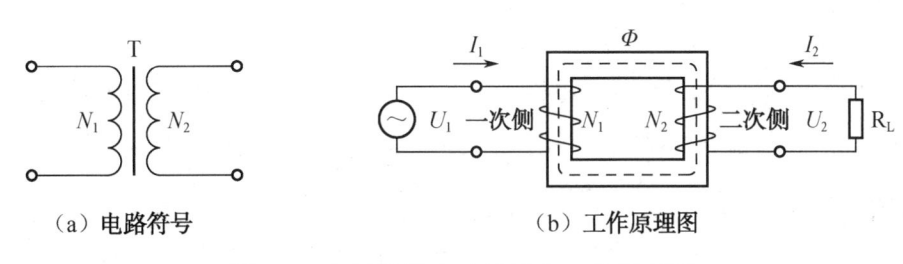

图 5.1　变压器的电路符号和工作原理图

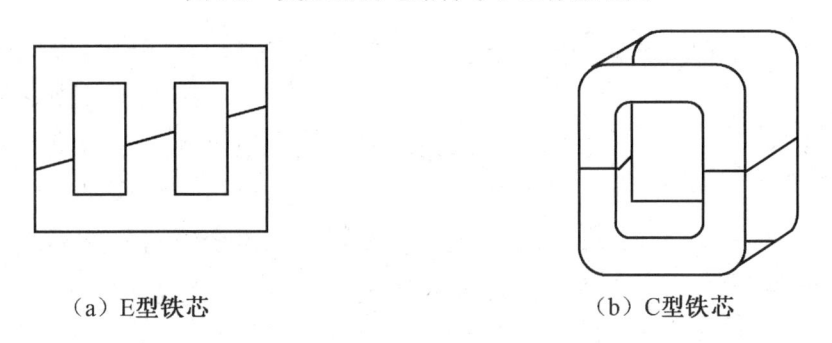

（a）E型铁芯　　　　　　　　　（b）C型铁芯

图 5.2　小型变压器的常用铁芯

2．变压器的分类

变压器的类型有很多，可从不同方面进行分类。

（1）按用途分类。变压器按用途可分为电力变压器、控制变压器、电源变压器、调压变压器、耦合变压器、隔离变压器。

（2）按铁芯结构分类。变压器按铁芯结构可分为心式变压器和壳式变压器。

（3）按工作电压的相数分类。变压器按工作电压的相数可分为单相变压器和三相变压器。

（4）按工作电压的升降分类。变压器按工作电压的升降可分为升压变压器和降压变压器。

（5）按工作频率分类。变压器按工作频率可分为工频变压器、音频变压器、中频变压器和高频变压器等。

变压器不仅可以变换电压、电流和阻抗，还可以传递信号。变压器由于具有多种功能而在电力工程和电子工程中都得到广泛的应用。

3．变压器的额定值

为了安全和经济地使用变压器，在设计和制造变压器时规定了它的额定值，即给出了变压器的铭牌数据，它是使用变压器的重要依据。

（1）额定电压。额定电压是指变压器正常运行时的工作电压，一次额定电压是指变压器正常工作时的外施电源电压。二次额定电压是指给变压器一次侧施加额定电压、二次绕组通过额定电流时的电压。

（2）额定电流。额定电流是指变压器的一次电压为额定值时，一次绕组和二次绕组允许通过的最大电流。在此电流下，变压器可以长期工作。

（3）额定频率。额定频率是指变压器一次侧的外施电源频率，变压器是按此频率设计的，我国电力变压器的额定频率都是 50Hz。

（4）额定容量。额定容量是指变压器在额定频率、额定电压和额定电流的情况下，所能传输的视在功率，单位是 VA 或 kVA。

（5）额定温升。额定温升是指变压器满载运行 4h 后，绕组和铁芯温度高于环境温度的值，我国规定标准环境温度为 40℃，对于 E 级绝缘材料，变压器的温升不应超过 75℃。

4．变压器的使用要点

使用变压器前应注意以下几点。

（1）查看铭牌。在使用变压器前，应先看其铭牌数据，按铭牌内容进行接线和使用。加在变压器一次侧的电压必须与额定电压相符合，最大负载电流不能超过额定输出电流。

（2）正确接线。变压器最忌接错线，接错线可能会导致烧坏变压器或用电设备。对于铭牌标注不清的变压器，必须注意先判明各绕组的引出端，再接线和使用。

（3）判别高、低压绕组。测量各绕组的电阻可用于确定变压器的好坏，也可用于区分各绕组。高压绕组的线径细、匝数多、直流电阻较大，而低压绕组的线径粗、匝数少、直流电阻相对较小，以此可判断出高、低压绕组。

三、实训内容

1．实训用仪表、器材和工具

（1）仪表：数字万用表。

（2）器材：TXWY 12V、10VA 单相电源变压器。

（3）工具：常用电工工具一套。

2．实训要求

（1）观察所给变压器的外形，查看其铭牌数据和绕组连接方式。

（2）按照所提出的使用要求，选择变压器的类型和性能参数。

3．实训报告

将变压器铭牌数据填入表 5.1 中。

表 5.1　变压器的识别实训报告

变压器型号		额定容量		额定电流		额定频率	
一次额定电压		一次额定电流		二次额定电压		二次额定电流	
一次绕组的直流电阻				二次绕组的直流电阻			
实训所用时间：		实训人：			日期：		

四、成绩评定

完成各项操作训练后，进行技能考核，参考表 5.2 中的评分标准进行成绩评定。

表 5.2 变压器的识别评分标准

序 号	考 核 内 容	配 分	评 分 细 则
1	查看铭牌数据	80 分	1 个数据正确给 8 分
2	安全、文明生产	20 分	① 遵守操作规程，无违章操作情况：5 分。 ② 正确使用工具，用完后完好无损：5 分。 ③ 保持工位卫生，做好清洁及整理：5 分。 ④ 听从教师安排，无各类事故发生：5 分
3	操作完成时间 30min		在规定时间内完成，每超时 5min 扣 5 分

任务 2　单相变压器的性能测试训练

一、任务目标

1. 了解单相变压器的主要性能参数。
2. 熟悉单相变压器的性能测试方法。
3. 掌握单相变压器的性能测试技能。

二、相关知识

1. 单相变压器的绝缘电阻测量

单相变压器各绕组之间及各绕组与铁芯之间都有一定的绝缘性能要求，其绝缘电阻值应符合规定，测量绝缘电阻可使用绝缘电阻表。单相变压器的绝缘电阻值一般应不小于 20MΩ。

2. 单相变压器的变比及其测试电路

单相变压器的变比是指在一次绕组上所加的额定电压 U_{1N} 与二次绕组不接负载时的输出电压 U_{20} 的比值。测试变比时，在一次绕组上加 U_{1N}，测得 U_{20}，变比 $K=U_{1N}/U_{20}$。

单相变压器的变比可使用交流电压表和电流表进行测试，测试电路如图 5.3 所示。

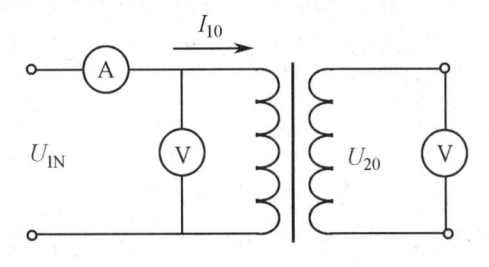

图 5.3　单相变压器变比的测试电路

单相变压器的空载电流一般应不大于一次额定电流的 10%，空载电压应为二次额定电压的 105%～110%。

单相变压器空载时，在理想情况下，一次电压与二次电压之比等于一次绕组与二次绕组的匝数比，即 $U_1/U_2=N_1/N_2=K$，这就是单相变压器变换电压的原理。

当 $N_2<N_1$ 时，$U_2<U_1$，变压器被称为降压变压器；当 $N_2>N_1$ 时，$U_2>U_1$，变压器被称为升压变压器。

3．单相变压器的负载特性及其测试电路

单相变压器的负载特性是指在一次绕组上加额定电压 U_{1N}，记录二次空载电压 U_{20}，二次绕组接一定的纯电阻负载时，实验过程从空载（$I_2=0$）开始逐渐增大负载电流，即逐渐减小负载电阻，二次电压 U_2 随二次电流 I_2 变化的特性，当 $I_2=I_{2N}$ 时，测量二次绕组端电压 U_{2N}，计算电压调整率 $\Delta u \%$：

$$\Delta u \%=[(U_{20}-U_{2N})/U_{20}]\times 100\%$$

单相变压器的负载特性测试电路如图 5.4 所示。

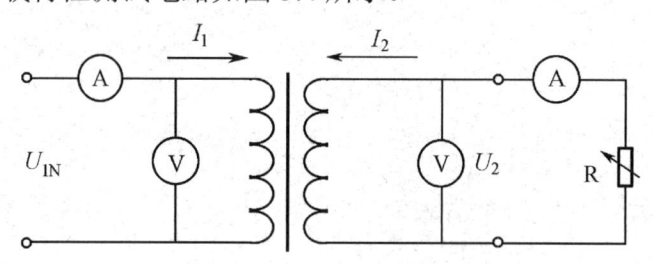

图 5.4　单相变压器的负载特性测试电路

单相变压器接负载时，一次电流 I_1 主要取决于二次电流 I_2。在理想情况下，一次电流与二次电流之比等于一次绕组与二次绕组匝数之比的反比，即 $I_1/I_2=N_2/N_1=1/K$，这就是单相变压器变换电流的原理，电流互感器就是按此原理工作的。

三、实训内容

1．实训用仪表、器材和工具

（1）仪表：30V、250V 6L2 交流电压表各一块，500mA 6L2 交流毫安电流表一块，1A 6L2 交流电流表一块，数字万用表一块，500V 绝缘电阻表一块。

（2）器材：220V/12V、10VA 单相变压器，型号为 TXWY 12V、10VA；0～250V、1kVA 单相交流调压器，型号为 TDGC2-1kVA；0～100Ω、20W 瓷盘滑线式变阻器。

（3）工具：常用电工工具一套。

2．实训要求

（1）单相变压器的绝缘电阻测量。使用 500V 绝缘电阻表测量单相变压器一次绕组与二次绕组之间、一次绕组与铁芯之间、二次绕组与铁芯之间的绝缘电阻。

（2）单相变压器的直流电阻测量。使用数字万用表的电阻挡测量单相变压器一次绕组和二次绕组的直流电阻。

（3）单相变压器的变比测试。按图 5.3 接线，在单相变压器一次绕组上加额定电压，使二次绕组断路，从交流电流表和交流电压表上分别读出一次空载电流和二次空载电压。

（4）单相变压器的负载特性测试。按图 5.4 接线，在单相变压器一次绕组上加额定电压，二次绕组接滑线式变阻器，调节滑线式变阻器的阻值，改变负载电流，从交流电压表上读出相应的二次电压。绘制单相变压器的负载特性曲线。

3．实训报告

（1）将单相变压器的绝缘电阻和直流电阻的测量数据填入表 5.3 中。

表 5.3　单相变压器的绝缘电阻和直流电阻的测量实训报告

测量项目	绝缘电阻/MΩ			直流电阻/Ω	
测量对象	一次绕组与二次绕组之间	一次绕组与铁芯之间	二次绕组与铁芯之间	一次绕组	二次绕组
读数					

实训所用时间：　　　　　　实训人：　　　　　　日期：

（2）将单相变压器的性能测试数据填入表 5.4 和表 5.5 中。

表 5.4　单相变压器的变比测试实训报告

测量项目	变比			
测量参数	额定电压/V	一次电压/V	空载电流/mA	二次电压/V
读数				

实训所用时间：　　　　　　实训人：　　　　　　日期：

表 5.5　单相变压器的负载特性测试实训报告

负载电流	I_1	I_2	I_3	I_4	I_5
电流数值/A					
二次电压/V					

实训所用时间：　　　　　　实训人：　　　　　　日期：

（3）根据单相变压器的负载特性测试数据，在图 5.5 中绘制单相变压器的负载特性曲线。

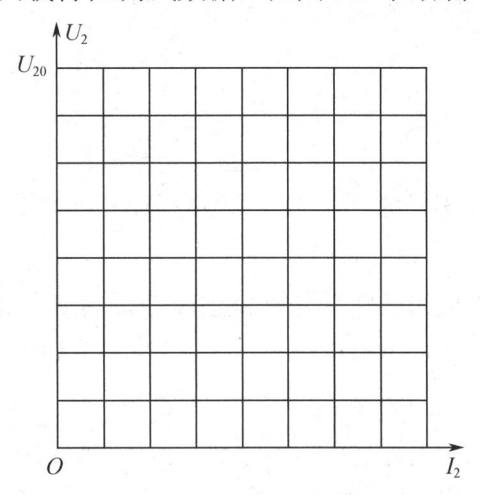

图 5.5　单相变压器的负载特性曲线的绘制

四、成绩评定

完成各项操作训练后，进行技能考核，参考表 5.6 中的评分标准进行成绩评定。

表 5.6　单相变压器的性能测试评分标准

序　号	考　核　内　容	配　　分	评　分　细　则
1	单相变压器的绝缘电阻和直流电阻测量	25 分	① 测量电路接线正确：10 分。 ② 操作与读数正确：15 分
2	单相变压器的变比测试	25 分	① 测量电路接线正确：10 分。 ② 操作与读数正确：10 分。 ③ 变比计算正确：5 分
3	单相变压器的负载特性测试	30 分	① 测量电路接线正确：10 分。 ② 操作与读数正确：10 分。 ③ 单相变压器的负载特性曲线正确：10 分
4	安全、文明生产	20 分	① 遵守操作规程，无违章操作情况：5 分。 ② 正确使用工具，用后完好无损：5 分。 ③ 保持工位卫生，做好清洁及整理：5 分。 ④ 听从教师安排，无各类事故发生：5 分
5	操作完成时间 60min		在规定时间内完成，每超时 5min 扣 5 分

任务 3　单相变压器的故障检修训练

一、任务目标

1．了解单相变压器的常见故障及其处理方法。
2．学会单相变压器的故障检查方法。
3．掌握单相变压器的故障检修技能。

二、相关知识

单相变压器运行中的常见故障主要有绕组断路故障、绕组局部短路故障和击穿短路故障等。单相变压器的故障检查方法如下。

（1）绕组断路故障。一次绕组断路和二次绕组断路都会使单相变压器没有输出电压，可使用直流电桥或万用表欧姆挡对绕组电阻进行测量，故障判断依据是绕组断路时电阻为无穷大。

（2）绕组局部短路故障。由于绕组电阻较小，因此一般局部短路不易用测量电阻的方法查出，可用测量空载电流的方法来检查。一次绕组或二次绕组局部短路都会使单相变压器的空载电流增大很多，并且绕组的温升很高，甚至会冒烟，因此测量速度要快。

（3）击穿短路故障。击穿短路分为一次绕组与二次绕组之间击穿短路、一次绕组或二次绕组与铁芯之间击穿短路。可使用绝缘电阻表分别对两个位置的绝缘电阻进行测量，击穿短路后，绕组绝缘电阻变得很小或为零。

在使用单相变压器的过程中，可先根据具体故障现象找出故障原因，再进行相应处理。单相变压器的常见故障及其处理方法如表 5.7 所示。

表 5.7 单相变压器的常见故障及其处理方法

故障现象	故障原因	故障处理方法
接通电源，但无输出电压	一次绕组断路或引出线脱焊	拆换一次绕组或焊牢引出线接头
	二次绕组断路或引出线脱焊	拆换二次绕组或焊牢引出线接头
	电源线或插头断路	检查、修理或更换电源线或插头
温升过高	一次绕组或二次绕组局部短路	拆换绕组或修理短路部分
	一次绕组与二次绕组之间短路	拆换绕组或修理短路部分
	负载过重或负载短路	减轻负载或排除短路故障
铁芯或底板带电	绕组与铁芯之间短路或绕组之间短路	拆换绕组或加强对铁芯的绝缘
	绝缘材料老化	拆换绕组或加强对铁芯的绝缘
	引出线接头碰触铁芯或底板	检查并排除碰触点

三、实训内容

1. 实训用仪表、器材与工具

（1）仪表：数字万用表、500V 绝缘电阻表。

（2）器材：设有故障的单相变压器。

（3）工具：常用电工工具一套，50W 电烙铁一把。

2. 实训要求

（1）单相变压器所设故障有绕组断路故障、绕组局部短路故障，损坏部位一般较容易查找和维修。

（2）在不通电的情况下，使用万用表、绝缘电阻表和短路测试器对单相变压器进行检查。找出故障后，提出正确的处理方法。

（3）进行除重绕线圈以外的维修处理，使单相变压器能正常工作。

3. 实训报告

根据单相变压器的故障检修训练，填写表 5.8 中有关内容。

表 5.8 单相变压器的故障检修实训报告

序 号	故障种类	故障检查方法	故障处理方法	维修后的情况
1	绕组断路故障			

续表

序 号	故障种类	故障检查方法	故障处理方法	维修后的情况
2	绕组局部短路故障			

实训所用时间：　　　　　实训人：　　　　　日期：

四、成绩评定

完成各项操作训练后，进行技能考核，参考表 5.9 中的评分标准进行成绩评定。

表 5.9　单相变压器的故障检修评分标准

序 号	考核内容	配　分	评 分 细 则
1	故障判断	30 分	① 类型判断正确：15 分。错一次扣 5 分。 ② 部位判断正确：15 分。错一处扣 5 分
2	故障检查	30 分	① 测量方法正确：15 分。错一次扣 5 分。 ② 测量结果正确：15 分。错一个扣 5 分
3	排除故障	20 分	① 排除故障方法正确：10 分。 ② 排除故障后，单相变压器正常运行：10 分
4	安全、文明生产	20 分	① 遵守操作规程，无违章操作情况：5 分。 ② 正确使用工具，用完后完好无损：5 分。 ③ 保持工位卫生，做好清洁及整理：5 分。 ④ 听从教师安排，无各类事故发生：5 分
5	操作完成时间 60min		在规定时间内完成，每超时 5min 扣 5 分

思考题

1. 简述变压器的基本工作原理。
2. 变压器的铭牌数据主要有哪些？
3. 简述单相变压器负载特性的测试方法。
4. 单相变压器通常有哪些故障？
5. 单相变压器温升过高有哪些原因？

项目 6

单相交流异步电动机

单相交流异步电动机为小功率电动机,由单相交流电供电。它结构简单、成本低、噪声小、安装方便,凡是有单相电源的地方都能使用,因此它在生产和生活领域中应用得很广泛。单相交流异步电动机使用最多的情况是在家用电器中,用作风扇、洗衣机、电冰箱、鼓风机、吸尘器、电唱机和其他家用电动器具的动力机。了解单相交流异步电动机的分类、构造和使用特点,掌握单相交流异步电动机的测试与维修技能很有必要。本项目包括单相交流异步电动机的认识与选用训练、单相交流异步电动机的性能测试训练、单相交流异步电动机的故障检修训练、单相交流异步电动机控制线路的连接训练这几个任务。

任务 1　单相交流异步电动机的认识与选用训练

一、任务目标

1. 了解单相交流异步电动机的类型和基本结构。
2. 熟悉单相交流异步电动机的额定值。

二、相关知识

1. 单相交流异步电动机的类型

单相交流异步电动机的类型有很多,按启动方法的不同可分为两类,共五种。一类是罩极电动机,它又分为两种,即凸极式罩极电动机和隐极式罩极电动机;另一类是分相电动机,它又分为三种,即电阻启动分相电动机、电容启动分相电动机和电感启动分相电动机。

单相交流异步电动机的产品型号是由系列代号、设计代号、机座代号、特征代号和特殊环境代号组成的,其排列顺序如下。

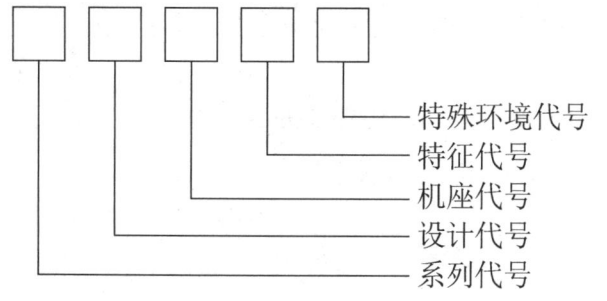

```
□ □ □ □ □
          └── 特殊环境代号
        └──── 特征代号
      └────── 机座代号
    └──────── 设计代号
  └────────── 系列代号
```

（1）系列代号。系列代号的作用是用字母表示单相交流异步电动机的基本系列，其新旧代号的表示方法参见表6.1。

表6.1 单相交流异步电动机的基本系列代号

基本系列产品名称	新代号	旧代号
电阻启动电动机	YU	JZ、BO
电容启动电动机	YC	JY、CO
电容运转电动机	YY	JX、DO
电容启动和运转电动机	YL	E
罩极电动机	YJ	F

（2）设计代号。在系列代号的右下角，用数字表示设计代号，无设计代号的产品为第一次设计的产品。

（3）机座代号。用数字表示单相交流异步电动机转轴的中心高度，标准中心高度有45mm、50mm、56mm、63mm、71mm、80mm、90mm和100mm。

（4）特征代号。单相交流异步电动机产品型号中的最后两位数字分别表示单相交流异步电动机定子的铁芯长度和极数。铁芯长度有1号、2号、3号、4号，按顺序由短变长。常见单相交流异步电动机的极数有2极、4极、6极等。

（5）特殊环境代号。该代号表示该产品适应的环境，普通环境中使用的单相交流异步电动机无此代号。

例如，$YC_2 8022$ 表示电容启动电动机，下标2表示该产品为YC系列第二次设计的产品，80表示单相交流异步电动机转轴的中心高度为80mm，22表示2号铁芯和2极电动机。

2．单相交流异步电动机的基本结构

单相交流异步电动机主要由定子、转子、端盖、轴承、外壳等组成。单相交流异步电动机的外形图如图6.1所示。

（1）定子。定子由定子铁芯和线圈组成。定子铁芯由硅钢片叠压而成，铁芯槽内嵌着两套独立的绕组，一套被称为主绕组，另一套被称为副绕组，它们在空间上相差90°电角度。单相交流异步电动机的定子结构图如图6.2所示。

图6.1 单相交流异步电动机的外形图

（2）转子。单相交流异步电动机的转子为鼠笼结构，其结构图如图6.3所示。它是在叠压成的铁芯上铸入铝条，并在铝条两端用铝铸成闭合绕组（端环）而成的，端环与铝条形如鼠笼。

（3）端盖。端盖由铸铝或铸铁制成，起着容纳轴承、支撑和定位转子及保护定子绕组端部的作用。

（4）轴承。按单相交流异步电动机容量和种类的不同，所用轴承分为滚动轴承和滑动轴承两类，滑动轴承又分为轴瓦和含油轴承两种。

(a)定子铁芯　　　　　　(b)铁芯片

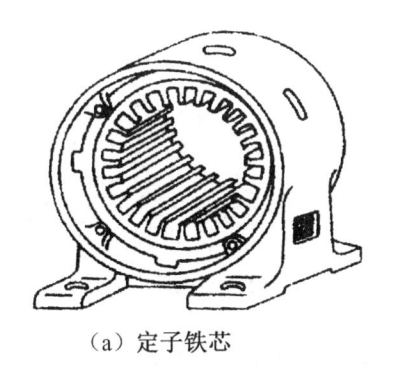

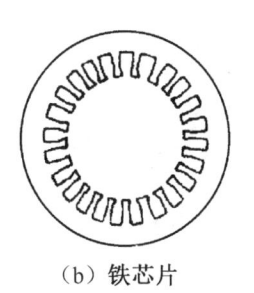

图 6.2　单相交流异步电动机的定子结构图

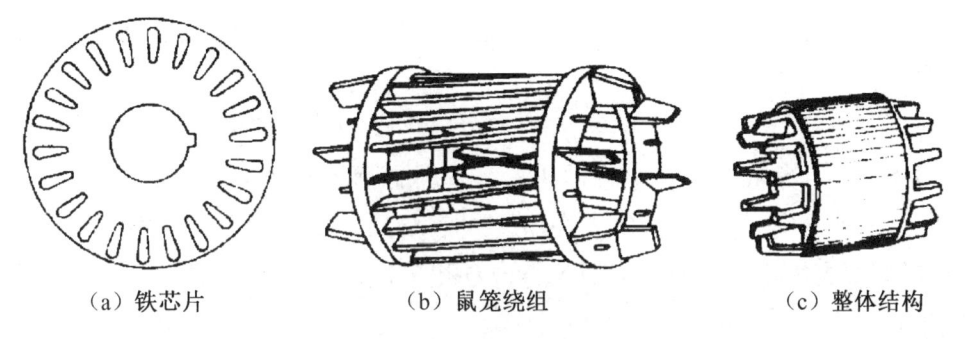

(a)铁芯片　　　　(b)鼠笼绕组　　　　(c)整体结构

图 6.3　单相交流异步电动机的转子结构图

(5)外壳。外壳的作用是罩住单相交流异步电动机的定子和转子，使其不受机械损伤，并防止灰尘。

3．单相交流异步电动机的特点

(1)电阻启动分相电动机。电阻启动分相电动机的副绕组导线线径细、匝数少、电阻大、电感量小，使副绕组呈阻性电路；主绕组导线线径粗、匝数多、电阻很小、电感量大，呈感性电路。这样，当两个绕组接在同一个单相电源上时，两个绕组中的电流就不同相，从而使单相交流电分为两相，形成旋转磁场而产生启动转矩。当转速达到额定值的 70%～80%时，启动开关使副绕组脱开电路，由主绕组单独维持电动机的转动。电阻启动分相电动机的电路图如图 6.4 所示。

电阻启动分相电动机的特点是结构简单、成本低廉、运行可靠，但它的启动转矩小、启动电流大、过载能力差，功率因数和效率也都不高。该电动机多用在小功率的机械上。

(2)电容启动分相电动机。电容启动分相电动机的副绕组上通过离心式启动开关串联了一个较大容量的电容器，使副绕组呈容性电路，主绕组仍保持感性。启动时，副绕组中的电流相位超前主绕组电流 90°电角度，这样就使单相交流电分为两相，形成旋转磁场而产生启动转矩。当转速达到额定值的 70%～80%时，启动开关使副绕组脱开电路，由主绕组单独维持电动机的转动。电容启动分相电动机的电路图如图 6.5 所示。

电容启动分相电动机的优点是启动性能好、启动电流小，但它的空载电流较大，功率因数和效率都不高，并要与适当的电容匹配。它适用于要求启动转矩较大的机械。

(3)电容运转电动机。电容运转电动机的副绕组和一个小容量的电容器串联，无论是启动还是运转，都始终接在电路中，这实质上构成了两相电动机，由主绕组、副绕组与电容器共同维持电动机的转动。电容运转电动机的电路图如图 6.6 所示。

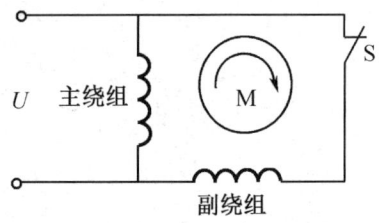

图 6.4 电阻启动分相电动机的电路图 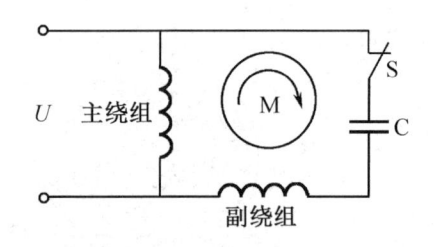　　图 6.5 电容启动分相电动机的电路图

电容运转电动机的特点是有较好的运行特性,其功率因数、效率和过载能力均比其他类型的单相交流异步电动机高,而且省去了启动装置。但由于电容器的容量是按运转性能要求选取的,比单独用于启动时的容量要小,因此该电动机的启动转矩较小。它适合用在启动比较容易的机械上。

(4)电容启动和运转电动机。电容启动和运转电动机的副绕组上串联着一个大容量的启动电容器 C_1 和一个小容量的运转电容器 C_2,电动机启动时,两个电容器并联工作,使副绕组呈容性电路,有利于增大启动转矩。在电动机启动后,离心启动开关使启动电容器脱开电路,运转电容器与副绕组、主绕组共同维持电动机的转动。电容启动和运转电动机的电路图如图 6.7 所示。

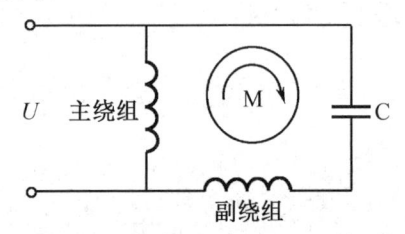

图 6.6 电容运转电动机的电路图 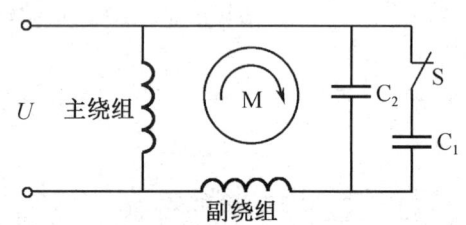　　图 6.7 电容启动和运转电动机的电路图

电容启动和运转电动机的优点是启动转矩大、运行特性好、功率因数高,但其结构复杂、成本较高。它适用于较大功率的机械。

(5)罩极电动机。凸极式罩极电动机定子铁芯的极面中间开有一个小槽,用短路环罩住部分极面积,起到启动绕组的作用。隐极式罩极电动机不用短路环,而用较粗的绝缘导线做成匝数很少的罩极绕组跨在定子槽中,作为启动绕组。罩极电动机的电路与磁路如图 6.8 所示。

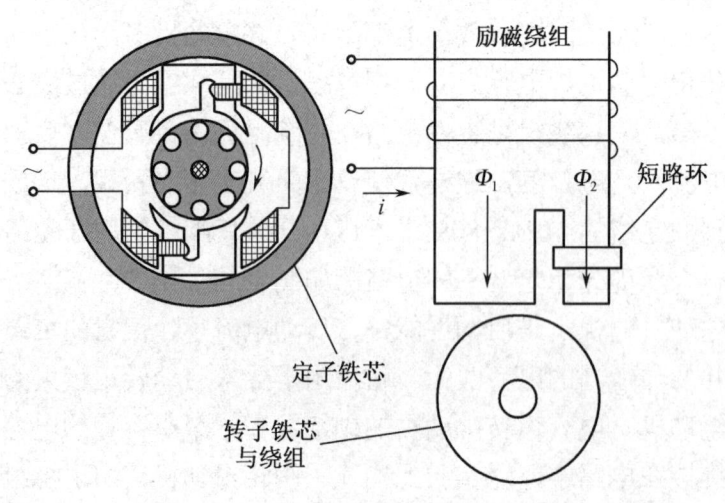

图 6.8 罩极电动机的电路与磁路

罩极电动机的优点是结构简单,不需要启动装置和电容器,但它的启动转矩小,功率也小,旋转方向不能改变。它多用于小型鼓风机、风扇、电唱机中。

4. 单相交流异步电动机的额定值

在单相交流异步电动机的外壳上都有一个铭牌,标有单相交流异步电动机的使用数据,即单相交流异步电动机的额定值,包括以下内容。

(1) 额定电压。额定电压是指单相交流异步电动机正常运行时的工作电压,即外施电源电压,一般采用标准系列值,主要有 12V、24V、36V、42V 和 220V。

(2) 额定频率。额定频率是指单相交流异步电动机的工作电源频率,单相交流异步电动机是按此频率设计的。我国规定的额定频率一般为 50Hz,而国外有的为 60Hz。

(3) 额定转速。额定转速是指单相交流异步电动机在额定电压、额定频率、额定负载下,转轴的转动速度,单位为 r/min。

(4) 额定功率。额定功率是指单相交流异步电动机在额定电压、额定频率和额定转速下,转轴上可输出的机械功率。其标准系列值有 0.4W、0.6W、1.0W、1.6W、2.5W、4W、6W、10W、16W、25W、40W、60W、90W、120W、180W、250W、370W、550W 和 750W 等。

(5) 额定电流。额定电流是指单相交流异步电动机在额定电压、额定功率和额定转速下,定子绕组的电流值。在此电流下,单相交流异步电动机可以长期工作。

(6) 额定温升。额定温升是指单相交流异步电动机满载运行 4h 后,绕组和铁芯的温度高于环境温度的值。我国规定标准环境温度为 40℃,对于 E 级绝缘材料,单相交流异步电动机的工作温升不应超过 75℃。

5. 家用电器中单相交流异步电动机的结构特点

(1) 风扇电动机的结构特点。风扇中使用的电动机大多为电容运转电动机,台式风扇电动机的结构图如图 6.9 所示。它属于微型电动机,具有体积小、质量轻、结构简单、拆装容易的优点。

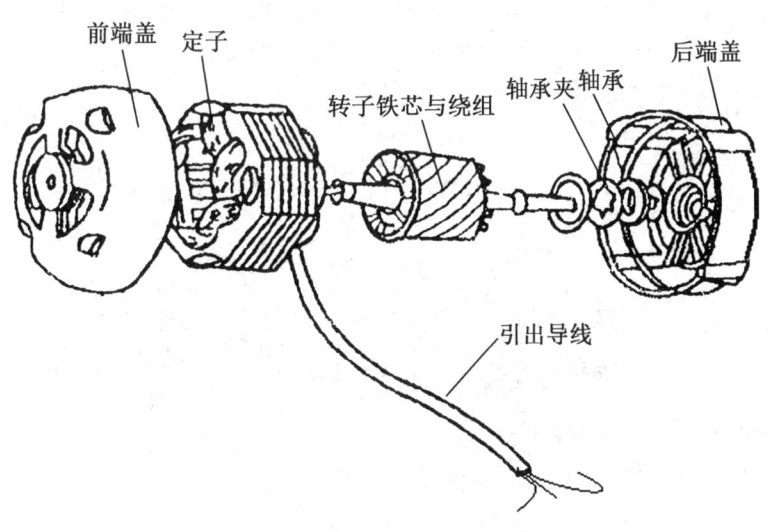

图 6.9 台式风扇电动机的结构图

吊式风扇电动机的结构图如图 6.10 所示。吊式风扇的电动机采用封闭式的外转子结构，定子安放在内，固定在不旋转的吊杆上；而转子安放在外，与扇叶相连。风扇一般都具有调速功能，通过调速来实现人们对风量的不同要求。单相交流异步电动机是通过改变加在电动机上的电压来实现调速的，风扇采用的调速方法主要有电抗器调速、绕组抽头调速和电子调速。

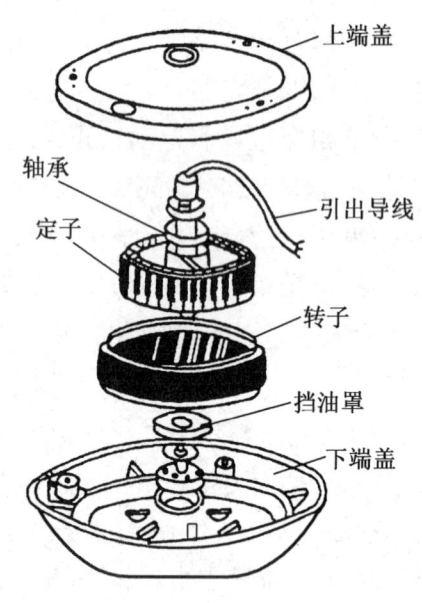

图 6.10　吊式风扇电动机的结构图

（2）洗衣机电动机的结构特点。洗衣机中使用的电动机多为电容运转电动机，洗衣机中洗涤电动机的结构图如图 6.11 所示。由于洗衣机要求洗涤电动机正、反转交替运行且正、反转时的工作状态一样，因此电动机主绕组和副绕组的结构类型、额定参数完全相同，只是在空间上相差 90°电角度。洗涤电动机在工作时，通过换向开关变换其主绕组、副绕组的接线来改变转动方向。脱水电动机只做单向高速运转，其主绕组和副绕组的结构类型、额定参数可以不同，但对其有启动转矩大、过载能力强的要求。

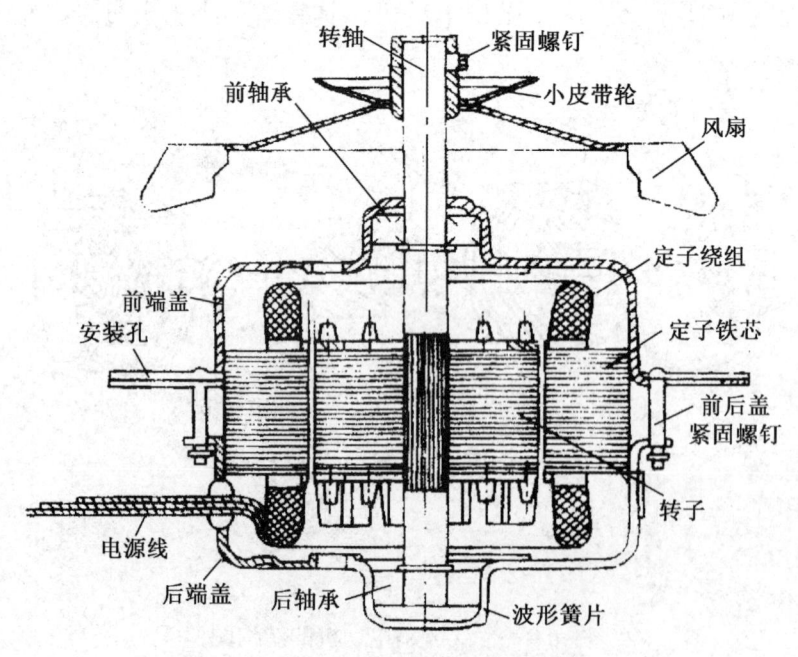

图 6.11　洗衣机中洗涤电动机的结构图

（3）家用制冷压缩机电动机的结构特点。家用电冰箱、冰柜和空调器的制冷压缩机中使用的电动机通常有四种：电阻启动电动机，多用于小功率压缩机；电容启动电动机、电容运转电动机，多用于普通压缩机；电容启动和运转电动机，多用于大功率压缩机。

由于家用制冷压缩机为封闭结构，电动机与压缩机一起安装在封闭的壳体内，直接接触制冷剂和润滑油，且运行温度较高、负荷较大，因此要求电动机耐腐蚀、耐高温、耐冲击和振动，启动力矩大，过载能力强，以及效率尽可能高。家用制冷压缩机电动机的结构图如图6.12所示。

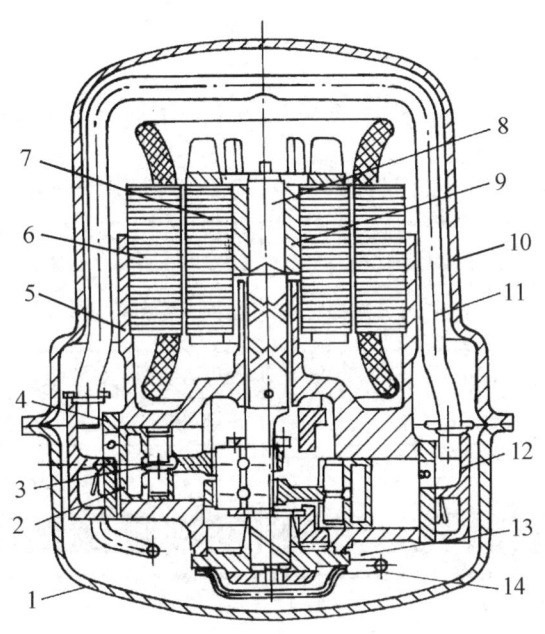

1—下机壳；2—活塞；3—连杆组件；4—气阀；5—机体；6—定子；7—转子；
8—曲轴；9—转子轴套；10—上机壳；11—吸气管；12—汽缸盖；13—端盖；14—排气管

图6.12 家用制冷压缩机电动机的结构图

三、实训内容

1. 实训用仪表、器材和工具

（1）仪表：数字万用表、直流电源。
（2）器材：YY5614 80W 单相交流异步电动机。
（3）工具：常用电工工具一套，测量卡尺一把。

2. 实训要求

观察所给单相交流异步电动机的结构类型、额定参数（铭牌数据），并对其进行说明；观察绕组的连接方式，并画出主绕组、副绕组连接图。

3. 实训报告

选择单相交流异步电动机进行训练，并填写表6.2中有关内容。

表6.2 单相交流异步电动机的认识与选用实训报告

电动机型号		额定功率		额定电压		额定电流	
电动机类型		额定频率		额定转速		绝缘等级	
磁极对数		电容数值		轴伸长度		输出轴距	

实训所用时间：　　　　　　实训人：　　　　　　日期：

四、成绩评定

完成各项操作训练后进行技能考核，参考表6.3中的评分标准进行成绩评定。

表6.3 单相交流异步电动机的认识与选用评分标准

序号	考核内容	配分	评分细则
1	对单相交流异步电动机的结构类型、额定参数的认识	60分	结构类型和额定参数正确，每项5分
2	画出的绕组连接图正确与否	40分	画出主绕组、副绕组、运转电容器及连接线各10分
3	操作完成时间30min		在规定时间内完成，每超时5min扣5分

任务2 单相交流异步电动机的性能测试训练

一、任务目标

1. 了解单相交流异步电动机的主要测量项目。
2. 学会单相交流异步电动机的性能测试方法。
3. 掌握单相交流异步电动机的基本性能测试技能。

二、相关知识

单相交流异步电动机的主要测量项目有绝缘电阻、绕组的直流电阻、空载电流、工作电流、堵转电压、温升和转速等。

1. 测量绝缘电阻

（1）根据被测设备及回路额定电压选择500V绝缘电阻表。

（2）试验前应拆除被测单相交流异步电动机一切对外的连线，并将原带电体对地充分放电。

（3）校验所用绝缘电阻表是否正常，摇动手柄的转速应达到120r/min，测量接线L端与E端引线断路时，指针应指无穷大，测量接线L端与E端引线短接时，指针应指零。

（4）E端引线（或单相交流异步电动机的金属外壳）接地并接好线，手持测量接线L端的引线悬空。使用手摇式绝缘电阻表时，应以恒定转速120r/min摇动手柄，将L端引线接被测绕组的接线柱，待60s后读取其绝缘电阻值。

(5) 试验完毕，必须将被测线路对地短接并充分放电，防止储存的电荷使接触者触电。

(6) 记录被测单相交流异步电动机的铭牌、序号、测量位置和绝缘电阻等数据。

单相交流异步电动机的绝缘电阻包括主绕组、副绕组与外壳之间的绝缘电阻，测量绝缘电阻是为了检查定子绕组绝缘性能，可使用500V绝缘电阻表进行测量，单相交流异步电动机的绝缘电阻值应不小于20MΩ。

2．测量绕组的直流电阻

测量单相交流异步电动机定子主绕组、副绕组的直流电阻可用来检查定子绕组的断路和短路故障，可使用数字万用表进行测量。

3．测量空载电流

空载电流是指单相交流异步电动机在额定电压下不带负载运转时的电流值，单相交流异步电动机的空载电流与额定电流的比值应符合规定。

单相交流异步电动机的空载电流可使用交流电流表或万用表的交流电流挡来测量，如果使用交流电流表来测量，应将其串入电源回路中。以电容运转电动机为例，其空载电流的测量接线图如图6.13所示。

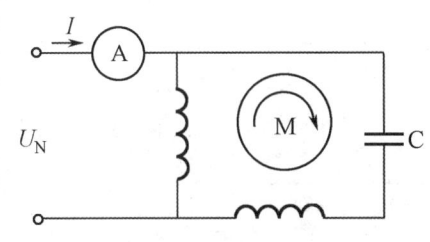

图6.13　单相交流异步电动机空载电流的测量接线图

4．测量转速

测量单相交流异步电动机的转速可使用实验台架上的转速测量显示装置，转速稳定后，读取转速数值。

三、实训内容

1．实训用仪表、器材和工具

（1）仪表：交流电压表、交流电流表、数字万用表、500V绝缘电阻表。

（2）器材：YY5614 80W电容运转电动机（单相交流异步电动机）、0～400V三相交流调压器。

（3）工具：常用电工工具一套。

2．实训要求

（1）测量绝缘电阻。按上述方法和要求，使用500V绝缘电阻表测量单相交流异步电动机主绕组、副绕组与外壳之间的绝缘电阻。

（2）测量绕组的直流电阻。按上述方法和要求，使用数字万用表测量单相交流异步电动机主绕组、副绕组的直流电阻。

（3）测量空载电流。按图6.13接线，给电动机加上额定电压，测量单相交流异步电动机的空载电流。

3. 实训报告

(1) 根据单相交流异步电动机绝缘电阻和绕组的直流电阻的测量训练，填写表 6.4 中有关内容。

表 6.4 单相交流异步电动机绝缘电阻和绕组的直流电阻的测量实训报告

测量项目	绝缘电阻/MΩ		绕组的直流电阻/Ω	
测量对象	主绕组与铁芯之间	副绕组与铁芯之间	主绕组	副绕组
读数				

实训所用时间：　　　　　实训人：　　　　　日期：

(2) 根据单相交流异步电动机空载电流的测量训练，填写表 6.5 中有关内容。

表 6.5 单相交流异步电动机空载电流的测量实训报告

测量项目	空载电流	
测量参数	额定电压/V	空载电流/A
读数		

实训所用时间：　　　　　实训人：　　　　　日期：

四、成绩评定

完成各项操作训练后，进行技能考核，参考表 6.6 中的评分标准进行成绩评定。

表 6.6 单相交流异步电动机的性能测试评分标准

序号	考核内容	配分	评分细则
1	测量绝缘电阻	30分	① 测量电路连接正确：10分。 ② 操作方法正确：10分。 ③ 测量读数正确：10分
2	测量绕组的直流电阻	30分	① 测量电路连接正确：10分。 ② 操作方法正确：10分。 ③ 测量读数正确：10分
3	测量空载电流	30分	① 测量电路连接正确：10分。 ② 操作方法正确：10分。 ③ 测量读数正确：10分
4	安全、文明生产	10分	① 遵守操作规程，无违章操作情况：5分。 ② 听从教师安排，无各类事故发生：5分
5	操作完成时间 60min		在规定时间内完成，每超时 5min 扣 5 分

任务3　单相交流异步电动机的故障检修训练

一、任务目标

1. 了解单相交流异步电动机的常见故障及其处理方法。

2. 掌握单相交流异步电动机电气故障的检修技能。

二、相关知识

1. 单相交流异步电动机的常见故障及其处理方法

电容启动分相电动机的故障有电气故障和机械故障两类。电气故障主要有定子绕组断路故障、定子绕组接地故障、定子绕组绝缘不良故障、定子绕组匝间短路故障、分相电容器损坏故障等。机械故障主要有轴承损坏、润滑不良、转轴与轴承配合不好、安装位置不正确、风叶损坏或变形等。

电容启动分相电动机的故障检修通常是，先根据电动机运行时的故障现象来分析故障原因，再通过检查和测试来确定故障的确切部位，最后进行相应的处理。电容启动分相电动机的常见故障及其处理方法如表 6.7 所示。

表 6.7 电容启动分相电动机的常见故障及其处理方法

故障现象	故障原因	故障处理方法
电动机通电后不转且无响声	电源未接通	检查电源线路，排除电路故障
	熔断器烧断	查明原因后，更换熔断器
	主绕组断路或接线断路	修复或更换主绕组，焊好接线
	保护继电器损坏	修复或更换保护继电器
	控制线路故障	检查控制线路，排除线路故障
电动机通电后不转且有嗡嗡声	主绕组烧坏后短路	修复或更换主绕组
	定子绕组接线错误	检查绕组接线，改正接线错误
	电容器击穿短路或严重漏电	更换同规格的电容器
	转轴弯曲变形而使转子咬死	校直转轴
	轴承内支架磨损使转子扫膛	更换轴承
	电动机负荷过大或机械卡住	减小负荷至额定值，排除机械故障
电动机通电后不能启动，但被外力推动后，可以同方向运行	副绕组断路或接线断路	修复或更换副绕组，焊好接线
	定子绕组接线错误	改正定子绕组的接线错误
	电容器断路或失效	更换同规格的电容器
	电容器接线断路	查出断路点，焊好接线
	启动继电器损坏	修复或更换启动继电器
电动机通电后启动慢、转速低	电源电压过低	查明原因，调整电源电压
	电容器规格不符或容量变小	更换符合规格的电容器
	转子笼条或端环断裂	焊接修复或更换转子
	电动机负荷过大	减小负荷至额定值
电动机外壳带电	定子绕组绝缘损伤或烧坏导致定子绕组碰壳	对定子绕组进行绝缘处理或更换绕组

续表

故障现象	故障原因	故障处理方法
	引出线或连接线的绝缘破损导致引出线或连接线碰壳	恢复绝缘或更换导线
	定子绕组严重受潮，绝缘性能降低	将定子绕组烘干后，对其进行浸漆处理
	定子绕组绝缘严重老化	加强绝缘或更换定子绕组
	外壳未可靠接地	装好保护接地线
电动机运转时闪火花或冒烟	定子绕组烧坏导致匝间短路	修复或更换定子绕组
	定子绕组受潮，绝缘性能降低	将定子绕组烘干后，对其进行浸漆处理
	定子绕组绝缘损坏导致定子绕组碰壳	加强绝缘或更换定子绕组
	引出线或连接线的绝缘破损导致引出线或连接线相碰	更换引出线或连接线
	主绕组、副绕组之间的绝缘破损导致主绕组、副绕组相碰	修复或更换绕组

2．单相交流异步电动机的故障检修

对单相交流异步电动机的维修大多是对定子绕组电气故障的维修，在此简要介绍电容启动分相电动机常见电气故障的形成原因与检修方法。定子绕组的常见电气故障有定子绕组断路故障、定子绕组接地故障、定子绕组匝间短路故障、定子绕组绝缘不良故障等。

（1）定子绕组断路故障的检修。

造成定子绕组断路的主要原因是绕组线圈受到机械损伤或过热烧断，表现为主绕组断路时电动机不转，副绕组断路时电动机不能启动。

检查定子绕组是否断路可使用万用表的欧姆挡或直流电桥测量定子绕组的直流电阻，有时断路故障可能是因连接线或引出线接触不良而产生的，因此应先进行外部接线检查。

若判定为定子绕组内部断路，则可先拆开电动机，抽出转子，将定子绕组端部的捆扎线拆开；再将接头的绝缘套管去掉；最后用万用表逐个检查定子绕组中的线圈，找出有断路故障的线圈。

若定子绕组线圈的断路点在定子绕组的端部，则可先找出断路点的具体位置并将其焊接好，然后采取加强绝缘的方法处理；若定子绕组线圈的断路点在定子铁芯槽内，则需要拆除有断路故障的线圈，直接更换新的线圈或采用穿绕修补法进行修复。更换或修复线圈后，将接线焊好，并恢复绝缘，检查整个定子绕组是否完好。

（2）定子绕组接地故障的检修。

定子绕组接地就是定子绕组与定子铁芯短路。造成定子绕组接地的主要原因是绝缘损坏，表现为电动机外壳带电或烧断熔丝。定子绕组的接地故障多发生在导线引出定子槽口处，有时表现为定子绕组端部与定子铁芯短路。

检查定子绕组是否接地可以用 36V 的校验灯来检验，也可以用万用表的欧姆挡来测量。若判定为定子绕组接地故障，则可先拆开电动机，抽出转子，把定子绕组端部的捆扎线拆开；再将接头的绝缘套管去掉；最后用万用表逐个检查定子绕组中的线圈，找出有接地故障的线圈。

若定子绕组线圈的接地点在定子绕组端部，则可采取加强绝缘的方法处理；若定子绕组线圈的接地点在定子铁芯槽内，则应先拆除有接地故障的线圈，然后在定子铁芯槽内垫一层

聚酯薄膜青壳纸，更换新的线圈或采用穿绕修补法进行修复。更换或修复线圈后，将接线焊好，并恢复绝缘，检查整个定子绕组是否完好。

（3）定子绕组匝间短路故障的检修。

造成定子绕组匝间短路故障的主要原因是绝缘损坏，主要表现为电动机启动困难、转速低、温升高。匝间短路还容易导致整个定子绕组烧坏。

若判定为定子绕组匝间短路故障，则可拆开电动机，抽出转子，对定子绕组进行直观检查，主要观察线圈有无焦糊之处，当某个线圈有焦糊现象时，该线圈可能有匝间短路。若定子绕组的匝间短路处不易被发现，则可先把定子绕组端部的捆扎线拆开，再把接头的绝缘套管去掉，给定子绕组施加 36V 的交流电压，用万用表的交流电压挡测量定子绕组中的每个线圈，如果每个线圈的电压都相等，则说明定子绕组没有匝间短路；如果某个线圈的电压低了，则说明该线圈有匝间短路。

当短路线圈无法修复时，应先拆除有短路故障的线圈，然后在定子铁芯槽内垫一层聚酯薄膜青壳纸，更换新的线圈或采用穿绕修补法进行修复。更换或修复后，将接线焊好，并恢复绝缘，再检查整个定子绕组是否完好。

（4）定子绕组绝缘不良故障的检修。

造成定子绕组绝缘不良的主要原因是定子绕组严重受潮或长期超载运行导致绝缘老化，表现为运行时电动机外壳带电或绕组打火冒烟。

可使用绝缘电阻表测量电动机的绝缘电阻，检查前应先将主绕组、副绕组的公共端拆开，分别测量主绕组、副绕组间的绝缘电阻及主绕组、副绕组与外壳间的绝缘电阻。当绝缘电阻小于 0.5MΩ 时，说明定子绕组绝缘不良，已不能使用。

若定子绕组绝缘不良故障是由定子绕组严重受潮引起的，则可将 100~200W 的灯泡放在定子绕组中间，置于一个箱子内烘烤，或者使用电烘箱烘烤，也可给定子绕组施加 36V 以下的交流电压，使其发热以去除潮气，直至电动机的绝缘性能达到要求，随后对定子绕组进行浸漆处理。若定子绕组绝缘严重老化，则要拆换整个定子绕组。

三、实训内容

1. 实训用仪表、器材和工具

（1）仪表：数字万用表、500V 绝缘电阻表。
（2）器材：设有故障的单相交流异步电动机、220V/36V 变压器及校验灯。
（3）工具：常用电工工具一套，电动机拆装拉具一套，电烙铁一把。

2. 实训要求

单相交流异步电动机电气故障包括定子绕组断路故障、定子绕组接地故障、定子绕组匝间短路故障、定子绕组绝缘不良故障等。检修步骤如下。

（1）先将主绕组、副绕组间的接线断开，用仪表检查、测量定子绕组，确定是何种故障。确定故障类型后，拆开电动机做进一步的检查、测量，找出故障的具体部位。

（2）若定子绕组的损坏部位在槽外，则可采用相应的绝缘处理方法进行修复；若定子绕组的损坏部位在槽内,则拆除有故障的线圈,更换新线圈或采用穿绕修补法进行修复。

(3)焊好线圈接线并恢复绝缘,复查无故障后,按要求装配好电动机。经指导教师检查确认后,可通电试运行。

3. 实训报告

根据单相交流异步电动机的电气故障检修训练,填写表6.8中有关内容。

表6.8 单相交流异步电动机的电气故障检修实训报告

序 号	故 障 种 类	故障检查方法	故障处理方法	维修后的情况
1	定子绕组断路故障			
2	定子绕组接地故障			
3	定子绕组匝间短路故障			
4	定子绕组绝缘不良故障			

实训所用时间:　　　　　　实训人:　　　　　　日期:

四、成绩评定

完成各项操作训练后,进行技能考核,参考表6.9中的评分标准进行成绩评定。

表6.9 单相交流异步电动机的电气故障检修评分标准

序 号	考核内容	配 分	评分细则
1	定子绕组断路故障的检修	20分	①故障检查正确:10分。 ②维修操作正确:10分
2	定子绕组接地故障的检修	30分	①故障检查正确:15分。 ②维修操作正确:15分
3	定子绕组匝间短路故障的检修	20分	①故障检查正确:10分。 ②维修操作正确:10分
4	定子绕组绝缘不良故障的检修	20分	①故障检查正确:10分。 ②维修操作正确:10分
5	安全、文明生产	10分	①遵守操作规程,无违章操作情况:5分。 ②听从教师安排,无各类事故发生:5分
6	操作完成时间120min		在规定时间内完成,每超时10min扣5分

任务4　单相交流异步电动机控制线路的连接训练

一、任务目标

1. 了解单相交流异步电动机的基本控制方法。
2. 熟悉单相交流异步电动机控制线路的组成。
3. 掌握单相交流异步电动机控制线路的连接技能。

二、相关知识

1. 风扇电抗器调速典型电路

风扇的种类有很多，不同种类风扇的调速电路也不完全相同，台式风扇电抗器调速典型电路图如图 6.14 所示，吊扇电抗器调速典型电路图如图 6.15 所示。

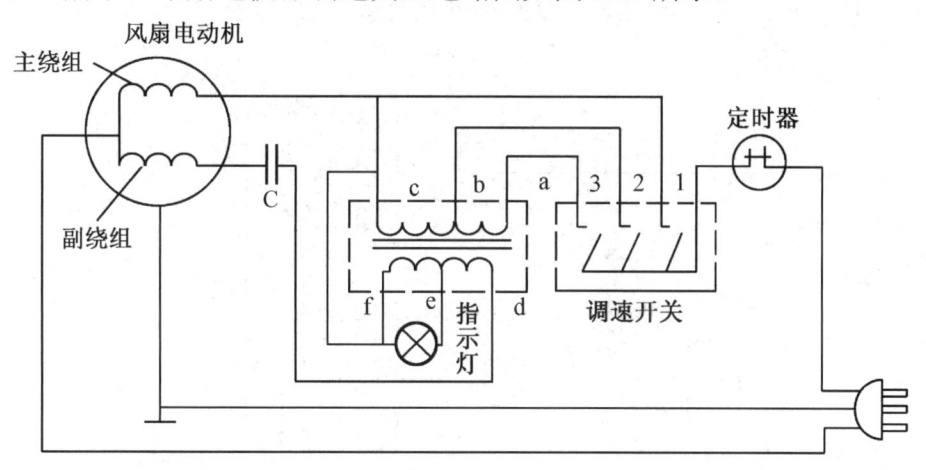

图 6.14　台式风扇电抗器调速典型电路图

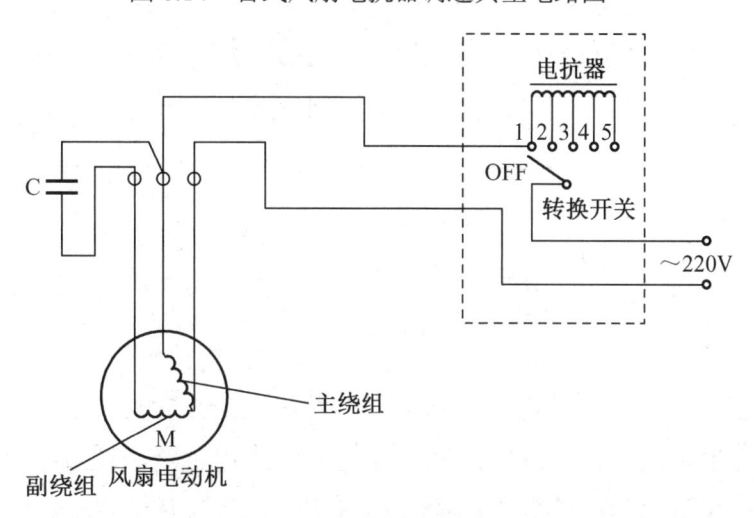

图 6.15　吊扇电抗器调速典型电路图

风扇中除电动机外的电气元件主要有分相电容器、定时器、调速器、位置开关等。

定时器是风扇的时间控制器件，一般定时器按结构可分为机械式、电动式和电子式，风扇大多采用机械式定时器。

风扇中的调速器由电抗器和转换开关组成，电抗器是在铁芯上绕有线圈的电感，线圈上有多个抽头与转换开关相连，变换转换开关的挡位可改变电抗器的电抗值，从而改变加在电动机绕组上的电压，以此来实现电动机的调速。

2. 洗衣机电动机的控制线路

洗衣机的种类有很多，不同种类洗衣机的控制线路也不完全相同，单桶洗衣机的简单控制线路图如图 6.16 所示，双桶洗衣机的典型控制线路图如图 6.17 所示。

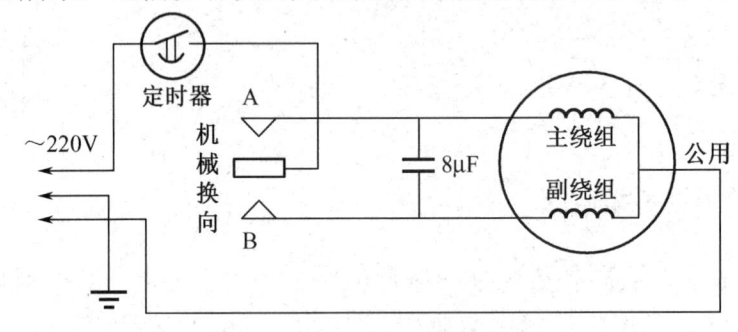

图 6.16 单桶洗衣机的简单控制线路图

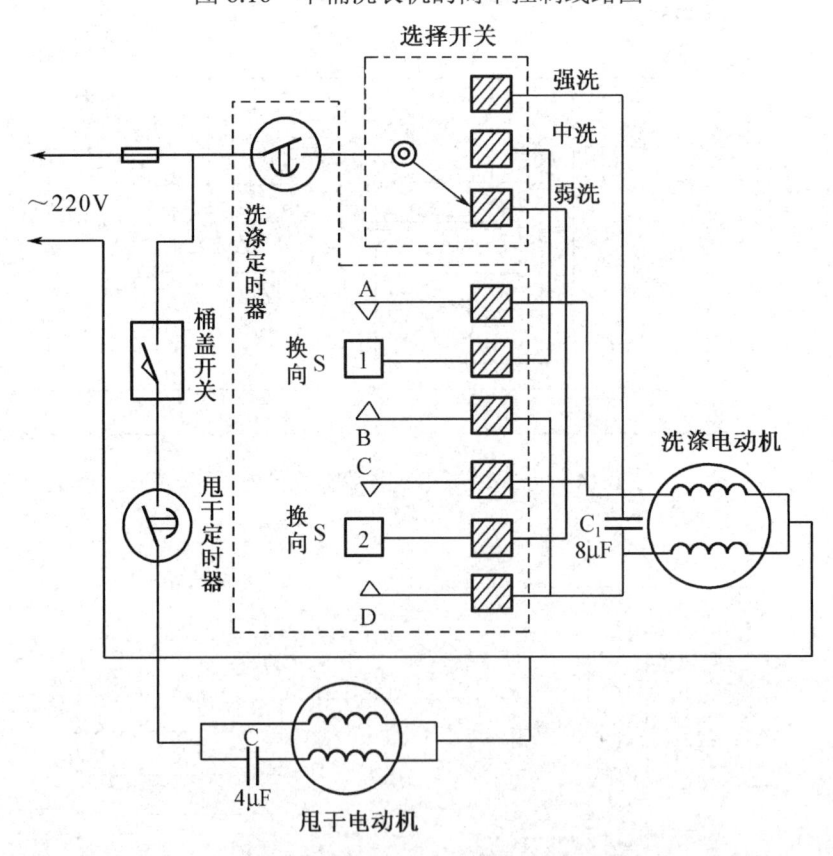

图 6.17 双桶洗衣机的典型控制线路图

对洗衣机的要求是能够正、反转洗涤，使用机械式定时器，通过小齿轮来使 A、B 反复交换供电，进而使洗涤电动机达到正、反转的要求。假设公共端为 C，运转端为 A 与 B，电容器接于 A、B 之间。当 A 通电时，副绕组为启动绕组，电动机正转；当 B 通电时，主绕组为启动绕组，电动机反转。

洗衣机中除电动机外的电控器件主要有分相电容器、定时器或程序控制器、进水和排水电磁阀、控制开关等，在维修时应注意检查这些器件。

定时器是普通洗衣机的时间控制器件，其作用有两种：一种是控制洗衣机的整体工作时间，另一种是控制洗衣机电动机的正、反转及间歇时间。定时器按结构可分为机械式定时器、电动式定时器和电子式定时器，按作用可分为洗涤定时器和脱水定时器。

双桶洗衣机的洗涤控制设置了强洗、中洗和弱洗功能选择开关。对于中洗、弱洗两种洗涤方式，通电后，拧动洗涤定时器并选择好洗涤时间，洗涤定时器开始计时。A 接通期间，220V 电压为洗涤电动机供电，在运转电容器 C_1 的配合下，洗涤电动机开始正转。B 接通期间，洗涤电动机反转。同理，C 接通期间，洗涤电动机正转；D 接通期间，洗涤电动机反转。这样在洗涤定时器的控制下，洗涤电动机按正转、停止、反转的周期运转，通过传动带带动波轮运转，就可实现衣物的洗涤。

而强洗洗涤方式则不同，选择强洗洗涤方式后，220V 电压通过洗涤定时器的主触点开关和强洗开关为洗涤电动机供电，在启动电容器 C_1 的配合下，洗涤电动机开始单向连续运转，直到洗涤时间用完为止。

程序控制器是全自动洗衣机中的自动化控制器件，程序控制器中有多种洗涤程序可供用户选择，在通过开关选定某种程序后，程序控制器便按这种程序自动实现对电动机、进水和排水电磁阀的控制。程序控制器按结构可分为机电式和微电脑式。

3．电冰箱和空调器电动机的控制线路

电冰箱、空调器的种类有很多，不同种类电冰箱、空调器控制线路也不完全相同。直冷式电冰箱的典型控制线路图如图 6.18 所示，单冷空调器的典型控制线路图如图 6.19 所示。

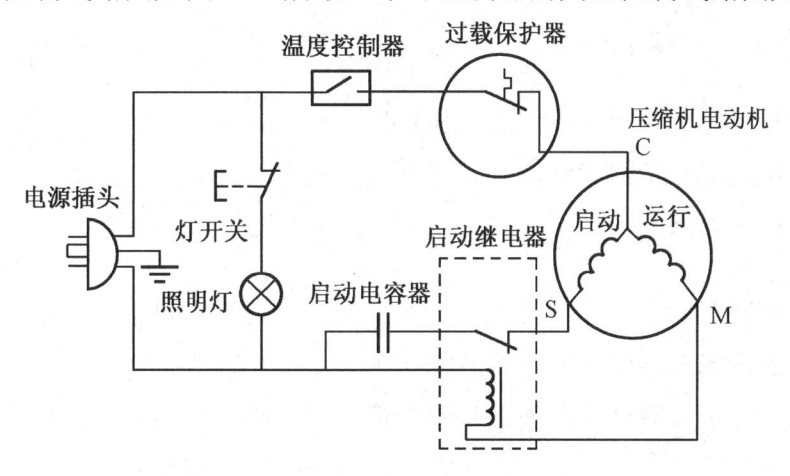

图 6.18　直冷式电冰箱的典型控制线路图

为保证电动机的启动和正常运行，电冰箱和空调器中都装有与电动机配套的电控器件，主要有启动电容器、运转电容器、启动控制器、过载保护器、温度控制器等，在维修时应注意检查这些器件。

启动控制器是一种控制继电器，其作用是控制电动机副绕组回路与启动电容器的接通和断开。目前使用的启动控制器主要有三种：重力式启动控制器、弹力式启动控制器和热敏式启动控制器。

过载保护器的作用是当电动机电流过大或压缩机温度过高时，及时切断电源，保护电动

机不受损坏。过载保护器可分为过电流型和过热型，前者以电动机的工作电流为控制信号，后者以电动机的运行温度为控制信号。过载保护器按结构可分为碟式过载保护器、内埋式过载保护器和热敏式过载保护器。

温度控制器的作用是控制电冰箱内或空调器内的温度，即控制压缩机的工作时间或制冷量。温度控制器按结构可分为膨胀式温度控制器和电子式温度控制器。

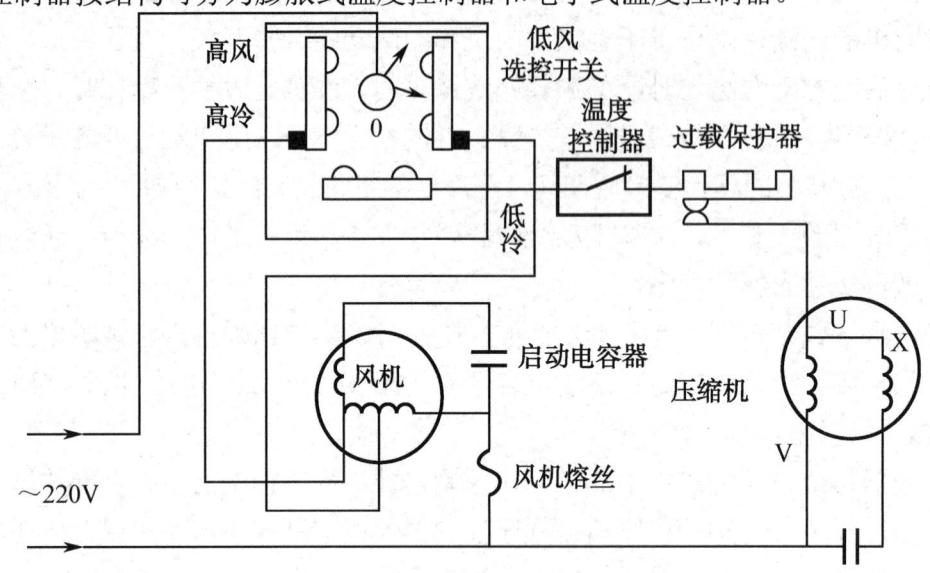

图 6.19　单冷空调器的典型控制线路图

三、实训内容

1．实训用仪表、工具和器材

（1）仪表：数字万用表、500V 绝缘电阻表。

（2）工具：常用电工工具一套，50W 电烙铁一把。

（3）器材：台式风扇套件。

2．实训要求

对台式风扇电抗器调速电路的连接要求如下。

（1）查看说明书。了解台式风扇的基本构造，电动机的型号和主要参数，以及电容器的规格参数等。

（2）检查部件质量。主要检查电动机的绕组是否完好，有无断路等现象，绝缘电阻是否符合要求，调速器线圈和调速开关是否完好，电容器的规格和质量是否符合要求。

（3）调速电路接线。按图 6.14 接线，凡是需要焊接的接点都必须焊接并进行绝缘处理，以保证连接可靠、工作安全。

（4）接线后的检查。线路连接好后，通电前必须对其进行检查，主要检查线路连接是否正确，电源引出线和插头是否良好，插头上的相线与地线是否接对。

（5）测量绝缘电阻。用绝缘电阻表测量电动机绕组与金属外壳的绝缘电阻，绝缘电阻必须大于 20MΩ 方可通电运行。

（6）通电试运行。先将调速开关置于最低挡，接通台式风扇电路的电源，观察电动机的运行情况，待电动机稳定运行 2min 后，操纵调速开关，检查其他挡位是否工作正常，并排除所有电路故障。

3．实训报告

根据台式风扇电抗器调速电路的连接训练，填写表 6.10 中有关内容。

表 6.10　台式风扇电抗器调速电路的连接实训报告

	台式风扇电抗器					分相电容器		
型号	额定电压	额定功率	额定电流	额定转速	绝缘等级	型号	容量	耐压
台式风扇接线图				故障及其排除方法				

实训所用时间：　　　　　实训人：　　　　　日期：

四、成绩评定

完成各项操作训练后，进行技能考核，参考表 6.11 中的评分标准进行成绩评定。

表 6.11　单相交流异步电动机控制线路的连接评分标准

序号	考核内容	配分	评分细则
1	台式风扇电抗器调速电路的连接	80 分	① 电器安装正确：20 分。 ② 电路接线正确：20 分。 ③ 检查测量正确：20 分。 ④ 通电工作正常：20 分
2	安全、文明生产	20 分	① 遵守操作规程，无违章操作情况：5 分。 ② 正确使用工具，用完后完好无损：5 分。 ③ 保持工位卫生，做好清洁及整理：5 分。 ④ 听从教师安排，无各类事故发生：5 分
3	操作完成时间 120min		在规定时间内完成，每超时 10min 扣 5 分

思考题

1. 单相交流异步电动机有哪几种类型？
2. 电容运转电动机的特点是什么？
3. 单相交流异步电动机的额定值有哪些？
4. 单相交流异步电动机的检测项目有哪些？
5. 单相交流异步电动机转速低的原因有哪些？

项目 7

三相异步电动机

三相笼型转子异步电动机又称感应式异步电动机,它与其他类型的电动机相比,具有结构简单、运行可靠、价格低、坚固耐用、维修方便等优点,因此在工农业生产中应用广泛。电气工作者必须了解三相异步电动机的分类、结构和选型,同时为了保证三相异步电动机安全、可靠地运行,必须定期对使用中的三相异步电动机进行维护与检修。电气工作者还需要具有判断三相异步电动机的状态是否正常的能力、故障原因分析和故障维修的技能。本项目包括三相异步电动机的认识与选用训练、三相异步电动机的拆卸与装配训练、三相异步电动机装配后的检验训练、三相异步电动机的常见故障处理训练这几个任务。

任务 1　三相异步电动机的认识与选用训练

一、任务目标

1. 了解三相异步电动机的结构与型号。
2. 熟悉三相异步电动机的额定值。
3. 掌握三相异步电动机的选型技术。

二、相关知识

1. 三相异步电动机的结构

三相笼型转子异步电动机主要有两个基本组成部分,即定子(固定部分)和转子(转动部分)。三相笼型转子异步电动机的结构图如图 7.1 所示。

定子和转子之间由气隙隔开,为了增强气隙磁场的磁通密度 B,气隙尽可能小,一般为 0.3~1.5mm。

1)转子

转子是电动机的旋转部分,它的作用是产生和输出机械转矩。转子由转子铁芯、转子绕组和转轴三部分组成。三相异步电动机的转子根据绕组构造不同,分为笼型和绕线型两种。

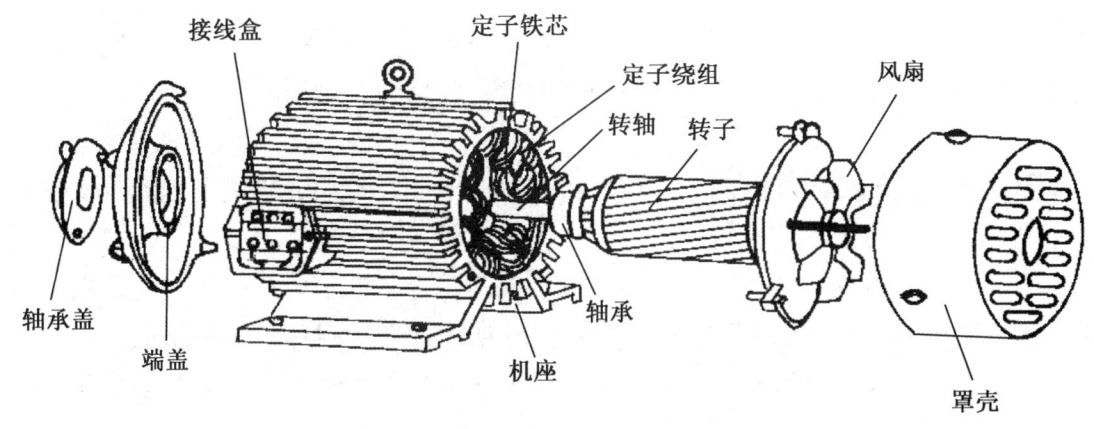

图 7.1 三相笼型转子异步电动机的结构图

（1）笼型转子：在转子铁芯的每个槽内和端部压铸液态铝，液态铝冷却后就成为转子绕组的导条，并且导条、端环和自冷式风扇叶片一次铸成，因此称这样的转子为铸铝笼型转子；若除去转子铁芯，只剩下导条和端环，则其形状像鼠笼，因此常称这样的转子为鼠笼式转子，功率在 100kW 以下的三相异步电动机一般采用铸铝笼型转子。小型三相笼型转子异步电动机的转子绕组如图 7.2 所示。

（a）铜导条笼型转子绕组　　（b）铸铝笼型转子绕组

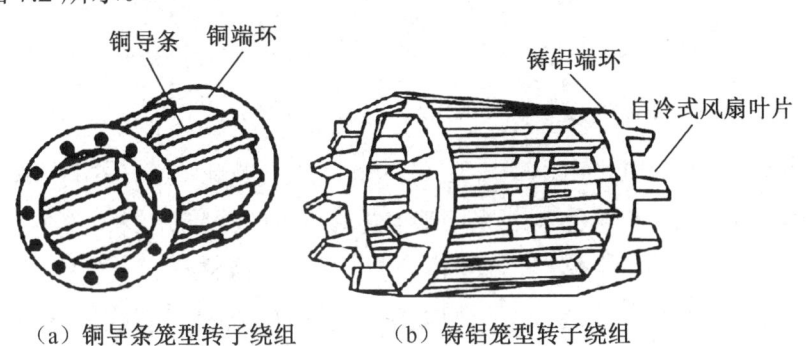

图 7.2　小型三相笼型转子异步电动机的转子绕组

（2）绕线型转子：转子绕组与定子绕组一样，也是用漆包线绕成的三相对称绕组。一般定子、转子具有相同的极数和相数，例如定子绕组是三相四极，转子绕组也是三相四极。绕线型转子一般在内部接成星形联结，星形联结就是三相转子绕组的首端（或末端）连接在一起，另外三根绕组末端（或首端）引出线分别接到转轴上三个与转轴绝缘的集电环上，通过电刷装置与外电路相连，这样可以把外加电阻（或电抗）接到转子绕组回路中，以改善电动机的启动和调速性能。三相绕线型转子异步电动机的定子、转子接线图及绕线型转子外形图如图 7.3 所示。

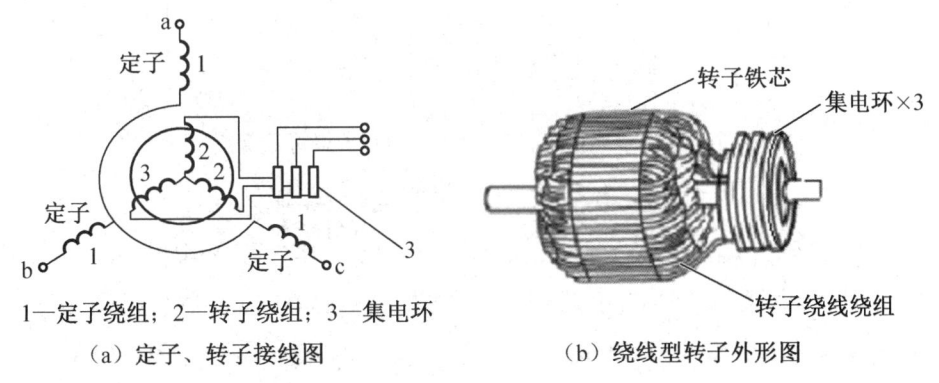

1—定子绕组；2—转子绕组；3—集电环

（a）定子、转子接线图　　（b）绕线型转子外形图

图 7.3　三相绕线型转子异步电动机的定子、转子接线图及绕线型转子外形图

转子铁芯是电动机磁路的一部分，由厚度为 0.5mm 的、相互绝缘的硅钢片叠压成圆柱形。其外圆表面冲有均匀分布的平行槽，槽内用来嵌放绕线型转子绕组。

2）定子

定子是用来产生旋转磁场的部分，可以接收电源电能。三相异步电动机的定子主要由机座、定子铁芯、定子绕组三部分组成。

机座由铸铁或铸钢制成，在机座内装有定子铁芯，定子铁芯由互相绝缘的硅钢片叠成。定子铁芯的内圆周表面冲有均匀分布的平行槽，在槽中放置了对称的三相绕组。

（1）定子铁芯。定子铁芯是电动机磁路的一部分，由相互绝缘的、厚度为 0.5mm 的硅钢片叠压而成。定子铁芯的结构图和铁芯硅钢片的形状如图 7.4 所示。

（a）定子铁芯的结构图　　（b）铁芯硅钢片的形状

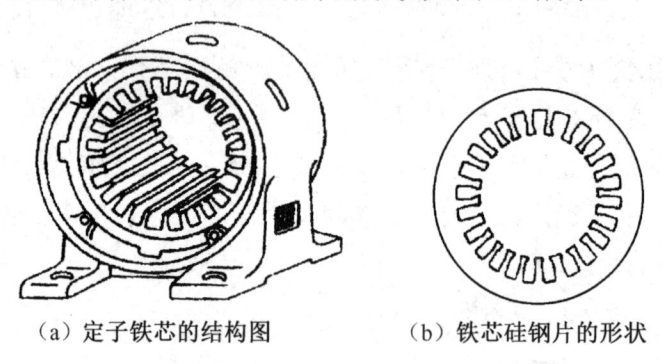

图 7.4　定子铁芯的结构图和铁芯硅钢片的形状

（2）定子绕组。定子绕组是电动机的电路部分，由对称的三相绕组构成。定子绕组一般采用聚酯漆包圆铜线或双玻璃丝包铜线来绕制，按照一定的空间角度依次嵌入定子铁芯槽内，在定子绕组与铁芯之间垫放绝缘材料，使其具有良好的绝缘性能。

三相异步电动机的定子绕组共有六个引线端，它们被固定在接线盒内的接线柱上，根据现行国家标准，U_1、V_1、W_1 表示各相绕组的始端（首端），U_2、V_2、W_2 表示各相绕组的末端。三相异步电动机的定子绕组接线如图 7.5 所示。

（a）定子绕组星形接法　　（b）定子绕组三角形接法

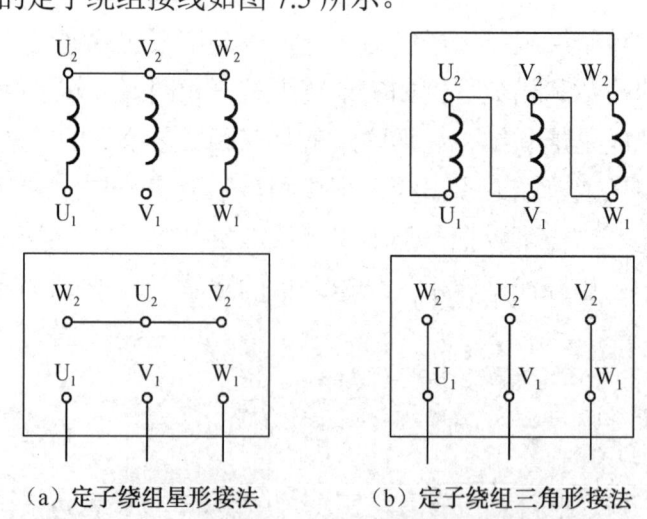

图 7.5　三相异步电动机的定子绕组接线

定子绕组有星形和三角形两种接法。为了便于接线，将三相绕组的六个引线端引到接线盒中。如果把 U_2、V_2、W_2 接在一起，U_1、V_1、W_1 分别接到 L_1、L_2、L_3 各相电源上，定子绕组就是星形接法，如图 7.5（a）所示。如果把 U_1 和 W_2、V_1 和 U_2、W_1 和 V_2 接在一起，从三个连接端处分别将线接到 L_1、L_2、L_3 各相电源上，定子绕组就是三角形接法，如图 7.5（b）

所示。实际接线时究竟采用哪一种接法,要根据三相异步电动机绕组的额定电压和电源的电压来确定。

(3) 机座。机座是电动机用于支撑定子铁芯和固定端盖的。中小型电动机一般采用铸铁机座,大型电动机的机座都由钢板卷筒焊成。根据电动机冷却方式的不同,采用不同的机座形式。例如,国产 Y 系列的 IP44 防溅式电动机,在机座表面铸有散热筋片以增大散热面积;同属 Y 系列的 IP23 防护式电动机,其机座表面没有散热筋片,而在机座两侧开有通风孔;Y2 系列的 IP54 封闭式电动机,其机座表面的散热筋片采用水平、垂直平行分布形式,具有提高电动机的表面质量和机座的散热能力,以及改善铸件的生产条件和提高生产效率等优点,又因为采用了 H63-112 铝合金机座,所以还具有质量轻、强度高、冷却面积大及散热性能好等优点,适应了电动机出口贸易的需要。

2. 三相异步电动机的型号

每台三相异步电动机的机座上都装有一块铭牌,铭牌上标明了电动机的型号、额定值和有关技术数据、绕组接线方式、防护等级等。

产品型号是为了简化技术条件对产品名称、规格、形式等的叙述而引入的一种代号,我国现用汉语拼音大写字母、国际通用符号和阿拉伯数字组成产品型号。三相异步电动机产品型号例子:在 Y-355M2-4 中,Y 表示异步电动机,355M2-4 表示机座中心高 355mm、中号机座、2 号铁芯长度、4 极。

铭牌上除了标有上述各项额定值,还标有接法、允许温升(或绝缘等级)、工作制等。

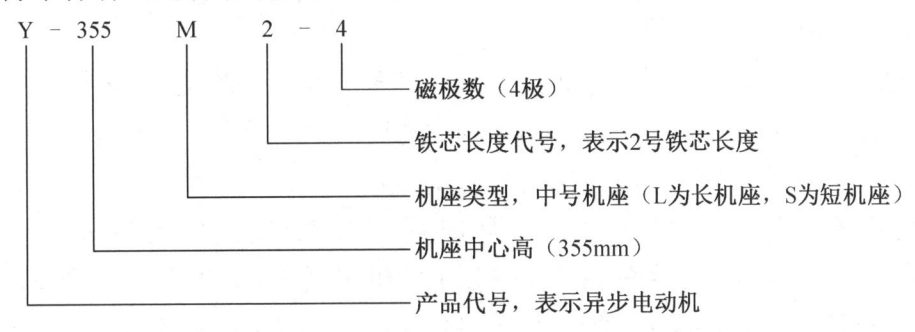

```
Y - 355   M   2 - 4
              │   └── 磁极数(4极)
              └────── 铁芯长度代号,表示2号铁芯长度
          └────────── 机座类型,中号机座(L为长机座,S为短机座)
    └──────────────── 机座中心高(355mm)
└──────────────────── 产品代号,表示异步电动机
```

(1) 定子绕组的额定接法。该接法指三相异步电动机在额定电压下,定子三相绕组应采用的连接方法。目前,三相异步电动机铭牌上输出端的接法有以下两种。

一种是额定电压为 380V 或 220V,额定接法为星形或三角形。这表明定子每相绕组的额定电压都是 220V,如果电源线电压是 220V,则定子绕组应接成三角形;如果电源线电压是 380V,则定子绕组应接成星形。切不可在 380V 电压下将定子绕组接成三角形,否则每相绕组的电压太大并超过额定值,三相异步电动机将被烧毁。

另一种是额定电压为 380V,额定接法为三角形。这表明定子每相绕组的额定电压都是 380V,适用于电源线电压为 380V 的场合。

(2) 允许温升。允许温升是指三相异步电动机在运行时,温度高出环境温度的数值,允许温升的大小与三相异步电动机采用的绝缘材料的耐热性能有关。三相异步电动机的允许温升与绝缘等级的关系如表 7.1 所示。

表 7.1 三相异步电动机的允许温升与绝缘等级的关系

绝缘等级	A	E	B	F	H	C
绝缘材料的允许温度/℃	105	120	130	155	180	180
三相异步电动机的允许温升/℃	60	75	80	100	125	125

(3) 工作制。铭牌上所标的工作制是指三相异步电动机允许持续使用的时间,通常分为以下三类。

① 连续工作制。连续工作制是指电动机按额定运行可长时间持续使用。

② 短时工作制。短时工作制是指只允许在规定的时间内按额定运行使用,标准的持续时间限值分为 10min、30min、60min 和 90min 四种。

③ 断续周期工作制。继续周期工作制是指三相异步电动机间歇运行,但可按一定周期重复运行,每个周期包括一个额定负载时间和一个停止时间,额定负载时间与一个循环周期的比被称为负载持续率,用百分数表示,标准的负载持续率为 15%、25%、40%、60%,每个周期为 10min。

国家标准借鉴 IEC 标准,用 S1 表示连续工作制,用 S2 表示短时工作制,用 S3~S8 表示断续周期工作制的不同工作情况。

3. 三相异步电动机的额定值

三相异步电动机的额定值是制造厂根据国家标准对三相异步电动机的每个电参数或机械参数所规定的数值。

(1) 额定功率 P_N。额定功率是指轴上输出的机械功率,单位为 W 或 kW。

(2) 额定电压 U_N。额定电压是指三相异步电动机在额定运行时的电源线电压,单位为 V 或 kV。

(3) 额定电流 I_N。额定电流是指三相异步电动机在额定运行时的线电流,单位为 A。

(4) 额定频率 f_N。额定频率是指三相异步电动机在额定运行时的电源频率,单位为 Hz。

(5) 额定转速 n_N。额定转速是指三相异步电动机在额定运行时的转速,单位为 r/min。

4. 三相异步电动机的分类与选型

1) 分类

三相异步电动机在工农业的各种机械负载中都被广泛采用。它的品种规格有很多,将其按照不同的特征分类如下。

(1) 按照转子的结构形式分为三相笼型转子异步电动机、三相绕线型转子异步电动机。

(2) 按照机壳防护形式分为防护式电动机、封闭式电动机、开启式电动机。

① 防护式电动机:能防止水滴、尘土、铁屑或其他物体从上方落入电动机内部,适用于较清洁的场合,不同的防护等级参见相关国家标准。

② 封闭式电动机:能防止水滴、尘土、铁屑或其他物体从任意方向侵入电动机内部(但不密封),适用于灰沙较多的场合,如拖动碾米机、球磨机及纺织机械等负载。

③ 开启式电动机:电动机除必要的支撑结构外,转动部分及绕组没有专门的防护,而是与外界空气直接接触,因此散热性能较好。

（3）按照体积大小分为大型电动机、中型电动机、小型电动机。

① 大型电动机：定子铁芯的外径大于 1000mm 或机座中心高大于 630mm。

② 中型电动机：定子铁芯的外径为 500～1000mm 或机座中心高为 355～630mm。

③ 小型电动机：定子铁芯的外径为 120～500mm 或机座中心高为 80～315mm。

（4）按照通风冷却方式分为空冷式电动机、自扇冷式电动机、他扇冷式电动机、管道通风式电动机等，可参见《旋转电机 定额和性能》（GB/T 755—2019）。

（5）按照绝缘等级分为 A 级、E 级、B 级、F 级、H 级、C 级。

2）选型

Y 系列三相异步电动机具有效率高、节能、堵转转矩大、噪声小、振动小和运行安全可靠等优点，安装尺寸和功率范围符合 IEC 标准，是我国统一设计的三相异步电动机。Y2 系列三相异步电动机是 Y 系列三相异步电动机的更新产品，采用了新技术、新工艺和新材料，机座中心高为 63～355mm，功率为 0.12～315kW，绝缘等级为 F 级，防护等级为 IP54，具有振动小、噪声小、结构新颖、造型美观、节能、节材等优点，达到了 20 世纪 90 年代国际先进水平。

常用三相异步电动机的型号、结构特点及应用场合如表 7.2 所示。

表 7.2 常用三相异步电动机的型号、结构特点及应用场合

序号	名称	型号（新）	型号（老）	机座中心高与功率	结构特点	应用场合
1	小型三相异步电动机（封闭式）	Y2 系列（IP54）	Y 系列（IP44）	63～355mm 0.12～315kW	外壳为封闭式，可防止灰尘、水滴浸入。Y2 系列为 F 级绝缘，Y 系列为 B 级绝缘	用于无特殊要求的各种机械设备，如金属切削机床、水泵、鼓风机、运输机等
2	小型三相异步电动机（防护式）	Y 系列（IP23）	JO2	56～132mm 0.09～300kW	外壳为防护式，能防止直径大于 12mm 的固体杂物或水滴与垂直线成 60°角进入电动机	适用于运行时间长、负荷率较高的各种机械设备
3	高效三相异步电动机	YX 系列（IP44）		100～280mm 1.5～90kW	采用冷轧硅钢片及新工艺降低电动机损耗，效率平均较 Y 系列高 3%	适用于重载启动的场合，如起重设备、卷扬机、压缩机、泵类等
4	绕线型三相异步电动机	YR 系列（IP44、IP23）	JRO2 JR2	132～355mm 4～160kW	转子为绕线型，可通过转子外接电阻获得大的启动转矩及在一定范围内分级调节电动机转速	适用于重载启动的场合，如起重设备
5	多速三相异步电动机	YD 系列（IP44）	JDO2	80～280mm 0.55～90kW	在 Y 系列上派生，利用多套定子绕组接法来实现电动机的变速	适用于万能、组合、专用切削机床及需要多级调速的传动机构
6	高转差率三相异步电动机	YH 系列（IP44）	JHO2	80～280mm 0.55～90kW	在 Y 系列上派生，为转子深槽及高电阻率转子导体结构，堵转转矩大，转差率高，堵转电流小，机械特性好，能承受冲击负载	适用于不均匀冲击负载，如剪切机、冲压机、锻冶机等

续表

序号	名称	型号 新	型号 老	机座中心高与功率	结构特点	应用场合
7	交流变频调速三相异步电动机	YVP	YTP	机座中心高均为63~315mm 0.55~4.5kW 0.75~90kW	笼型转子带轴流风机，低速时能输出恒转矩，调速效果好，节能效果明显	适用于恒转矩调速和驱动风机、水泵等递减转矩场合
8	井用潜水三相异步电动机	YQS2	JQS	150~300mm 3~185kW	充水式密封结构，与潜水泵组合，立式运行，电动机外径尺寸小，细长	专门用于驱动井下水泵，可潜入井下，在水中工作，汲取地下水

三、实训内容

1. 实训用仪表、器材与工具

（1）仪表：数字万用表。
（2）器材：Y2-80M2-4　0.55kW 小型三相异步电动机。
（3）工具：常用电工工具一套。

2. 实训要求

（1）观察所给三相异步电动机的外形，查看铭牌数据，打开接线盒并查看绕组连接方式。
（2）按照所提出的使用要求，选择三相异步电动机的类型和性能参数。

3. 实训报告

（1）将查看的三相异步电动机的铭牌数据填入表 7.3 中。
（2）将选择的三相异步电动机的类型和性能参数填入表 7.3 中。

表 7.3　三相异步电动机的认识与选用实训报告

型号		额定输出功率		额定电流	
额定电压		额定转速		额定频率	
额定功率因数		定子额定接法		绝缘等级	
防护等级		工作制		定子磁极数	
铁芯长度代号		机座中心高		机座类型	

实训所用时间：　　　　　实训人：　　　　　日期：

四、成绩评定

完成各项操作训练后，进行技能考核，参考表 7.4 中的评分标准进行成绩评定。

表 7.4 三相异步电动机的认识与选用评分标准

序　号	考 核 内 容	配　　分	评 分 细 则
1	查看三相异步电动机的铭牌数据（15项）	75分	三相异步电动机的铭牌数据填写正确，每项5分
2	安全、文明生产	20分	① 遵守操作规程，无违章操作情况：5分。 ② 正确使用工具，用完后完好无损：5分。 ③ 保持工位卫生，做好清洁及整理：5分。 ④ 听从教师安排，无各类事故发生：5分
3	操作完成时间60min	5分	在规定时间内完成，每超时10min扣5分

任务2　三相异步电动机的拆卸与装配训练

一、任务目标

1．熟悉三相异步电动机的拆卸与装配方法。
2．掌握三相异步电动机的拆卸与装配技能。

二、相关知识

三相异步电动机的检修工作主要是拆卸、清洗、装配和检验工作，因此掌握三相异步电动机的拆卸与装配工艺是十分重要的。下面以中小型三相异步电动机为例来说明三相异步电动机的拆卸与装配过程。

1．三相异步电动机的拆卸

（1）准备工作：准备各种工具（三相异步电动机的拆卸常用工具如图7.6所示），做好拆卸前的记录和检查工作。

（a）拉具　　（b）油盘　　（c）活络扳手　　（d）手锤

（e）螺丝刀　　（f）铜棒　　（g）钢铜套　　（h）毛刷

图 7.6　三相异步电动机的拆卸常用工具

（2）带轮或联轴器的拆卸。

首先在带轮或联轴器的轴伸端做好尺寸标记；再将带轮或联轴器上的紧定螺钉或销子松脱、取下，装上拉具，拉具的丝杠顶端要对准三相异步电动机轴端的中心，使其受力均匀；最后转动丝杠，把带轮或联轴器慢慢拉出。如果拉不出，不要硬拉，可向紧定螺钉内注煤油，等待几小时再拉。如果还拉不出，可用喷灯等急火装置在带轮或联轴器四周加热，使其膨胀，趁热迅速把带轮或联轴器拉出。但加热的温度不能太高，以防转轴变形。拆卸过程中不能用手锤直接敲出带轮或联轴器，敲打会出现带轮或联轴器碎裂、转轴变形或端盖受损等现象。三相异步电动机带轮的拆卸如图7.7所示。

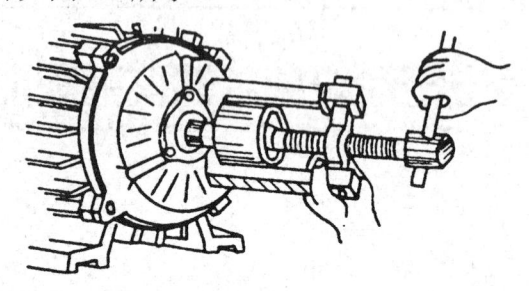

图7.7 三相异步电动机带轮的拆卸

（3）风罩和风叶的拆卸。

首先，把风罩螺栓松脱，取下风罩；然后，把转轴尾部风叶上的紧定螺钉或销子松脱、取下，用金属棒或手锤在风叶四周均匀地轻敲，风叶就可松脱下来。小型三相异步电动机的风叶一般不用卸掉，可随转子一起抽出。但当后端盖内的轴承需要加油或更换时，就必须卸掉风叶，这时可把转子连同风叶放在压床中一起压出。对于采用塑料风叶的三相异步电动机，可用热水使塑料风叶膨胀软化后将其卸下。

（4）轴承盖和端盖的拆卸。

把轴承的外盖螺栓松脱、取下，卸下轴承外盖。为了便于装配时复位，先在端盖与机座接缝处的任一位置做好标记，然后松开端盖的紧固螺栓，再用锤子均匀地敲打端盖四周（衬上垫木），最后把端盖取下。对于小型三相异步电动机，可先把轴伸端的轴承外盖卸下，再松开后端盖的紧固螺栓，最后用手锤敲打轴伸端，这样可把转子连同后端盖一起取下。拆卸轴承的方法有以下两种。

① 用铜棒敲打拆卸。轴承的拆卸如图7.8所示。注意，要用合适的铜棒顶在轴承内圈上，用手锤由里向外敲打铜棒，将轴承慢慢敲出，敲打时不能用力过猛，为使轴承内圈受力均匀，应轮流敲打轴承内部的对称着力点。

图7.8 轴承的拆卸

② 在拆卸时，若遇到轴承留在端盖轴承室内的情况，则把端盖止口面向上，平稳地将其搁在两块木板上，垫上一段直径小于轴承外径的金属管或 PVC 管，用手锤沿轴承外圈敲打金属管或 PVC 管，将轴承敲出，如图 7.9 所示。

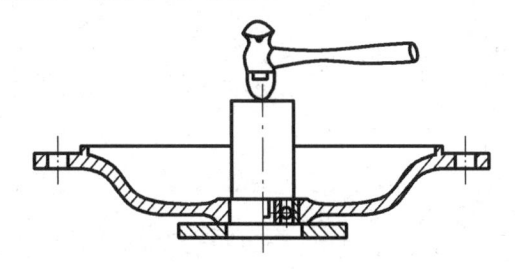

图 7.9 三相异步电动机端盖内轴承的拆卸

清洗轴承时，应先刮去轴承和轴承盖上的废油，用煤油洗净残存油污，然后用清洁布擦拭干净。注意，不能用棉纱擦拭轴承。洗净、擦拭轴承后，用手旋转轴承外圈，观察其转动是否灵活，若遇卡住或过松现象，则需要仔细观察滚道间、保持器及滚珠（或滚柱）表面有无锈迹、锈斑等，根据检查情况来决定是否需要更换轴承。

（5）抽出转子。

小型三相异步电动机的转子，如上所述，可以连同端盖一起取出。抽出转子时，应小心谨慎、动作要缓慢。要求水平抽出，不可歪斜，以免碰伤定子绕组。

2．三相异步电动机的装配

装配前，各机械配合处要先清理、除锈。装配时，应将各部件按拆卸时所做标记复位。

1）滚动轴承的安装

先将轴承和轴承盖用煤油清洗，再检查轴承、内外轴承环有无裂纹等，最后用手转动轴承外圈，观察其转动是否灵活、均匀。如果遇到卡住或过松现象，则更换同款轴承。

如果需要更换轴承，则在安装轴承后按规定加入新的润滑脂。要求润滑脂洁净、无杂质、无水分，将其加入轴承时应防止外界的灰尘、水和铁屑等异物落入轴承，同时要求填装均匀，不应完全装满。

将轴承套到轴颈上有冷套法和热套法两种方法。

（1）冷套法。把轴承套到轴上，对准轴颈，用一段铁管（内径略大于轴颈的直径，外径略小于轴承内圈的外径）的一端顶在轴承内圈上，用手锤敲打铁管的另一端，将轴承缓慢地敲入。

（2）热套法。轴承可放在变压器油中加热，温度为 80～100℃，加热 20～40min。温度不能太高，时间不宜过长，以免轴承退火。加热时，轴承应放在网孔架上，不与箱底或箱壁接触，油面应淹没轴承，油应能对流，使轴承受热均匀。热套时，要趁热迅速地把轴承推到轴肩处，如果套不进，应检查原因。如果无外因，可用套筒顶住轴承内圈，用手锤将轴承轻轻地敲入。轴承套好后，用压缩空气吹去轴承内的变压器油。

2）后端盖的安装

将轴伸端朝下垂直放置，在其端面上垫上木板，将后端盖套在后轴承上，用手锤敲打后端盖，把后端盖敲进去后，装轴承外盖。紧固内外轴承盖的螺栓，要逐步分别拧紧，不能先拧紧一个，再拧紧另一个。

3）转子的安装

把转子对准定子内圆中心，小心地往里放。后端盖要对准机座的标记，旋上后端盖螺栓，但不要拧紧。

4）前端盖的安装

将前端盖对准机座的标记，用手锤均匀地敲击前端盖四周（不可单边着力），并拧上前端盖的紧固螺栓。

5）风叶和风罩的安装

风叶和风罩安装完毕，用手转动转轴，转子应转动灵活、均匀，无停滞或偏重现象。

6）带轮或联轴器的安装

安装带轮或联轴器时，要注意对准键槽或止紧螺钉孔。对于中小型三相异步电动机，应在带轮或联轴器的端面上垫上木块，用手锤将带轮或联轴器敲入。若敲入困难，应先在带轮或联轴器的另一端垫上木块并顶在墙上，再敲入带轮或联轴器。

三、实训内容

1. 实训用仪表、器材与工具

（1）仪表：数字万用表、500V 绝缘电阻表。

（2）器材：Y-80M2-4 小型三相异步电动机一台。

（3）工具：常用电工工具一套，电动机拆装三爪拉具一套（4寸）。

2. 实训要求

（1）三相异步电动机的拆卸步骤。

① 切断电源，拆开三相异步电动机与电源的连接线，并对电源线线头做好绝缘处理，还要在线头、端盖等处做好标记，便于修复后的装配。

② 拆卸带轮或联轴器，松开底脚螺栓和接地螺栓。

③ 拆卸风罩和风叶。

④ 拆卸轴承盖和端盖。

⑤ 抽出或吊出转子。

⑥ 清理三相异步电动机各部分的积尘，清洗轴承和轴承盖，并加润滑脂。

（2）三相异步电动机的装配。

三相异步电动机的装配按拆卸的逆顺序进行。

注意事项：在拆卸与装配的过程中，不能损坏三相异步电动机的零部件和工具，不能丢失三相异步电动机的零部件。

3. 实训报告

根据三相异步电动机的拆卸与装配训练，填写表 7.5 中有关内容。

表 7.5　三相异步电动机的拆卸与装配实训报告

操作项目	操作步骤	操作要领	损坏零部件的情况	注意事项
拆卸三相异步电动机				
装配三相异步电动机				

实训所用时间：　　　　　　实训人：　　　　　　日期：

四、成绩评定

完成各项操作训练后，进行技能考核，参考表 7.6 中的评分标准进行成绩评定。

表 7.6　三相异步电动机的拆卸与装配评分标准

序　号	考核内容	配　分	评分细则
1	三相异步电动机的拆卸	40 分	① 拆卸步骤正确：20 分。 ② 拆卸方法正确：20 分
2	三相异步电动机的装配	40 分	① 装配步骤正确：20 分。 ② 装配方法规范：20 分
3	安全、文明生产	20 分	① 遵守操作规程，无违章操作情况：5 分。 ② 正确使用工具，用完后完好无损：5 分。 ③ 保持工位卫生，做好清洁及整理：5 分。 ④ 听从教师安排，无各类事故发生：5 分
4	操作完成时间 60min		在规定时间内完成，每超时 10min 扣 5 分

任务 3　三相异步电动机装配后的检验训练

一、任务目标

1．了解三相异步电动机装配后的检验项目。
2．学会三相异步电动机装配后的检验方法。
3．掌握三相异步电动机装配后的检验技能。

二、相关知识

1．三相异步电动机装配后的检验

三相异步电动机经局部修理或定子绕组拆换后，即可进行装配。为了保证修理质量，装配完毕，必须对三相异步电动机进行一些必要的检测和试验，以检验三相异步电动机的质量是否符合要求。

（1）外观检查。试验前，要先对三相异步电动机进行一般情况的检查。检查三相异步电动机的装配质量，各部分的紧固螺栓是否拧紧，引出线的标记是否正确，转子转动是否灵活，轴伸端径向有无偏摆的情况。在确认三相异步电动机的一般情况良好后，才能进行试验。

（2）绝缘电阻测量。测量时，将定子绕组的 6 个线头拆开，测量三相异步电动机定子绕组相与相之间、相与地之间的绝缘电阻，绝缘电阻值不小于 5MΩ。对于绕线型三相异步电动机，还应测量转子绕组与地之间的绝缘电阻，绝缘电阻值不小于 5MΩ。

（3）每相绕组的直流电阻测量。测量三相异步电动机定子的每相绕组的直流电阻可用来检验定子绕组有无断路和局部短路情况，各绕组的直流电阻可使用直流数字万用表测量。

三相异步电动机定子三相绕组的直流电阻不平衡值应不超过 5%，如果相差较大，可能有局部短路情况。

（4）空载试验。经上述检测合格后，根据三相异步电动机铭牌上的额定联结方式与电源电压进行正确接线，并在机壳上接好保护接地线，接通电源，启动三相异步电动机，进行空载试验。空载试验是在定子绕组上施加额定电压，使三相异步电动机不带负载运行。空载试验用来测定三相异步电动机的空载电流和空载损耗功率。可用钳形电流表测定空载电流。

在试验中，应注意空载电流的变化，测定三相空载电流是否平衡，空载电流与额定电流百分比是否超过范围，要求空载试验 1h 以上。同时，还应检查三相异步电动机是否有杂声、振动，铁芯是否过热，以及轴承的温升及运转是否正常。启动过程中，自耦变压器要逐步升高电压，以免过大的启动电流冲击仪表。

三相空载电流不平衡值应不超过 5%，若相差较大或有嗡嗡声，则可能是接线错误或有短路现象。三相异步电动机的空载电流与额定电流的百分比如表 7.7 所示。若空载电流过大，则表明定子与转子间的气隙超过允许值或定子绕组的匝数太少；若空载电流过小，则表明定子绕组的匝数太多或三角形联结误接成星形联结。

（5）三相异步电动机的转速测量。用试验台电动机测速装置测量三相异步电动机的转速，测量转速的目的是确认三相异步电动机的绕组接线极数是否正确。空载转速应符合铭牌额定转速。

表 7.7　三相异步电动机的空载电流与额定电流的百分比

极　数	功率/kW					
	0.125	0.125～0.55	0.55～2.2	2.2～10	10～55	55～125
2	70%～95%	50%～70%	40%～55%	30%～45%	23%～35%	18%～30%
4	80%～96%	65%～85%	45%～60%	35%～55%	25%～40%	20%～30%
6	85%～97%	70%～90%	50%～65%	35%～65%	30%～45%	22%～33%
8	90%～98%	70%～75%	50%～70%	37%～70%	35%～50%	25%～35%

2. 定子绕组的首尾端判别

在三相异步电动机中，三相绕组共有 6 个出线端，分别接在三相异步电动机接线盒的 6 个接线柱上。接线柱上标有数字或符号，标明了三相异步电动机定子绕组的首尾端。但有些三相异步电动机在使用中接线板损坏，定子绕组的首尾端分不清楚，特别是三相异步电动机在绕组更换、拆装维修后，要重新进行接线，为了正确接线，必须先判别三相异步电动机定子绕组的首尾端。

用 36V 交流电源和灯泡判别定子绕组的首尾端的步骤如下。

（1）用绝缘电阻表或万用表的电阻挡分别找出三相绕组各相的两个线头。

（2）先给三相绕组的线头做假设编号 U_1、U_2、V_1、V_2、W_1、W_2，并把 V_1、U_2 连接起来，构成两相绕组串联。

（3）在 U_1、V_2 的连接线上接一个灯泡。

（4）在 W_1、W_2 两个线头上接 36V 交流电源，如果灯泡发亮，则说明线头 U_1、U_2 和 V_1、V_2 编号正确；如果灯泡不亮，则把 U_1、U_2 或 V_1、V_2 中任意两个线头的编号对调即可。

（5）再按上述方法对 W_1、W_2 两个线头进行判别。

用 36V 交流电源和灯泡判别定子绕组首尾端时的接线如图 7.10 所示。

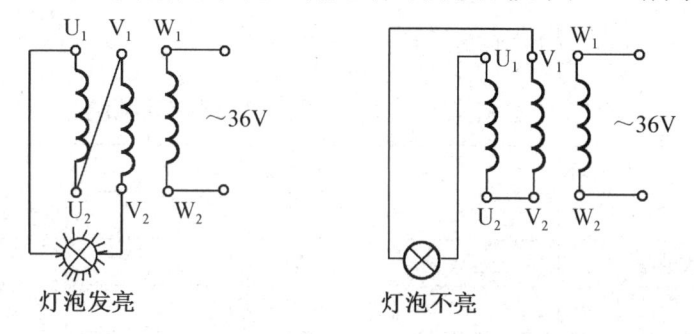

图 7.10　用 36V 交流电源和灯泡判别定子绕组首尾端时的接线

三、实训内容

1．实训用仪表、器材与工具

（1）仪表：数字万用表、500V 绝缘电阻表。

（2）器材：Y-80M2-4 小型三相异步电动机一台。

（3）工具：常用电工工具一套，电动机拆装拉具一套。

2．实训要求

三相异步电动机装配后的检验：判别定子绕组的首尾端，并将其标注在引线端头上，装配后进行绝缘电阻测量和绕组的直流电阻测量，以保证三相异步电动机的绝缘性能和绕组内部状况正常。

（1）使用自耦调压器单相 36V 交流电源判别定子绕组的首尾端，并按标准在端头上标注文字符号。

（2）三相异步电动机绕组的绝缘电阻测量。先拆开三相绕组之间的连接片，用绝缘电阻表测量三相异步电动机各相绕组之间及各相绕组与外壳之间的绝缘电阻。

① 根据被测设备及回路额定电压，选择 500V 的绝缘电阻表。

② 试验前，应拆除被测三相异步电动机的一切对外连线，并将原带电体对地充分放电。

③ 校验所用绝缘电阻表是否正常，摇动手柄的转速应达到 120r/min。当测量接线 L 端与 E 端引线断路时，指针应指无穷大；当测量接线 L 端与 E 端引线短接时，指针应指零。

④ E 端引线接地（或三相异步电动机的金属外壳），接好线后，手持测量接线 L 端引线并悬空。使用手摇式绝缘电阻表时，应以恒定转速 120r/min 摇动手柄，L 端引线再接被测绕组的接线柱，待 60s 后读取其绝缘电阻值。

⑤ 试验完毕，必须将被测线路对地短接后充分放电，防止储存的电荷使接触者触电。

⑥ 记录被测三相异步电动机的铭牌、序号、测量位置和绝缘电阻等数据。

（3）直流电阻测量。使用数字万用表测量三相异步电动机各相绕组的直流电阻值，将测量结果填入实训报告中。

3. 实训报告

根据三相异步电动机装配后的检验训练，填写表 7.8 中有关内容。

表 7.8　三相异步电动机装配后的检验实训报告

判别定子绕组的首尾端	第一相		第二相		第三相	
绝缘电阻测量	U—V	U—W	V—W	U—外壳	V—外壳	W—外壳
记录数值/MΩ						
相直流阻值	U_1—U_2	V_1—V_2	W_1—W_2	U_1—U_2	V_1—V_2	W_1—W_2
记录数值/Ω						

实训所用时间：　　　　　　实训人：　　　　　　日期：

四、成绩评定

完成各项操作训练后，进行技能考核，参考表 7.9 中的评分标准进行成绩评定。

表 7.9　三相异步电动机装配后的检验评分标准

序　号	考核内容	配　分	评分细则
1	定子绕组的首尾端判别	30 分	① 第一相判别正确、标注正确：10 分。 ② 第二相判别正确、标注正确：10 分。 ③ 第三相判别正确、标注正确：10 分
2	绝缘电阻测量	30 分	① 测量部位正确：10 分。 ② 测量操作正确：10 分。 ③ 测量结果正确：10 分
3	直流电阻测量	30 分	① 测量部位正确：10 分。 ② 测量操作正确：10 分。 ③ 测量结果正确：10 分
4	安全、文明生产	10 分	① 遵守操作规程，无违章操作情况：5 分。 ② 听从教师安排，无各类事故发生：5 分
5	操作完成时间 60min		在规定时间内完成，每超时 5min 扣 5 分

任务4　三相异步电动机的常见故障处理训练

一、任务目标

1. 了解三相异步电动机故障的种类及分析方法。
2. 熟悉三相笼型转子异步电动机的常见故障及其处理方法。
3. 掌握三相异步电动机常见故障的处理技能。

二、相关知识

1. 三相异步电动机故障的分析与检查

三相异步电动机的故障一般分为电气故障和机械故障两类。电气方面除电源、线路及启动控制设备的故障外，其余故障均属于三相异步电动机本身的故障；机械方面包括被三相异步电动机拖动的机械设备和传动机构的故障，基础和安装方面的故障，以及三相异步电动机本身的机械结构故障。

三相异步电动机的故障虽然繁多，但故障的产生总是和一定的因素相联系的。例如，三相异步电动机绕组绝缘损坏与绕组过热有关，而绕组过热总和三相异步电动机绕组中的电流过大有关。只要根据三相异步电动机的基本原理、结构、性能及有关情况，就可对故障做出正确的判断。因此，修理前，要通过看、闻、问、听、摸，充分掌握三相异步电动机的情况，就能有针对性地对三相异步电动机做必要的检查，其步骤如下。

1）调查三相异步电动机的运行情况

观察三相异步电动机，并向三相异步电动机使用人员了解三相异步电动机在运行时的情况，例如有无异常响声和剧烈振动，开关及三相异步电动机绕组内有无冒烟及焦臭味等；了解三相异步电动机的使用情况和三相异步电动机的维修情况。

2）三相异步电动机的外部检查

先对三相异步电动机进行外部检查，包括机械和电气两个方面。

（1）机座、端盖有无裂纹，转轴有无裂痕或弯曲变形；转轴转动是否灵活，有无异常的声响；风道是否被堵塞；风扇、散热片是否完好。

（2）检查绝缘是否完好，接线是否符合铭牌上的规定，定子绕组的首尾端是否正确。

（3）测量绝缘电阻和直流电阻，判断绝缘是否损坏，绕组有无断路、短路及接地现象。

（4）若上述检查未发现问题，应直接进行通电试验。用三相调压变压器开始施加约30%的额定电压，再逐渐上升到额定电压。若发现声音不正常、有焦味或三相异步电动机不转动，应立即断开电源并进行检查，以免故障进一步扩大。当启动未发现问题时，要测量三相电流是否平衡，电流大的一相可能有绕组短路，电流小的一相可能是多路并联的绕组中有支路断路。若三相电流基本平衡，可使三相异步电动机连续运行1～2h，随时用手检查铁芯部分及轴承端盖。若发现有烫手的过热现象，应断电后立即拆开三相异步电动机，用手摸绕组端部及铁芯部分。若线圈过热，则说明绕组短路；若铁芯过热，则说明绕组匝数不足或铁芯硅钢片间的绝缘损坏。

3）三相异步电动机的内部检查

在对三相异步电动机进行上述检查后，若确认三相异步电动机内部有问题，则应拆开三相异步电动机，做进一步检查。

（1）检查绕组部分。查看绕组端部有无积尘和油垢，绝缘有无损伤，接线及引出线有无损坏；查看绕组有无烧伤，若有烧伤，烧伤处会变成暗黑色或被烧坏，烧焦且有焦臭味。一个绕组中的几匝线圈被烧坏，这是由匝间短路造成的；几个线圈被烧坏，这多半是由相间或连接线的绝缘损坏造成的。一相（多为三角形接法）被烧坏，这是由一相电源断线造成的；两相被烧坏，这是由一相绕组断路造成的；三相全部被烧坏，这大多是由长期过载或启动时卡住造成的，也可能是由绕组接线错误造成的，需查看导线是否被烧断和绕组焊接处有无脱焊、假焊现象。

（2）检查铁芯部分。查看转子、定子铁芯表面有无擦伤痕迹。转子铁芯表面只有一处擦伤痕迹，而定子铁芯表面全部擦伤，这大多是由转轴弯曲或转子不平衡造成的；转子铁芯表面全是擦伤痕迹，定子铁芯表面只有一处擦伤痕迹，这是由定子、转子不同心造成的，如机座和端盖止口变形或轴承严重磨损使转子下落；定子、转子铁芯表面均有局部擦伤痕迹，这是由上述两种原因共同造成的。

（3）检查风叶和端环。查看风叶有无损坏或变形，转子端环有无裂纹或断裂，再用短路测试器检查导条有无断裂。

（4）检查轴承部分。查看轴承的内外套与轴颈和轴承室是否适配，同时要检查轴承的磨损情况。

2．三相笼型转子异步电动机的常见故障及其处理方法

三相笼型转子异步电动机的常见故障及其处理方法如表 7.10 所示。

表 7.10 三相笼型转子异步电动机的常见故障及其处理方法

故障现象	故障原因	故障处理方法
电动机通电后不转且无声响	电源不通	检查电源线路，修理电路故障
	绕组或接线断路	修复或更换绕组
	热继电器烧毁	更换热继电器
电动机运行时温升过高	绕组接线错误	改正接线错误
	扇叶损坏或冷却风道有杂物堵塞	清除杂物，使风道畅通
	转子扫膛	调整定子与转子之间的间隙，并使二者保持同心
通电后，电动机启动很慢、电磁转矩小、转速低	定子与转子不同心	调整端盖螺钉使定子与转子同心
	定子绕组局部短路	修复或更换定子绕组
	某些转子的笼条断裂	焊接修复或更换转子
	电源电压过低	查明原因，调整电源电压
	绕组接线错误，三角形错接为星形	改正绕组的接线错误
	电动机负荷过大	减轻负荷至额定值

续表

故 障 现 象	故 障 原 因	故障处理方法
电动机运转时有异常响声	定子与转子之间有杂物碰触	清理杂物
	轴承因内径磨损而引发的径向跳动	更换轴承
	转子轴向位移量过大，运转中轴向窜动	增加轴上垫圈
电动机运转时闪火花或冒烟	绕组受潮，绝缘性能下降	将绕组烘干后，重新对其进行浸漆处理
	引出线或连接线的绝缘破损导致引出线或连接线与外壳相碰	更换引出线或连接线
	缺相运转	测量缺相点，并使之恢复正常
电动机启动时熔断器熔断	熔断器的额定电流过小	更换合格的熔断器
	绕组或接线对地短路	修复绕组，加强绝缘
	电源电压过低	查明原因，调整电源电压
	缺相启动	测量缺相点，并使之恢复正常

三、实训内容

1．实训用仪表、器材与工具

（1）仪表：数字万用表、500V绝缘电阻表、短路测试器。
（2）器材：设有故障的三相笼型转子异步电动机、220V/36V变压器及校验灯。
（3）工具：常用电工工具一套，电动机拆装工具一套，50W电烙铁一把。

2．实训要求

所设故障是定子绕组一相断路、定子绕组一相接地中的一种或两种故障。
（1）先将三相笼型转子异步电动机三相绕组的接线拆开，用正确的仪表检测定子绕组，确定是何种故障。确定故障类型后，拆开三相笼型转子异步电动机，对其做进一步的检查测量，找出故障的具体部位。
（2）焊好线圈接线并恢复绝缘，复查无故障后，按要求装配好三相笼型转子异步电动机。经指导教师检查确认合格后，可通电试运行。

3．实训报告

根据三相笼型转子异步电动机定子绕组的故障检修训练，填写表7.11中有关内容。

表7.11　三相笼型转子异步电动机定子绕组的故障检修实训报告

序号	故障种类	故障检查方法	故障处理方法	维修后的情况
1	定子绕组一相断路			
2	定子绕组一相接地			

实训所用时间：　　　　　　　实训人：　　　　　　　日期：

四、成绩评定

在针对每个故障完成各项操作训练后,进行技能考核,参考表 7.12 中的评分标准进行成绩评定。

表 7.12　三相异步电动机的常见故障处理评分标准

序　号	考 核 内 容	配　　分	评 分 细 则
1	故障种类判断	20 分	故障种类判断完全正确:20 分。每错一次扣 5 分
2	故障部位判断	20 分	故障部位判断完全正确:20 分。每错一次扣 5 分
3	故障检查方法	20 分	检查结果完全正确:20 分。每错一次扣 5 分
4	故障排除方法	20 分	① 故障排除方法正确:10 分。 ② 故障排除后,电动机正常运行:10 分
5	安全、文明生产	20 分	① 遵守操作规程,无违章操作情况:5 分。 ② 正确使用工具,用完后完好无损:5 分。 ③ 保持工位卫生,做好清洁及整理:5 分。 ④ 听从教师安排,无各类事故发生:5 分
6	操作完成时间 60min		在规定时间内完成,每超时 10min 扣 5 分

思考题

1. 煤矿井下环境要选用什么类型的三相异步电动机?
2. 三相笼型转子异步电动机主要由哪几部分组成?
3. 三相笼型转子异步电动机修理、组装后的检查内容是什么?
4. 简述三相笼型转子异步电动机启动后运转无力的原因和处理方法。
5. 简述三相笼型转子异步电动机温升过高的原因和处理方法。
6. 简述定子绕组一相断路故障的检查和修理方法。
7. 简述定子绕组一相接地故障的检查和修理方法。

项目 8

常用低压控制电器

低压电器是指工作在交流电压 1200V 或直流电压 1500V 及其以下的电器。它们的作用是对低压供电或用电系统进行开关、控制、保护和调节。低压电器按其控制和保护对象的不同，分为低压配电电器和低压控制电器两大类。低压配电电器主要用于低压配电系统和动力回路，低压控制电器主要用于电力传输和电气控制系统。本项目包括低压熔断器的认识和测量训练、低压断路器的认识和测量训练、交流接触器的拆装与校验训练、热继电器的结构认知与测量训练、时间继电器的结构认知与测量训练、主令电器的认知与检测训练这几个任务。

任务 1　低压熔断器的认识和测量训练

一、任务目标

1．了解常用低压熔断器的结构和类型。
2．学会低压熔断器的选择原则。
3．掌握低压熔断器的安装和维护要求。

二、相关知识

低压熔断器是一种简单而有效的保护电器。低压熔断器的熔体串联于被保护的线路中，主要起短路保护作用，兼有过载保护作用。当被保护的线路发生短路或过载时，低压熔断器以熔体自身产生的热量使熔体熔断，从而自动切断故障电路，实现短路保护或过载保护。低压熔断器具有结构简单、体积小、质量轻、维护方便、价格低廉、分断能力较高等优点。

1．常用低压熔断器的种类

低压熔断器的种类有很多，按结构分为开启式、半封闭式和封闭式，按有无填料分为有填料式、无填料式，按用途分为配电线路用熔断器、器件保护用熔断器及自复式熔断器等。常用的低压熔断器有以下几种。

（1）插入式熔断器。

插入式熔断器的结构图如图 8.1 所示。常用的插入式熔断器产品有 RC1A 系列，俗称瓷插保险器，主要用于低压分支电路的短路保护，有很好的保护特性，因其分断能力较小，多用于照明线路和小型动力电路中。其特点是尺寸小、价格低廉、更换方便。其额定电压为380V（50Hz），额定电流为5～200A。

（2）螺旋式熔断器。

螺旋式熔断器的结构图如图8.2所示。熔芯内装有熔丝并填充了石英砂，用于熄灭电弧、增强分断能力。熔体的上端盖有一个熔断指示器，一旦熔体熔断，熔断指示器会马上弹出，可透过瓷帽上的玻璃观察孔察看。螺旋式熔断器适用于交流电压500V以下、电流200A以下的线路。RL1系列熔断器的主要技术数据如表8.1所示。

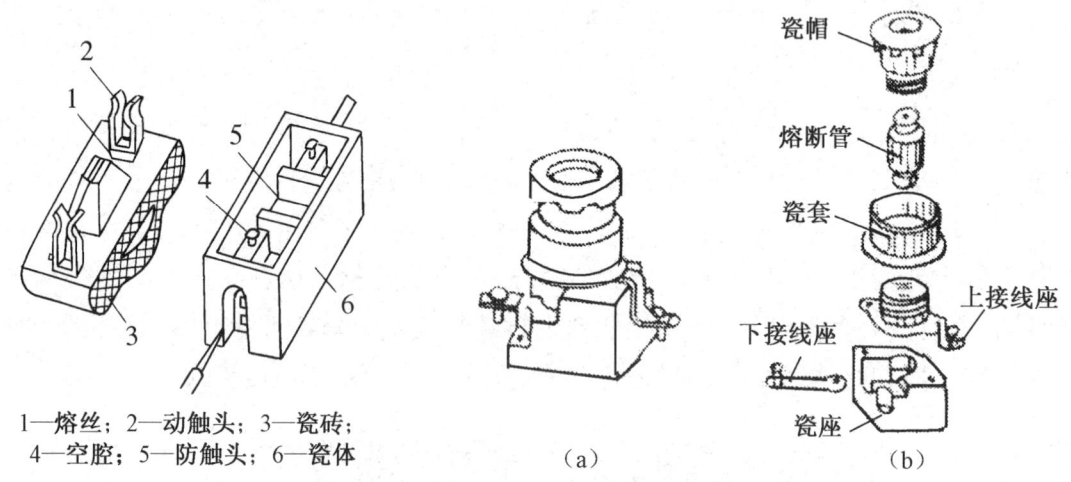

1—熔丝；2—动触头；3—瓷砖；
4—空腔；5—防触头；6—瓷体

图8.1 插入式熔断器的结构图

图8.2 螺旋式熔断器的结构图

表8.1 RL1系列熔断器的主要技术数据

产品型号	熔断器的额定电流/A	熔体的额定电流/A	极限分断能力/kA	$\cos\varphi$
RL1-15	15	2、4、5、6、10、15	50	0.35
RL1-60	60	20、25、30、35、40、50、60		
RL1-100	100	60、80、100		0.25
RL1-200	200	120、150、200		0.15

（3）RT系列有填料密封管式熔断器。

RT系列有填料密封管式熔断器的熔体中装有石英砂，熔体为网状结构。短路时，熔断熔体可使电弧分散，石英砂可使电弧在短路电流达到最大值之前迅速熄灭，以限制短路电流，因此RT系列有填料密封管式熔断器为限流式熔断器。该熔断器常用于大容量电力网或配电设备中。

有填料密封管式熔断器的常用产品有RT14、RT18和RS2等系列，RS2系列为快速熔断器，主要用于保护半导体（晶闸管）元件。RT18系列低压熔断器的外形图如图8.3所示。

RT18系列熔断器式隔离开关主要作为终端组合电器中的总开关，可用于额定交流电压220V/380V的配电和控制线路中，也可用于控制各类电动机、小功率电器和照明线路。它作为电流隔离器件，同时具有过载保护和短路保护的作用，广泛应用于工矿企业、建筑施工、商业及家庭等场所。RT18系列熔断器的额定参数如表8.2所示。

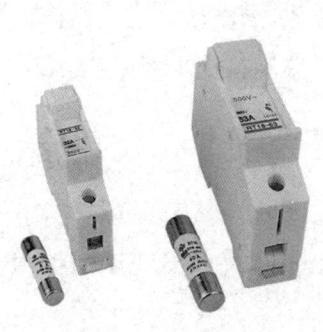

图8.3 RT18系列低压熔断器的外形图

表 8.2 RT18 系列熔断器的额定参数

型　号	熔断器的额定电流/A	熔体的额定电流/A	额定交流电压 380V	
			极限分断能力/kA	额定短路接通能力
RT18 一极、二极、三极	32	6、10、16、20、25、32	20	$20I_N$

2．低压熔断器的选择原则

（1）低压熔断器类型的选择。根据被保护线路的需求、使用场合及安装条件选择适当的低压熔断器类型。例如，保护晶闸管要选择快速熔断器，保护机床控制线路要选择螺旋式熔断器或有填料的 RT 系列熔断器。

（2）低压熔断器额定电压的选择。低压熔断器的额定电压要大于或等于线路的工作电压。

（3）低压熔断器额定电流的选择。低压熔断器的额定电流与熔体的额定电流不同，某一个额定电流等级的低压熔断器可以装入几个不同额定电流的熔体。所以，在选择保护线路和用电设备的低压熔断器时，先要明确熔体的规格，再根据熔体去选择低压熔断器的额定电流。要求低压熔断器的额定电流大于或等于熔体的额定电流。

在用低压熔断器保护电阻炉、照明线路时，熔体的额定电流应略大于或等于线路的最大工作电流。

在用低压熔断器保护三相异步电动机时，为避免熔体在三相异步电动机启动过程中熔断，通常要求在三相异步电动机不经常启动或启动时间不长的场合（如一般机床），熔体的额定电流为

$$I_{RN} \geq (1.5 \sim 2.5)I_N$$

式中，I_N 为三相异步电动机的额定电流；I_{RN} 为熔体的额定电流。在三相异步电动机轻载或启动时间短的情况下，系数可取 1.5；在三相异步电动机启动频繁或启动时间较长的场合（如起重机），系数可取 2.5。

只有对要求不高的三相异步电动机，才用低压熔断器进行过载和短路保护，一般过载保护宜采用热继电器，低压熔断器则只用作短路保护。

（4）在配电系统中，各级低压熔断器必须相互配合以实现可选择性保护，一般要求前一级熔体比后一级熔体的额定电流大一定的倍数，同型号低压熔断器的上下级熔体之间至少相差一个电流等级，这样才能避免因发生短路时的越级动作而扩大停电范围的情况。当线路中发生短路或过载等故障时，应该将故障最近点的低压熔断器熔断，切断故障电流，保证连接在低压供电线路中的其他用电设备的正常运行，而与该低压熔断器串联的上一级低压熔断器不应立刻熔断。

3．低压熔断器的安装和维护

安装和维护低压熔断器应遵循以下要求。

（1）安装熔体时，必须保证接触良好，并应经常检查。如果接触不良，会使接触部位过热并传至熔体，熔体温升过高就会导致误动作。有时，因接触不良产生火花还会干扰弱电信号装置。

（2）低压熔断器及熔体的安装均须接触可靠，若一相断路，会使电动机单相运行过热而烧毁。

（3）拆换熔体时，要检查新熔体的规格和形状是否与被更换的熔体一致。

（4）安装熔体时，不能有机械损伤，否则相当于截面积变小，电阻增加，改变了低压熔断器的保护特性。

（5）检查熔体时，若发现熔体被氧化腐蚀或损伤，应及时更换新熔体。一般应保存必要的备用件。

（6）低压熔断器的周围温度应与被保护对象的周围温度基本一致，若相差太大，也会使保护动作值发生变化。

4. 低压熔断器的常见故障及其处理方法

（1）电路不通：接触不良或熔体熔断。

处理方法：重新安装或更换熔体。

（2）接通瞬间，熔体熔断：熔体额定电流选择得太小或负载端短路。

处理方法：更换合适的熔体或排除短路故障。

三、实训内容

1. 实训用仪表、工具与器材

（1）仪表：数字万用表。

（2）工具：常用电工工具一套。

（3）器材：RL1 系列熔断器、RT18 系列熔断器各 2 个，熔体 4 个。

2. 实训要求

（1）认识所给的低压熔断器，包括认识其型号规格和额定参数。

（2）用万用表测量低压熔断器及其熔体是否损坏，并正确更换熔体。

（3）在对低压熔断器的认识和测量过程中，不允许损坏低压熔断器或丢失其组装零部件。

3. 实训报告

根据低压熔断器的认识和测量训练，填写表 8.3 中有关内容。

表 8.3　低压熔断器的认识和测量实训报告

项　目	型　号	参数检查	通断测量	熔体更换
低压熔断器的结构认识和测量				

实训所用时间：　　　　　实训人：　　　　　日期：

四、成绩评定

完成各项操作训练后,进行技能考核,参考表8.4中的评分标准进行成绩评定。

表8.4 低压熔断器的认识和测量评分标准

序 号	考核内容	配 分	评分细则
1	型号规格	20分	型号规格正确:20分。错1处扣5分
2	额定参数	20分	额定参数正确:20分。错1处扣5分
3	通断测量	20分	① 测量操作正确:10分。 ② 测量结果正确:10分
4	熔体更换	20分	① 熔体选择正确:10分。 ② 更换操作正确:10分
5	安全、文明生产	20分	① 遵守操作规程,无违章操作情况:5分。 ② 正确使用工具,用完后完好无损:5分。 ③ 保持工位卫生,做好清洁及整理:5分。 ④ 听从教师安排,无各类事故发生:5分
6	操作完成时间30min		在规定时间内完成,每超时5min扣5分

任务2 低压断路器的认识和测量训练

一、任务目标

1. 了解低压断路器的结构与工作原理。
2. 熟悉低压断路器的选择原则。
3. 掌握低压断路器的测量技能。

二、相关知识

低压断路器又称自动开关、空气开关,用于低压配电电路中不频繁的通断控制和保护。低压断路器在电路发生短路、过载或欠电压等故障时能自动分断故障电路,是一种控制兼保护电器开关。低压断路器的种类繁多,按其用途和结构特点可分为DW型框架式低压断路器、DZ型塑料外壳式低压断路器、DWX型限流式低压断路器等。DW型框架式低压断路器主要用作配电线路的保护开关,而DZ型塑料外壳式低压断路器除了可用作配电线路的保护开关,还可用作电动机、照明线路及电热设备的控制开关。

1. 低压断路器的结构

低压断路器主要由3个基本部分组成,即触点与灭弧系统、各种脱扣器和外壳,包括过电流脱扣器、失电压脱扣器、热脱扣器、分励脱扣器、自由脱扣器。低压断路器的工作原理示意图及图形符号如图8.4所示。

低压断路器开关靠手动或电动合闸的操作机构操纵，触点闭合后，自由脱扣机构将触点锁扣在合闸位置上。当电路发生过电流（短路和过载）、失电压故障时，通过具备各种保护功能的脱扣器使自由脱扣机构动作，自动跳闸以实现保护作用。分励脱扣器用于远距离控制分断电路。过电流脱扣器用于线路的短路和过载保护，当线路的电流大于整定的动作电流值时，过电流脱扣器产生的电磁力使挂钩脱扣，动触点在弹簧的拉力作用下迅速断开，由此实现低压断路器的自动跳闸功能。

热脱扣器用于线路的过载保护，其工作原理和热继电器基本相同。线路过载时，热元件发热使双金属片受热弯曲到位，导板推动热脱扣器动作使低压断路器分闸。

失电压脱扣器用于失电压保护，如图 8.4 所示，失电压脱扣器的线圈直接接在电源上，衔铁处于吸合状态，低压断路器可以正常合闸；当断电或电压很低时，失电压脱扣器的吸力小于弹簧的反力，弹簧使衔铁向上，挂钩脱扣，实现短路器的跳闸功能。

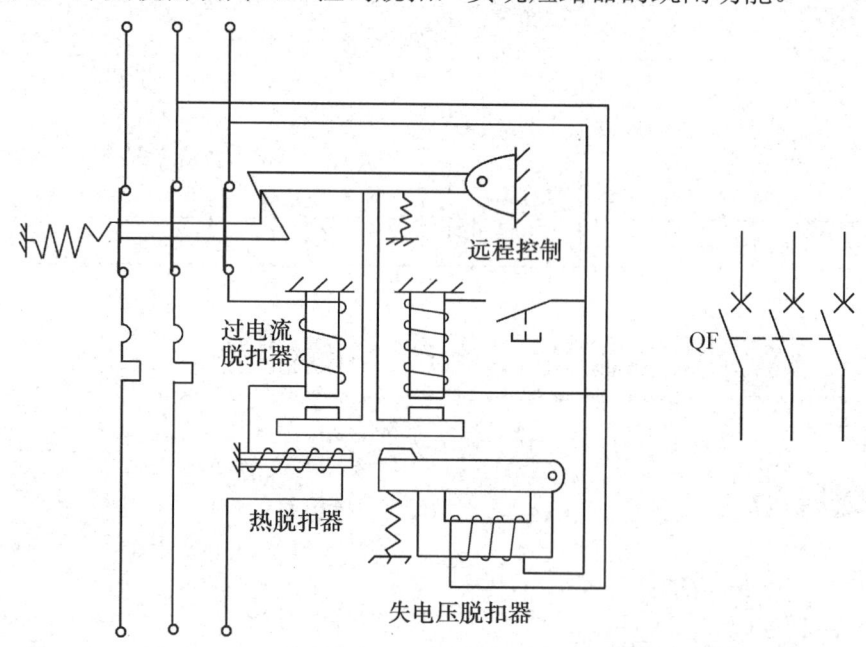

图 8.4　低压断路器的工作原理示意图及图形符号

分励脱扣器用于远程控制，当在远方按下按钮时，分励脱扣器通电产生电磁力，使其产生脱扣动作，低压断路器跳闸。

不同低压断路器的保护功能是不同的，使用时应根据需要选用，保护功能主要有短路保护、过载保护、欠电压保护、失电压保护、漏电保护等。

DZ47-63 系列高分断小型断路器用于线路的短路和过载保护，适用于照明配电系统或电动机的配电系统，有 C16、C25、C32、C40、C50、C63 等几款可供选择。其外形美观、小巧，质量轻，性能优良可靠，分断能力高，脱扣迅速，可用国际标准的导轨安装，壳体和部件采用高阻燃及耐冲击塑料，使用寿命长，主要用于交流 50Hz/60Hz，单极 230V，二极、三极、四极 400V 线路的过载保护、短路保护和漏电保护，同时可以在正常情况下不频繁地通断电气装置和照明线路。图 8.5 所示为四极、一极小型终端断路器的外形图。

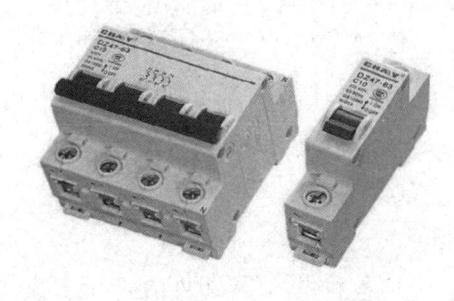

图 8.5　四极、一极小型终端断路器的外形图

2. 低压断路器的选择原则

低压断路器的选择应从以下几方面考虑。

（1）根据使用场合和保护要求，选择低压断路器的类型。例如，照明线路、电动机控制线路一般选用 DZ 型塑料外壳式低压断路器，配电线路的短路电流很大时选用 DWX 型限流式低压断路器，额定电流比较大或有选择性保护要求时选用 DW 型框架式低压断路器。

（2）若要保护含有半导体器件的直流电路，应选用直流快速断路器等。

（3）低压断路器的额定电压、额定电流应不小于线路、设备的正常工作电压、工作电流。

（4）低压断路器的极限通断能力应不小于线路可能出现的最大短路电流。

（5）失电压脱扣器的额定电压应等于线路的额定电压。

（6）过电流脱扣器的额定电流应不小于线路的最大负载电流。

三、实训内容

1. 实训用仪表、工具与器材

（1）仪表：数字万用表、500V 绝缘电阻表。

（2）工具：常用电工工具一套。

（3）器材：低压断路器一个。

2. 实训要求

（1）认识所给的低压断路器，观察其型号规格、额定参数、极数挡位。

（2）完成直观检查后，利用万用表检测低压断路器的通断情况。

（3）在对低压断路器的认识和测量过程中，不允许损坏低压断路器或丢失其组装零部件。

3. 实训报告

根据低压断路器的认识和测量训练，填写表 8.5 中有关内容。

表 8.5 低压断路器的认识和测量实训报告

项 目	型 号	参 数 检 查	通 断 测 量	极 数
低压断路器的结构认识和测量				

实训所用时间：　　　　　实训人：　　　　　日期：

四、成绩评定

完成各项操作训练后，进行实训考核，参考表 8.6 中的评分标准进行成绩评定。

表 8.6 低压断路器的认识和测量评分标准

序 号	考核内容	配 分	评分细则
1	型号规格	20 分	型号规格正确：20 分。错 1 处扣 5 分
2	额定参数	20 分	额定参数正确：20 分。错 1 处扣 5 分
3	极数检查	20 分	极数正确：20 分。错 1 处扣 5 分
4	通断测量	20 分	测量结果正确：20 分。错 1 处扣 5 分
5	安全、文明生产	20 分	① 遵守操作规程，无违章操作情况：5 分。 ② 正确使用工具，用完后完好无损：5 分。 ③ 保持工位卫生，做好清洁及整理：5 分。 ④ 听从教师安排，无各类事故发生：5 分。
6	操作完成时间 30min		在规定时间内完成，每超时 5min 扣 5 分

任务 3　交流接触器的拆装与校验训练

一、任务目标

1．了解交流接触器的性能和技术参数。
2．熟悉交流接触器的结构与图形符号。
3．学会交流接触器的选择与使用方法。
4．掌握交流接触器的拆装与校验技能。

二、相关知识

接触器是一种中远距离频繁地接通与断开交直流主线路及大容量控制线路的一种开关电器，主要用于控制电动机、电热设备、电焊机、电容器组等，能实现远距离自动控制。它具有失电压释放保护功能，在电力拖动自动控制线路中被广泛应用。

接触器有交流接触器和直流接触器两大类型。本项目中主要介绍交流接触器。

1. 交流接触器的组成部分

（1）电磁机构。电磁机构由线圈、衔铁、静铁芯、反力弹簧组成。

（2）触点系统。交流接触器的触点系统包括主触点和辅助触点。主触点用于通断大电流主线路，一般有 3 对或 4 对动合触点；辅助触点用于控制线路，起电气联锁或控制作用，通常有两对动合（2NO）触点、两对动断（2NC）触点。

（3）灭弧装置。容量在 10A 以上的交流接触器都有灭弧装置。对于小容量的交流接触器，常采用双断口桥式触点，以便熄灭电弧；对于大容量的交流接触器，低压接触器常采用纵缝灭弧罩及栅片灭弧结构，高压接触器常采用真空灭弧结构。

（4）其他部件。其他结构包括反力弹簧、缓冲弹簧、触点反力弹簧、传动机构、外壳和支架等。

交流接触器上标有端子标号，线圈为 A_1、A_2，主触点 1、3、5 接电源侧，主触点 2、4、6 接负载侧。辅助触点用两位数表示，前一位为辅助触点顺序号，后一位的 3、4 表示动合触点，1、2 表示动断触点。直动式接触器的结构图与图形符号如图 8.6 所示。

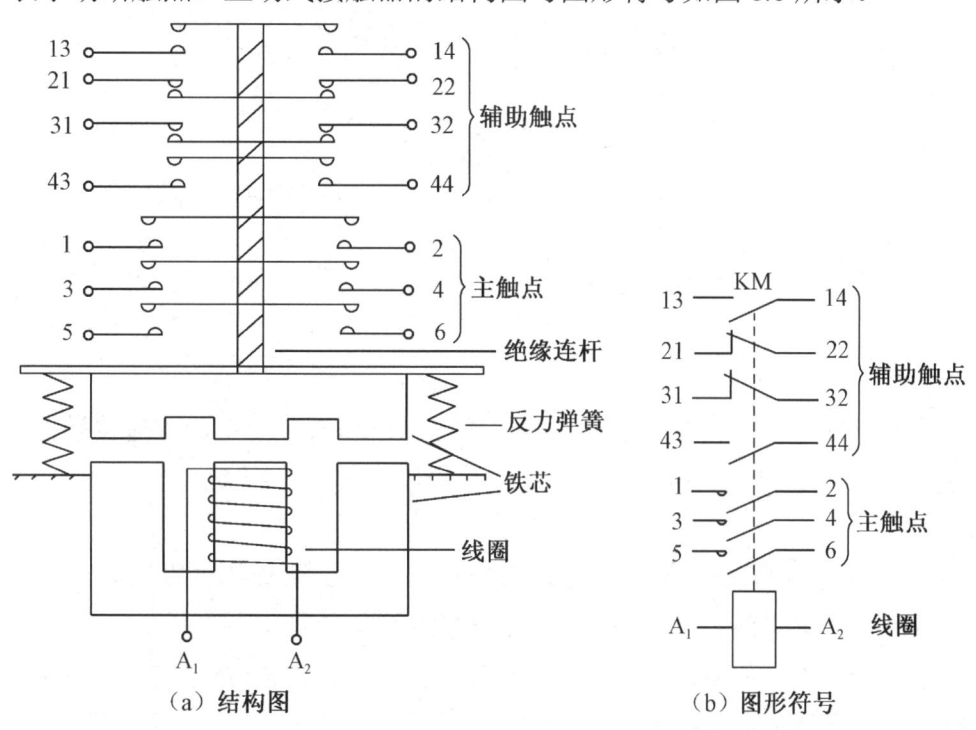

（a）结构图　　　　　　　　　（b）图形符号

图 8.6　直动式接触器的结构图与图形符号

交流接触器的动作原理很简单，当线圈接通额定交流电压（工频定值）时，铁芯被磁化并产生交变磁通，磁通产生电磁吸力，能克服弹簧反力，吸引衔铁向静铁芯运动，衔铁带动绝缘连杆和动触点运动使动断触点断开、动合触点闭合。当线圈断电或电压小于释放电压时，电磁吸力小于弹簧反力，动合触点断开，动断触点闭合。

交流接触器的外形图如图 8.7 和图 8.8 所示。

图 8.7　CJ20 系列交流接触器的外形图 　　图 8.8　CJ10 系列交流接触器的外形图

2．交流接触器的主要技术参数和类型

（1）额定电压。

交流接触器的额定电压有两种，一种是指主触点的额定电压（线电压），有 220V、380V 和 660V，应用于特殊场合的额定电压可达到 1140V；另一种是指吸引线圈的额定电压，有

36V、127V、220V 和 380V。

（2）额定电流。

交流接触器的额定电流是指主触点的额定工作电流。它是在一定的条件（额定电压、使用类别和操作频率等）下规定的，目前常用的电流等级为 9～800A。

（3）机械寿命和电气寿命。

交流接触器是频繁操作的电器，应有较长的机械寿命和电气寿命，这两个指标是交流接触器产品质量的重要指标。

（4）额定操作频率。

交流接触器的额定操作频率是指每小时允许的操作次数，一般为 300 次/h、600 次/h 和 1200 次/h。

（5）动作值。

动作值是指交流接触器的吸合电压和释放电压。根据有关规定，交流接触器的吸合电压在大于线圈额定电压的 85%时应可靠吸合，释放电压不大于线圈额定电压的 70%。

（6）极数。

极数一般指交流接触器的主触点极数，有单极、三极、四极和五极。

交流接触器的种类有很多，常用的有 CJ0、CJ10 及 CJ20 等系列和从国外引进的 B 系列、3TB 系列，还有比较先进的 CJK1 系列真空接触器及 CJW1-200A/N 型晶闸管接触器。CJ 系列交流接触器的主要技术指标如表 8.7 所示。

表 8.7 CJ 系列交流接触器的主要技术指标

型 号	触点额定的电压/V	主触点额定的电流/A	辅助触点的额定电流/A	控制电动机的功率/kW	吸引线圈的电压/V	吸引线圈消耗的功率/VA	
						启动功率	吸合功率
CJ10-10	380	10	5	4	36 110 127 220 380	65	11
CJ10-20		20		10		140	22
CJ10-40		40		20		230	32
CJ10-63		60		30		495	70
CJ10-100		100		50		—	—
CJ20-10		10		4		65	8.3
CJ20-25		25		11		93.1	13.9
CJ20-40		40		22		175	19
CJ20-63		63		30		480	57
CJ20-100		100		50		570	61
CJ20-160		160		85		855	82

3．交流接触器的选择

（1）根据负载性质，选择交流接触器的结构形式及使用类别。

（2）交流接触器的额定电压应大于或等于主线路的工作电压。

（3）交流接触器的额定电流应大于或等于被控电路的工作电流。对于异步电动机负载，还应根据其运行方式（有无反接制动）适当增大或减小通断电流。

（4）吸引线圈的额定电压和频率要与所在控制线路的使用电压和频率相一致。

（5）交流接触器的触点数和种类应满足主线路和控制线路的要求。

4．交流接触器安装前的检查

（1）检查交流接触器的铭牌及线圈的技术数据（如额定电压、电流、操作频率和通电持续率等），判断它们是否符合实际使用要求。

（2）将铁芯极面上的防锈油擦净，以免油垢黏滞导致交流接触器线圈断电后铁芯不释放。用手分合交流接触器的活动部分，要求动作灵活，无卡住现象。

（3）检查与调整触点的工作参数，如开距、超程、触点压力等，并要求各级触点接触良好、分合同步。

（4）安装接线时，应注意勿使螺钉、垫圈、接线头等零件失落，以免落入交流接触器内部造成卡住或短路现象，并将螺钉拧紧，以免振动松脱。

（5）安装交流接触器时，交流接触器底面相对于地面的倾斜度应不大于5°。

（6）检查线路正确无误后，应在主触点不带电的情况下，先使吸引线圈通电分合数次，检查其动作是否可靠，然后才能将交流接触器投入使用。

（7）使用交流接触器时，应定期检查交流接触器的各部件，要求可动部分无卡住现象、紧固件无松脱现象，若有损坏，应及时检修。

（8）触点表面应经常保持清洁，不允许涂油。当触点表面因电弧作用形成金属小珠时，应及时将其铲除，但银合金触点表面产生的氧化膜接触电阻很小。不必锉修，否则将缩短触点的寿命。在触点受到严重磨损后，应及时调整超程，当触点的厚度只剩下原来的 1/3 时，应调换触点。

（9）对于原来有灭弧室的交流接触器，一定要带灭弧室使用，以免发生相间短路事故。

5．交流接触器的常见故障及其处理方法

交流接触器经过长期使用或使用环境不当，均会造成损坏，必须及时进行修理，以保证电力拖动控制系统可靠地工作。为此，要求掌握交流接触器常见故障的分析与处理方法。交流接触器的常见故障及其处理方法如表 8.8 所示。

表 8.8　交流接触器的常见故障及其处理方法

故 障 现 象	故 障 原 因	故障处理方法
吸合不上或吸力不足，动作过程中振动	① 电源电压过低。 ② 操作回路的电源容量不足或断线，配线错误，以及控制触点接触不良。 ③ 线圈参数与实际使用条件不符。 ④ 接触器的磁路受损，如线圈断线或烧毁、机械运动部分被卡住、转轴生锈等。 ⑤ 触点弹簧压力变小与超程过大	① 调整电源电压至额定值。 ② 增加电源容量，更换线路，修理控制触点。 ③ 更换线圈。 ④ 更换线圈，排除机械运动部分被卡住的故障，修理受损零件。 ⑤ 按要求调整触点弹簧的参数
不释放或释放缓慢	① 触点弹簧压力变小。 ② 触点熔焊。 ③ 机械可动部分被卡住，转轴生锈或歪斜。 ④ 铁芯极面有油污或尘埃黏着。 ⑤ E 形铁芯，当其寿命终了时，因去磁气隙消失，剩磁增大，导致铁芯不释放	① 调整触点弹簧的压力参数。 ② 排除熔焊故障，修理或更换触点。 ③ 排除机械可动部分被卡住的故障，修理受损零件，更换反力弹簧。 ④ 清理铁芯极面。 ⑤ 更换吸合电磁铁的铁芯

续表

故 障 现 象	故 障 原 因	故障处理方法
电磁噪声大	① 电源电压过低。 ② 磁系统歪斜或机械卡住，使铁芯不能吸平，极面生锈或油垢、尘埃等异物侵入铁芯极面。 ③ 磁路短路环断裂。 ④ 铁芯磁极面磨损过度而不平	① 调整电源电压至额定值。 ② 排除磁系统歪斜或机械卡住故障，清理铁芯极面。 ③ 更换磁路短路环，并将其粘接牢固。 ④ 更换铁芯
线圈过热或烧毁	① 电源电压过高或过低。 ② 线圈参数与实际使用条件不符。 ③ 线圈制造不良或机械损伤、绝缘损坏。 ④ 运动部分被卡住。 ⑤ 铁芯极面不平或中间气隙过大	① 调整电源电压。 ② 调换线圈或调换合适的接触器。 ③ 更换线圈，排除机械损伤、绝缘损坏故障。 ④ 排除运动部分被卡住的故障。 ⑤ 清理铁芯极面或更换铁芯
触点过度磨损	① 接触器使用类别选择不当，反接制动或操作频次过高。 ② 三相触点的动作不同步。 ③ 负载侧短路	① 降低接触器的通断容量或改用适于繁重任务的接触器。 ② 调整触点至分合同步。 ③ 排除短路故障，更换触点

6. 交流接触器的拆装步骤

下面以 CJ10-10 交流接触器为例来介绍交流接触器的拆装步骤，通常有如下几步。

（1）松开灭弧罩的紧固栓，取下灭弧罩。

（2）拉紧主触点的定位弹簧夹，取下主触点及主触点的压力弹簧片。拉出主触点时，必须将主触点旋转 45°才能取下。

（3）松开辅助动合静触点的接线桩螺钉，取下动合静触点。

（4）松开交流接触器底部的盖板螺钉，取下盖板。松开盖板螺钉时，要用手按住盖板，慢慢放松。

（5）取下静铁芯缓冲绝缘纸片、静铁芯、静铁芯支架及缓冲弹簧。

（6）拔出线圈接线端的弹簧导电夹片，取出线圈。

（7）取出反力弹簧。

（8）抽出衔铁和支架，从支架上拔出衔铁的定位销钉。

（9）取下衔铁及缓冲绝缘纸片。

（10）交流接触器拆卸后的零部件如图 8.9 所示，仔细观察各零部件的结构特点，并做好记录。

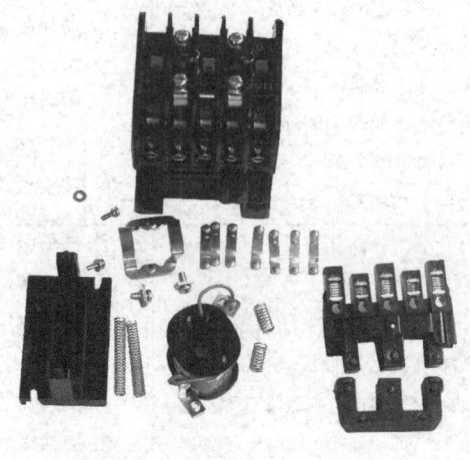

图 8.9　交流接触器拆卸后的零部件

（11）按拆卸的逆顺序进行装配。装配完成后，进行如下检查：用万用表欧姆挡检查线圈及各触点接触是否良好；用绝缘电阻表测量各触点间的绝缘电阻并判断其是否符合要求；用手按主触点，检查其运动部分是否灵活，以防产生接触不良、振动和噪声情况。

7. 交流接触器组装后的校验

交流接触器组装后，必须对其进行校验，否则不能将其投入使用。交流接触器的校验器材如表8.9所示。

表8.9 交流接触器的校验器材

代 号	名 称	规 格 型 号	数 量
KM	交流接触器	CJ10-10	1个
T	自耦调压器	TDGC2-10/500	1个
QS_1	三极开关	HK1-15/3	1个
QS_2	二极开关	HK1-15/2	1个
EL	指示灯	220V，15W	3个
	安装木板	300mm×200mm×20mm	1块
	塑料导线	BV1.0，BRV1.0	各10m

交流接触器组装后的校验步骤如下。

（1）将装配好的交流接触器按图8.10接入校验电路。

（2）选好电流表、电压表的量程并调零，将调压变压器的输出置于零位。

（3）合上QS_1和QS_2，均匀调节调压变压器，使电压上升到交流接触器的铁芯吸合为止，此时电压表的指示值即为交流接触器吸合动作的电压值。该电压值应小于或等于线圈额定电压的85%。

（4）保持吸合电压值，分合QS_2，做两次冲击合闸试验，以校验QS_2动作的可靠性。

（5）均匀地降低调压变压器的输出电压，直至衔铁分离，此时电压表的指示值即为交流接触器的释放电压。释放电压值应大于线圈额定电压的50%。

（6）将调压变压器的输出电压调至线圈的额定电压，观察铁芯是否无振动及噪声，从三个指示灯的明暗可判断主触点的接触情况。

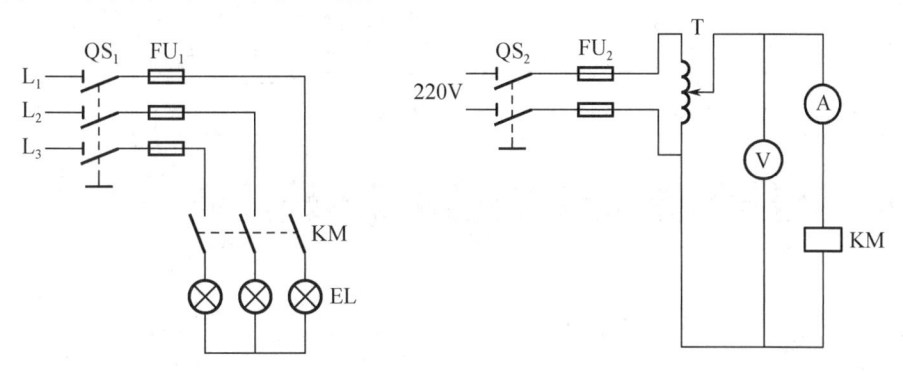

图8.10 交流接触器校验电路

三、实训内容

1. 实训用仪表、工具与器材

（1）仪表：MF-47型指针式（模拟式）万用表、500V绝缘电阻表。
（2）工具：常用电工工具一套。
（3）器材：交流接触器一个，校验器材一套。

2. 实训要求

（1）按操作要求完成交流接触器的拆卸与装配。
（2）交流接触器装配完成后，先对其进行直观检查，再用万用表对其进行测量，以判断其好坏。
（3）对装配完成的交流接触器进行通电校验，应使其达到正常使用要求。
（4）在拆卸与装配过程中，不容许损坏交流接触器或丢失零部件。

四、成绩评定

完成各项操作训练后，进行实训考核，参考表8.10中的评分标准进行成绩评定。

表8.10 交流接触器的拆装与校验评分标准

序号	考核内容	配分	评分细则
1	交流接触器的拆卸	30分	① 拆卸步骤规范：15分。错1处扣5分。 ② 拆卸方法正确：15分。错1处扣5分
2	交流接触器的装配	30分	① 装配步骤规范：15分。错1处扣5分。 ② 装配方法正确：15分。错1处扣5分
3	交流接触器的通电校验	20分	① 通电校验步骤正确：10分。 ② 通电校验结果正确：10分
4	安全、文明生产	20分	① 遵守操作规程，无违章操作情况：5分。 ② 正确使用工具，用完后完好无损：5分。 ③ 保持工位卫生，做好清洁及整理：5分。 ④ 听从教师安排，无各类事故发生：5分
5	操作完成时间30min		在规定时间内完成，每超时5min扣5分

任务4 热继电器的结构认知与测量训练

一、任务目标

1. 了解热继电器的工作原理。
2. 熟悉热继电器的结构和图形符号。

3．掌握热继电器的选择原则。
4．掌握热继电器的故障诊断与处理技能。

二、相关知识

热继电器是一种利用电流热效应原理动作的电器，具有与电动机的容许过载特性相近的反时限动作特性，主要与接触器配合使用，用于对三相异步电动机的过载和断相保护。

三相异步电动机在实际运行中，常会遇到由电气或机械原因等引起的过电流（过载和断相）现象。如果过电流情况不严重、持续时间短，绕组不超过允许温升，这种过电流是允许的；如果过电流情况严重、持续时间较长，则会加快电动机的绝缘老化，甚至烧毁电动机，这种过电流是不允许的。因此，在电动机回路中应设置电动机保护装置。常用电动机保护装置的种类有很多，使用最多、最普遍的是双金属片式热继电器。目前，双金属片式热继电器均为三相式，有带断相保护和不带断相保护两种。

1．热继电器的结构和图形符号

图 8.11 所示为双金属片式热继电器的结构图。图 8.12 所示为热继电器的图形符号。由图 8.11 可见，双金属片式热继电器主要由双金属片、热元件、复位按钮、传动杆、弹簧、调节旋钮、触点等组成。

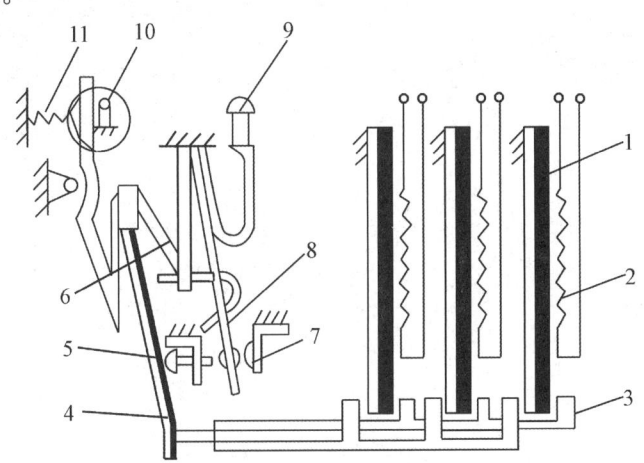

1—主双金属片；2—热元件；3—导板；4—补偿双金属片；5—螺钉；6—传动杆；
7—静触点；8—动触点；9—复位按钮；10—调节旋钮；11—弹簧

图 8.11　双金属片式热继电器的结构图

双金属片是用机械碾压方法将两种线膨胀系数不同的金属变成一体的金属片，线膨胀系数大的被称为主动层，线膨胀系数小的被称为被动层。由于两种线膨胀系数不同的金属紧密地贴合在一起，当产生热效应时，双金属片向线膨胀系数小的一侧弯曲，由弯曲产生的位移带动触点动作。

热元件一般由铜镍合金等电阻材料制成，其形状有圆丝、扁丝、片状等。

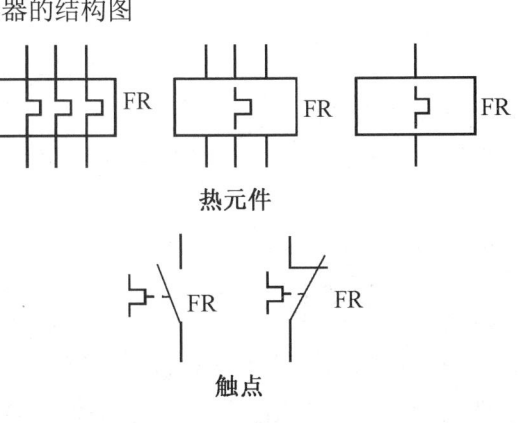

图 8.12　热继电器的图形符号

热元件串接于电动机的定子电路中，通过热元件的电流就是电动机的工作电流（大容量热继电器的热元件串接在互感器的二次回路中）。当电动机正常运行时，其工作电流通过热元件产生的热量不足以使双金属片变形到位，热继电器不会动作。当电动机发生过电流现象且电流超过整定值时，双金属片受热量增大而发生弯曲，经过一定时间，使触点动作，通过控制线路来切断电动机的工作电源。同时，热元件也因断电而逐渐降温，经过一段时间的冷却，双金属片恢复到原来的状态。

热继电器动作电流的调节是通过旋转调节旋钮来实现的。调节旋钮为一个偏心轮，旋转调节旋钮可以改变传动杆和动触点之间的传动距离，距离越长动作电流就越大，反之动作电流就越小。

热继电器的复位方式有自动复位和手动复位两种。旋入复位螺钉，使动合静触点向动触点靠近，这样动触点在闭合时处于不稳定状态，双金属片冷却后，动触点也返回，称为自动复位方式；旋出复位螺钉，动触点不能自动复位，称为手动复位方式。在手动复位方式下，只有在双金属片恢复原状时按下复位按钮，才能使动触点复位。

热继电器的种类有很多，常用的有 JR0、JR16、JR16B、JRS 和 T 等系列。JR16 系列热继电器是一种双金属片热继电器，适用于额定频率为 50Hz，额定电压为 380V，电流为 0.5～160A，长期工作或间断长期工作的一般交流电动机的过载保护。带有断相保护装置的热继电器能在三相电动机一相断线的情况下起到保护作用，热继电器具有电流调节和自动与手动复位装置，并有温度补偿装置，可以补偿由环境温度变化而引起的误差。

JR16-20 热继电器的外形图如图 8.13 所示，技术参数如表 8.11 所示。

图 8.13　JR16-20 热继电器的外形图

表 8.11　JR16-20 热继电器的技术参数

型　号	额定电流/A	热元件的额定电流/A	调整范围/A
JR16-20	20	0.5	0.32～0.5
		0.72	0.45～0.72
		1.1	0.68～1.1
		1.6	1.0～1.6
		2.4	1.5～2.4
		3.5	2.2～3.5
		5	3.2～5
		7.2	4.5～7.2
		11	6.8～11
		16	10～16
		22	14～22

2．热继电器的选择原则

热继电器主要用于电动机的过载保护，使用中应考虑电动机的工作环境、启动情况、负载性质等因素，具体应按以下几个方面来选择。

（1）热继电器结构形式的选择：定子绕组星形接法的电动机可选用两相或三相结构的热继电器，定子绕组为三角形接法的电动机应选用带断相保护装置的三相结构的热继电器。

（2）热继电器额定电流的选择：应根据电动机或用电负载的额定电流来选择热继电器和热元件的额定电流，一般热元件的额定电流应等于或稍大于电动机的额定电流。

（3）热继电器的动作电流整定值一般为电动机额定电流的1.05～1.1倍。

（4）对于反复短时工作的电动机（如起重机的电动机），由于电动机不断重复升温、降温，热继电器双金属片的温升变化跟不上电动机绕组的温升变化，电动机将得不到可靠的过载保护，因此不宜选择双金属片热继电器，而应选择过电流继电器或热敏电阻式温度继电器来保护此类电动机。

3．热继电器的使用

（1）安装前，应检查热继电器铭牌上的技术数据，如额定电压、额定电流是否符合实际使用要求。

（2）安装接线时，应注意勿使螺钉、垫圈、接线头等零件失落，以免落入电气元件内部造成动作卡住或短路现象，并拧紧螺钉，以免其振动松脱。

（3）安装时，热继电器底面相对于地面的倾斜度应不大于5°。

4．热继电器的常见故障及其处理方法

热继电器的常见故障分为整体故障和零部件故障。表8.12所示为热继电器的常见故障及其处理方法。

表8.12 热继电器的常见故障及其处理方法

故障现象	故障原因	故障处理方法
热继电器误动作	① 整定值偏小。 ② 电动机的启动时间过长。 ③ 反复短时工作，操作次数过多。 ④ 强烈的冲击振动。 ⑤ 连接导线太细	① 合理调整整定值，若热继电器的额定电流或热元件的型号不符合要求，应予以更换。 ② 从线路上采取措施，启动过程中使热继电器短接。 ③ 调换合适的热继电器。 ④ 选用带防冲装置的专用热继电器。 ⑤ 调换合适的连接导线
热继电器不动作	① 整定值偏大。 ② 触点接触不良。 ③ 运动部分卡住。 ④ 导板脱出。 ⑤ 连接导线太粗	① 合理调整整定值，若热继电器的额定电流或热元件的型号不符合要求，应予以更换。 ② 清理触点表面。 ③ 排除运动部分卡住故障，用户不随意调整，以免造成动作特性的变化。 ④ 重新放入导板，推动几次，看其动作是否灵活。 ⑤ 调换合适的连接导线
热元件烧断	① 负载侧短路，电流过大。 ② 反复短时工作，操作次数过多。 ③ 机械故障，在启动过程中，热继电器不能动作	① 检查电路，排除短路故障及更换热元件。 ② 调换合适的热继电器。 ③ 排除机械故障及更换热元件

三、实训内容

1. 实训用仪表、工具与器材

（1）仪表：数字万用表。
（2）工具：常用电工工具一套。
（3）器材：JR16-20 热继电器一个。

2. 实训要求

（1）认知热继电器的各组成部分。打开盖板，观察热继电器的内部结构，记录各部件的名称。
（2）使用万用表测量热继电器各导电部分的电阻值和热元件的电阻值，判断其是否正常。
（3）拆开后再组装起来的热继电器通电运行应正常，达到使用要求。
（4）在对热继电器的结构认知与测量过程中，不允许损坏电气元件或丢失零部件。

3. 实训报告

根据热继电器的结构认知与测量训练，填写表 8.13 中有关内容。

表 8.13 热继电器的结构认知与测量实训报告

型 号				主要零部件		
				序 号	名 称	作 用
热元件的个数						
热元件的电阻值/Ω						
U 相	V 相		W 相			
触点数量/对						
动合触点		动断触点				
整定电流值/A						

实训所用时间：　　　　　实训人：　　　　　日期：

四、成绩评定

完成各项操作训练后，进行技能考核，参考表 8.14 中的评分标准进行成绩评定。

表 8.14 热继电器的结构认知与测量评分标准

序 号	考核内容	配 分	评分细则
1	型号规格及整定电流值	20 分	① 型号规格正确：10 分。错 1 处扣 5 分。 ② 整定电流值正确：10 分

续表

序 号	考核内容	配 分	评 分 细 则
2	触点数量及触点端子号的检查	20 分	① 触点数量正确：10 分。错 1 处扣 5 分。 ② 触点端子号正确：10 分。错 1 处扣 5 分
3	热元件电阻值的测量	10 分	热元件电阻值测量正确：10 分
4	主要零部件的名称及作用	30 分	① 主要零部件的名称正确：15 分。错 1 处扣 5 分。 ② 主要零部件的作用正确：15 分。错 1 处扣 5 分
5	安全、文明生产	20 分	① 遵守操作规程，无违章操作情况：5 分。 ② 正确使用工具，用完后完好无损：5 分。 ③ 保持工位卫生，做好清洁及整理：5 分。 ④ 听从教师安排，无各类事故发生：5 分
6	操作完成时间 30min		在规定时间内完成，每超时 5min 扣 5 分

任务 5　时间继电器的结构认知与测量训练

一、任务目标

1．了解时间继电器的工作原理和技术参数。
2．熟悉时间继电器的结构和图形符号。
3．学会时间继电器的使用方法。
4．掌握时间继电器的测量技能。

二、相关知识

时间继电器的类型与结构

时间继电器在控制线路中用于时间的控制。其种类很多，按动作原理可分为电磁式、空气阻尼式、电动式和电子式等，按延时方式可分为通电延时型和断电延时型。下面以两种常用的时间继电器为例说明其工作原理。

（1）空气阻尼式时间继电器。空气阻尼式时间继电器是利用空气阻尼原理获得延时的。它由电磁机构、延时机构和触点系统三部分组成。电磁机构为直动式双 E 型铁芯，触点系统采用 LX5 型微动开关，延时机构采用气囊式阻尼器。

空气阻尼式时间继电器可以做成通电延时型，也可以改成断电延时型，电磁机构可以是直流的，也可以是交流的。空气阻尼式通电延时型时间继电器的结构图与图形符号如图 8.14 所示。

现以通电延时型时间继电器为例介绍时间继电器的工作原理。图 8.14（a）中的时间继电器为线圈断电时的情况，线圈通电后，衔铁吸合，带动传动杆向下运动，使瞬动触点受压而瞬时动作。橡皮膜、活塞在塔形弹簧的作用下向下移动，微弹簧将橡皮膜压在活塞上，橡皮膜上方的空气不能进入气室，形成负压，只能通过进气孔进气，因此推杆只能缓慢地向下移动,其移动速度和进气孔的大小有关(通过延时调节螺钉调节进气孔的大小,可改变延时时间)。经过一定的延时,推杆移动到下端,通过杠杆压动微动开关(通电延时触点),使其动断触点断开、动合触点闭合,起到通电延时作用。

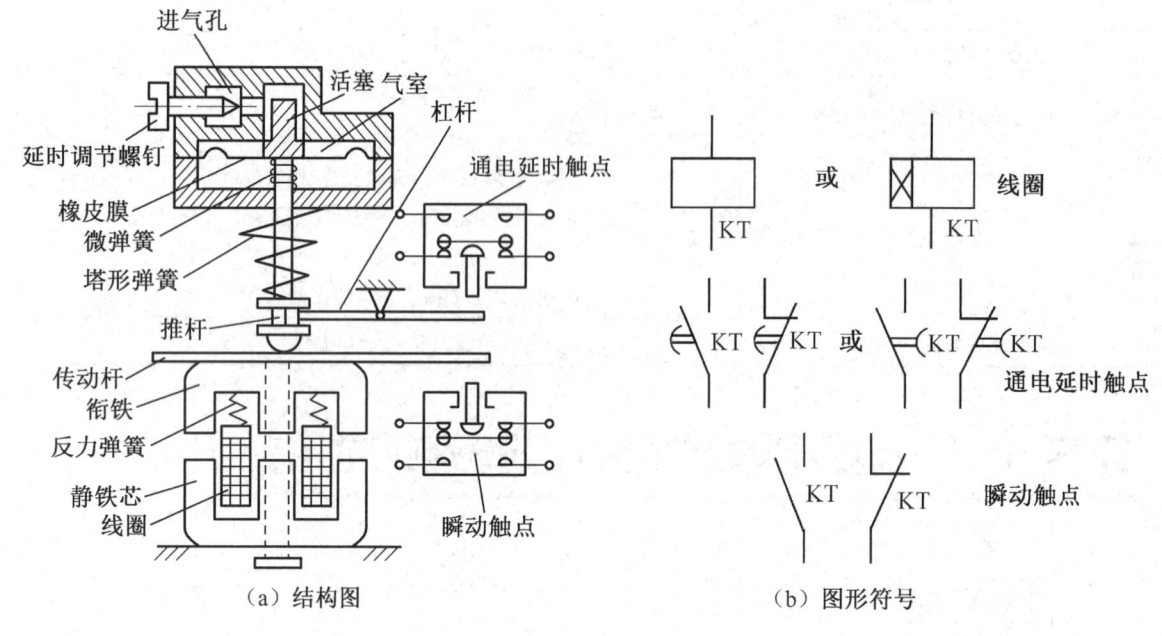

图 8.14 空气阻尼式通电延时型时间继电器的结构图与图形符号

线圈断电时,电磁吸力消失,衔铁在反力弹簧的作用下释放,并通过推杆将活塞推向上端,这时气室内的空气通过橡皮膜和活塞之间的缝隙排出,瞬动触点和通电延时触点迅速复位,无延时。

如果将通电延时型时间继电器的电磁机构反向安装,就可以将其改为断电延时型时间继电器,如图 8.15 所示。线圈断电时,塔形弹簧将橡皮膜和推杆推向下端,杠杆将断电延时触点压下(注意,原来通电延时的动合触点变成了断电延时的动断触点,原来通电延时的动断触点变成了断电延时的动合触点),线圈通电时,衔铁带动传动杆向上运动,使瞬动触点受压而瞬时动作,同时推动活塞向上运动,如前所述,推杆向上运动不延时,断电延时触点瞬时动作;线圈断电时,衔铁在反力弹簧的作用下返回,瞬动触点瞬时动作,断电延时触点延时动作。

时间继电器线圈和延时触点的图形符号都有两种画法,线圈中的延时符号可以不画,触点中的延时符号可以画在左边也可以画在右边,但是圆弧的方向不能改变,如图 8.14(b)和图 8.15(b)所示。

空气阻尼式时间继电器的优点是结构简单、延时范围大、寿命长、价格低廉,且不受电源电压及频率波动的影响;其缺点是延时误差大、无调节刻度指示。该类继电器一般适用于对延时精度要求不高的场合。常用的产品有 JS7-A、JS23 等系列,其中 JS7-A 系列的主要技术参数为延时范围,分为 0.4~60s 和 0.4~180s 两种,操作频率为 600 次/h,触点容量为 5A,延时误差为±15%。使用空气阻尼式时间继电器时,应保持延时机构的清洁,防止因进气孔堵塞而失去延时作用。JS7-A 系列空气阻尼式时间继电器的技术数据如表 8.15 所示。

项目8　常用低压控制电器

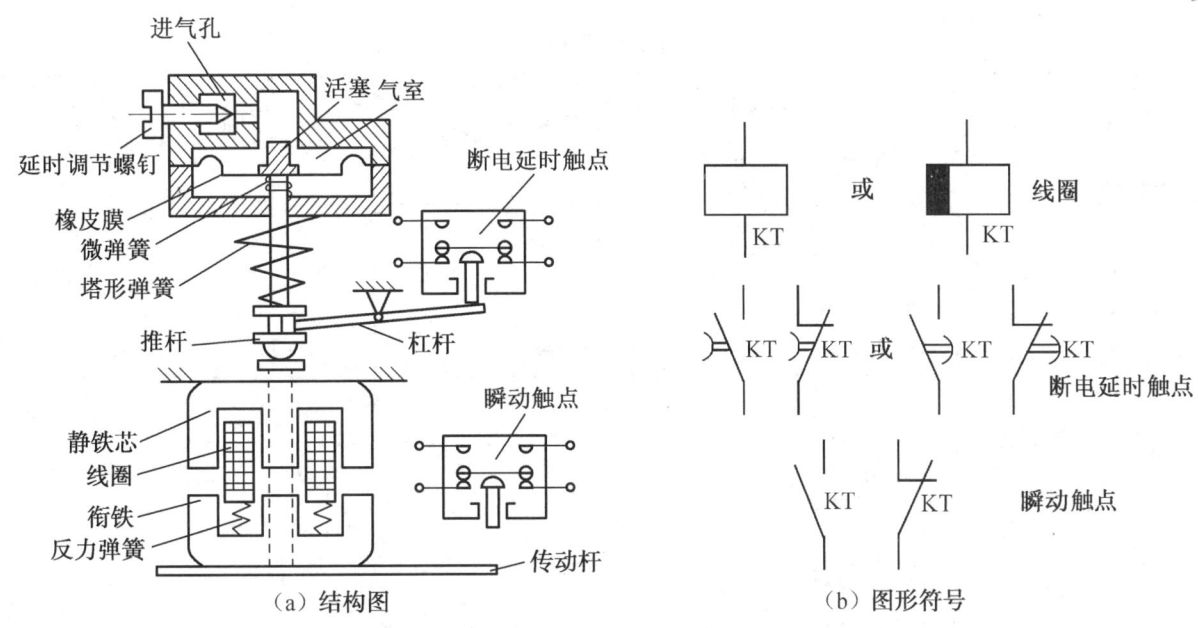

(a) 结构图　　　　　　　　　(b) 图形符号

图8.15　空气阻尼式断电延时型时间继电器的结构图与图形符号

表8.15　JS7-A系列空气阻尼式时间继电器的技术数据

型号	线圈额定电压/V	触点额定电压/V	触点额定电流/A	延时范围/s	延时触点数量/对				辅助触点数量/对	
					通电延时		断电延时		动合	动断
					动合	动断	动合	动断		
JS7-1A	36、110、127、220、380	380	5（交流）	0.4～60	1	1				
JS7-2A					1	1			1	1
JS7-3A				0.4～180			1	1		
JS7-4A							1	1	1	1

在选用时间继电器时，应根据控制要求来选择其延时方式，根据延时范围和精度来选择其类型。图8.16所示为JS7-A系列空气阻尼式时间继电器的外形图。

（2）JS14A系列晶体管时间继电器。JS14A系列晶体管时间继电器为通电延时型，是JS14系列时间继电器的改进型，适合在交流频率为50Hz或60Hz、电压为380V及以下和直流电压为220V及以下的控制线路中做延时元件，按预定的时间接通或开断电路。由于它比JS14系列继电器输出触点的容量大，并在锁紧装置上进行了改进，因此它可广泛用于电力拖动系统、自动程序控制系统及各种生产工艺过程的自动控制系统中。

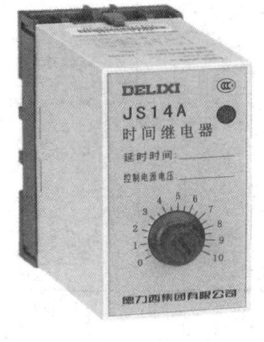

图8.17所示为JS14A系列晶体管时间继电器的外形图。JS14A系列晶体管时间继电器的技术数据如表8.16所示。

图8.16　JS7-A系列空气阻尼式时间继电器的外形图　　图8.17　JS14A系列晶体管时间继电器的外形图

表 8.16　JS14A 系列晶体管时间继电器的技术数据

型　号	结　构	延时范围/s	工作电压/V	触点数量/对		误　差	消耗功率/W
				动合	动断		
JS14A-Z	交流装置式	0~1、0~5、0~10、 0~30、0~60、 0~180、0~240、 0~300、0~600、 0~900	36、110、127、 220、380	2	2	不大于 ±3%	1.5
JS14A-M	交流面板式			2	2		
JS14A-Y	交流外接式			1	1		
JS14A-Z	直流装置式		12、24、110、 220（交流）	2	2		
JS14A-M	直流面板式			2	2		

三、实训内容

1．实训用仪表、工具与器材

（1）仪表：数字万用表。

（2）工具：常用电工工具一套。

（3）器材：时间继电器一个。

2．实训要求

（1）认知时间继电器的各组成部分。打开时间继电器与底座的连接，观察其引脚，记录各个部件的引脚号。

（2）使用万用表测量时间继电器各导电部分的电阻值，测量线圈（或内部变压器线圈）的直流电阻值，并判断是否正常。

（3）在对时间继电器的结构认知与测量过程中，不允许损坏电气元件或丢失零部件。

3．实训报告

根据时间继电器的结构认知与测量训练，填写表 8.17 中有关内容。

表 8.17　时间继电器的结构认知与测量实训报告

时间继电器型号				计时范围	
线圈额定电压/V			线圈端子号	线圈电阻值	
瞬动触点	动合触点	数量/对			
		触点端子号			
	动断触点	数量/对			
		触点端子号			
延时触点	动合触点	数量/对			
		触点端子号			
	动断触点	数量/对			
		触点端子号			

实训所用时间：　　　　　实训人：　　　　　日期：

四、成绩评定

完成各项操作训练后，进行技能考核，参考表 8.18 中的评分标准进行成绩评定。

表 8.18　时间继电器的结构认知与测量评分标准

序号	考核内容	配分	评分细则
1	型号和计时范围	20 分	① 型号规格正确：10 分。错 1 处扣 5 分。 ② 计时范围正确：10 分
2	触点数量和触点端子号的检查	30 分	① 触点数量正确：15 分。错 1 处扣 5 分。 ② 触点端子号正确：15 分。错 1 处扣 5 分
3	线圈参数及线圈电阻测量	30 分	① 线圈额定值正确：10 分。错 1 处扣 5 分。 ② 线圈端子号正确：10 分。错 1 处扣 5 分。 ③ 线圈电阻测量正确：10 分
4	安全、文明生产	20 分	① 遵守操作规程，无违章操作情况：5 分。 ② 正确使用工具，用完后完好无损：5 分。 ③ 保持工位卫生，做好清洁及整理：5 分。 ④ 听从教师安排，无各类事故发生：5 分
5	操作完成时间 30min		在规定时间内完成，每超时 5min 扣 5 分

任务 6　主令电器的认知与检测训练

一、任务目标

1．了解常用主令电器的作用和结构。
2．熟悉常用主令电器的图形符号。
3．学会常用主令电器的型号表示和触点识别方法。
4．掌握常用主令电器的选择与检测技能。

二、相关知识

主令电器在控制线路中以开关触点的通断形式来发布控制命令，以使控制线路执行对应的控制任务。主令电器应用广泛、种类繁多，常见的有按钮开关、行程开关、转换开关、主令控制器、选择开关、脚踏开关等。

1．按钮开关

（1）按钮开关的结构、种类及图形符号。按钮开关由按钮帽、复位弹簧、桥式触点和外壳等组成，其结构图及图形符号如图 8.18 所示。按钮开关的触点采用桥式触点，额定电流在 5A 以下。触点又分为动合触点和动断触点两种。

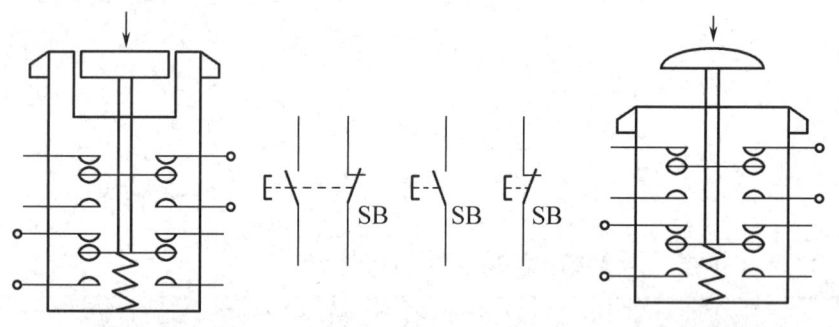

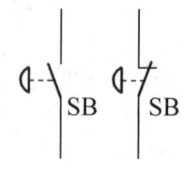

(a) 按钮开关的结构图　　(b) 按钮开关的图形符号　　(c) 急停按钮的结构图　　(d) 急停按钮的图形符号

图 8.18　按钮开关的结构图及图形符号

按钮开关按外形和操作方式可分为平钮开关和急停按钮，急停按钮也叫蘑菇头按钮开关，常用按钮开关的外形图如图 8.19 所示，此外，还有钥匙钮开关、旋钮开关、拉式钮开关、万向操纵杆式按钮开关、带灯式按钮开关等类型。

图 8.19　常用按钮开关的外形图

LAY3 系列按钮开关可以与 LA46、HQA1 等产品互换使用。该产品适用于额定交流电压为 380V、额定频率为 50～60Hz、额定绝缘电压为 690V、额定直流电压为 440V 的控制线路中。

LAY3 系列按钮开关由触点、基座、钮头三大部件组成，采用无紧固螺栓自锁连接。变换按钮开关部件可派生不同形式的品件，按钮开关的形式有旋钮式、蘑菇式、自锁式、带灯式、钥匙式、自复式等。按钮开关的颜色有红色、绿色、黄色、蓝色、黑色、白色六种。

国产按钮开关的主要产品系列有 LA19、LA20、LAY7 等，进口按钮开关种类繁多，不再一一赘述，使用时可参看产品目录和使用说明书。

（2）按钮开关的颜色指代含义。红色按钮开关用于"停止"、"断电"或"事故"；绿色按钮开关优先用于"启动"或"通电"，但"启动"或"通电"也可选用黑色或白色按钮开关。一个按钮开关双用的（如"启动"与"停止"或"通电"与"断电"），即交替按压后改变功能的，不能用红色按钮开关，也不能用绿色按钮开关，而应用黑色或白色按钮开关。按压时运动、抬起时停止运动的（如点动、微动）应用黑色、白色或绿色按钮开关，最好用黑色按钮开关，而不能用红色按钮开关。表 8.19 所示为按钮开关各种颜色的含义及各色按钮开关的用途。

（3）按钮开关的选择原则。

① 根据使用场合，选择按钮开关的种类，如开启式、防水式、防腐式等。

② 根据用途，选择合适的形式，如普通式、钥匙式、紧急式、带灯式等。

③ 根据控制线路的需要，确定不同的按钮开关组数，如单钮、双钮、三钮、多钮等。
④ 根据工作状态指示和工作情况要求，选择按钮开关的颜色。

表 8.19 按钮开关各种颜色的含义及各色按钮开关的用途

颜　色	含　义	按钮开关的用途
红色	处理事故	紧急停机
	"停止"或"断电"	① 正常停机。 ② 停止一台或多台电动机。 ③ 装置的局部停机
绿色	"启动"或"通电"	① 正常启动。 ② 启动一台或多台电动机。 ③ 装置的局部启动
黄色	参与	① 防止意外情况，情况将有变化。 ② 参与抑制反常的状态。 ③ 避免不需要的变化（事故）
蓝色	上述颜色未包含的指定用意	凡是红色、黄色和绿色未包含的用意，皆可用蓝色自定义
黑色、白色	无特定用意（自定义）	除单功能的"停止"或"断电"按钮开关外的任何功能

2．行程开关

（1）行程开关的结构、种类及符号。行程开关又称限位开关，它的种类有很多，按运动形式可分为直动式、微动式、转动式等，按触点的性质可分为有触点式和无触点式。无触点行程开关又称接近开关。

行程开关的工作原理和按钮开关相同，区别在于它不是靠手的按压，而是利用生产机械运动的部件碰压而使触点动作来发出控制指令的主令电器。它用于控制生产机械的运动方向、速度、行程或用于极限位置保护等，其结构形式多种多样。

图 8.20 所示为三种行程开关的动作原理图与图形符号。图 8.21 所示为三种行程开关的外形图。

（2）选择行程开关时的注意事项。有触点行程开关的选择应注意以下几点。
① 根据应用场合及控制对象的特点来选择，要求适应场合、触点组数够用。
② 适应被控制线路的电压和电流要求。
③ 根据机械运动和行程开关的传力与位移关系，选择合适的动作结构形式。

3．转换开关

转换开关是一种多挡位、多触点、能够控制多个回路的主令电器，主要用于各种控制设备中线路的换接、遥控和电流表、电压表的换相测量等，也可用于控制小容量电动机的启动、换向、调速等。图 8.22 所示为转换开关的结构图。

转换开关具有较多操作位置和触点，是一种能够换接多个回路的手动控制电器。由于它能控制多个回路，适应复杂线路的要求，因此有时称之为万能转换开关。它可以通过继电器和接触器间接控制电动机或测量仪表。常用的转换开关主要有两大类，即万能转换开关和组合开关，二者的结构和工作原理相似，在某些应用场合中，二者可相互替代。转换开关按结构类型分为普通型、开启组合型和防护组合型等，按用途分为主令控制用和控制电动机用两种。五挡位转换开关的平面图及图形符号如图 8.23 所示。

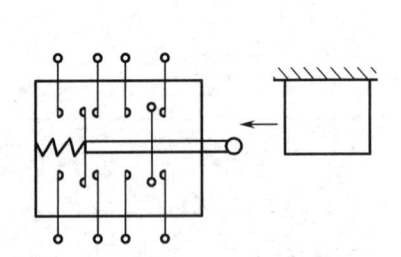

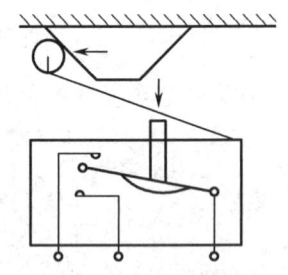

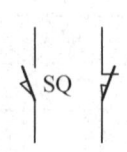

（a）直动式行程开关和微动式行程开关的动作原理图与图形符号

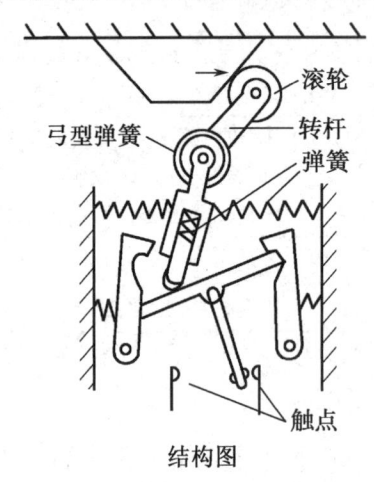

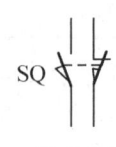

（b）单轮自动复位式行程开关的结构图与图形符号

图 8.20　三种行程开关的动作原理图与图形符号

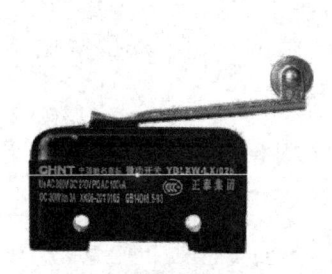

（a）微动式行程开关　　（b）直动式行程开关　　（c）单轮自动复位式行程开关

图 8.21　三种行程开关的外形图

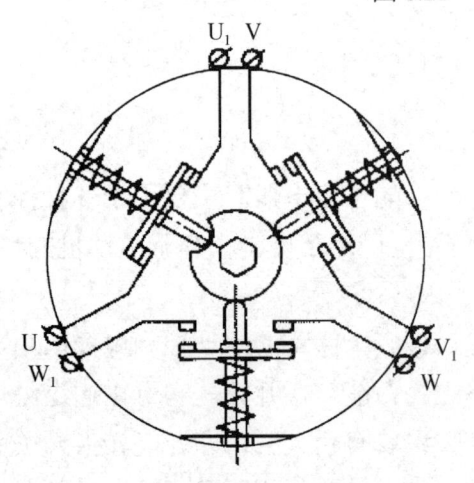

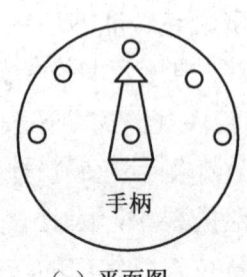

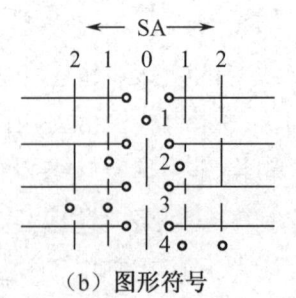

图 8.22　转换开关的结构图　　图 8.23　五挡位转换开关的平面图及图形符号

转换开关的主要参数有手柄类型、触点通断状态、工作电压、触点数量及电流容量，这些在产品目录及说明书中都有详细说明。常用的转换开关有 LW2、LW5、LW6、LW8、LW9、LW12、LW16、3LB 等系列，其中，LW2 系列用于对断路器操作回路的控制，LW5、LW6 系列多用于电力拖动系统中对线路或电动机的控制。

转换开关的触点通断状态表如表 8.20 所示。

表 8.20 转换开关的触点通断状态表

触 点 号	手 柄 位 置				
	←	↖	↑	↗	→
	90°	45°	0°	45°	90°
1			×		
2		×		×	
3	×	×			
4				×	×

注：×表示触点接通。

三、实训内容

1. 实训用仪表、工具与器材

（1）仪表：数字万用表。
（2）工具：常用电工工具一套。
（3）器材：LAY3-11 按钮开关、LX19-111 行程开关。

2. 实训要求

（1）观察按钮开关、行程开关的接线柱，记录各个触点的接线柱号码，检测触点的通断状态。
（2）用手推动开关动作结构，观察按钮开关、行程开关的动作过程。
（3）在规定的时间内完成考核提供的主令电器的认知与检测。
（4）在对按钮开关、行程开关的认知与检测过程中，不允许损坏电气元件，不允许丢失零部件。

3. 实训报告

根据按钮开关、行程开关的认知与检测训练，填写表 8.21 中有关内容。

表 8.21 按钮开关、行程开关的认知与检测实训报告

项 目	型 号	规 格	动 合 触 点		动 断 触 点	
			触点数量/对	触点端子号	触点数量/对	触点端子号
对按钮开关的观察、检测						

续表

项 目	型 号	规 格	动 合 触 点		动 断 触 点	
			触点数量/对	触点端子号	触点数量/对	触点端子号
对行程开关的观察、检测						

实训所用时间：　　　　　实训人：　　　　　日期：

四、成绩评定

完成各项操作训练后，进行技能考核，参考表 8.22 中的评分标准进行成绩评定。

表 8.22　按钮开关、行程开关的认知与检测评分标准

序 号	考核内容	配 分	评分细则
1	按钮开关	40 分	① 型号规格正确：10 分。错 1 处扣 5 分。 ② 触点数量正确：15 分。错 1 处扣 5 分。 ③ 触点端子号正确：15 分。错 1 处错扣 5 分
2	行程开关	40 分	① 型号规格正确：10 分。错 1 处扣 5 分。 ② 触点数量正确：15 分。错 1 处扣 5 分。 ③ 触点端子号正确：15 分。错 1 处错扣 5 分
3	安全、文明生产	20 分	① 遵守操作规程，无违章操作情况：5 分。 ② 正确使用工具，用完后完好无损：5 分。 ③ 保持工位卫生，做好清洁及整理：5 分。 ④ 听从教师安排，无各类事故发生：5 分
4	操作完成时间 30min		在规定时间内完成，每超时 5min 扣 5 分

思考题

1．低压电器如何分类？简述低压断路器的结构原理。

2．如何为 Y2-63M2-4 0.18kW、三相定子绕组为星形接法的三相异步电动机选择合适的熔断器及额定电流？

3．简述选择熔断器的方法及熔断器上下级之间的匹配规则。

4．交流接触器在运行中出现较大的电磁噪声是什么原因？如何维修？

5．热继电器与热元件的额定电流是否相同？

6．热继电器误动作的原因有哪些？热继电器不动作的原因有哪些？

7．什么是主令电器？其作用是什么？

项目 9

三相异步电动机控制线路的安装与调试

三相异步电动机应用广泛，其控制线路的安装与调试训练是电工的一项重要实训内容。本项目从基础入手，由易到难，循序渐进，逐步培养学生对复杂控制线路的读图能力和故障处理能力，使学生获得较多的实践知识和操作技能，为其以后从事三相异步电动机拖动生产机械电气控制线路的安装与调试工作打下坚实的基础。本项目包括三相异步电动机单向运转控制线路的安装与调试训练、三相异步电动机正反转运行控制线路的安装与调试训练、三相异步电动机自动往返行程控制线路的安装与调试训练、三相异步电动机 Y-△降压启动控制线路的安装与调试训练这几个任务。

任务 1　三相异步电动机单向运转控制线路的安装与调试训练

一、任务目标

（1）了解三相异步电动机单向运转控制的原理与实现这种控制的方法。
（2）学会分析三相异步电动机单向运转控制线路的动作过程。
（3）掌握按照控制线路原理图装接三相异步电动机单向运转控制线路的操作技能。
（4）学会根据故障现象，使用万用表检查主线路、控制线路的常见故障。
（5）掌握三相异步电动机单向运转控制线路的故障处理技能。

二、相关知识

1. 控制线路的动作原理

具有自锁控制和过载保护功能的三相异步电动机单向运转控制线路原理图如图9.1所示。该线路的动作原理如下。

（1）合上电源开关 QS。

启动：按下启动按钮SB_2──→KM线圈通电──┬──→KM动合辅助触点闭合自锁
　　　　　　　　　　　　　　　　　　　　　└──→KM主触点闭合──→三相异步电动机M启动并运转

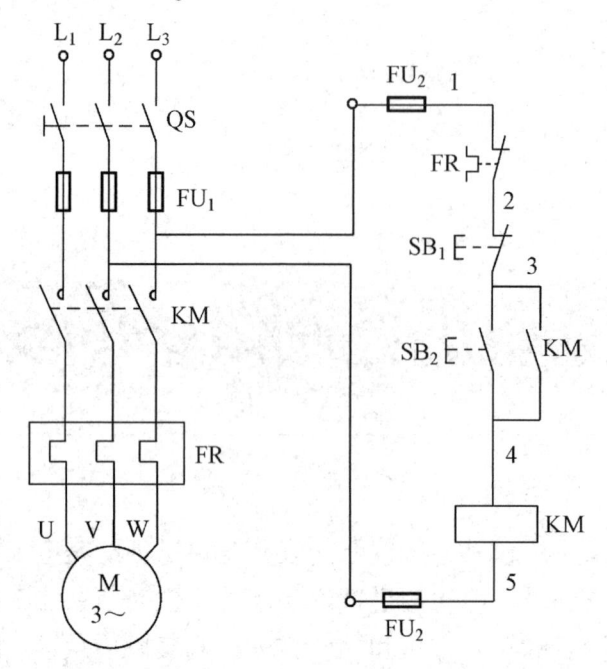

图 9.1　具有自锁控制和过载保护功能的三相异步电动机单向运转控制线路原理图

（2）松开启动按钮 SB_2，由于接在启动按钮 SB_2 两端的 KM 动合辅助触点闭合自锁，控制线路仍保持接通，三相异步电动机 M 继续运转。

停止：按下停止按钮SB_1 ⟶ KM线圈断电释放 ⟶ KM动合辅助触点断开 ⟶ 自锁解除
　　　　　　　　　　　　　　　　　　　　　⟶ KM主触点断开 ⟶ 三相异步电动机M停止运转

在三相异步电动机的运行过程中，由于过载或其他原因，三相异步电动机主线路负载线电流超过整定值，则经过一定时间，串接在主线路中的热元件发热使控制线路的双金属片受热弯曲，推动导板使串接在控制线路中的热继电器动断触点断开，切断控制线路的电源，KM 的线圈断电释放，其主触点断开，三相异步电动机 M 停止运转，同时 KM 的自锁辅助触点断开，自锁解除，达到了过载保护的目的。

2．控制线路的安装工艺及其要求

（1）根据控制线路原理图，绘制三相异步电动机单向运转控制线路的电气元件布置图和电气接线图。

（2）按需要选择、配齐所有电气元件，并进行电气元件质量检查与检验。

① 电气元件的技术数据（如型号、规格、额定电压、额定电流）应完整并符合要求，外观无损伤。

② 观察电气元件的电磁机构动作是否灵活，有无衔铁卡阻等不正常现象，用万用表检测电磁线圈的通断情况及各触点的分合情况。

③ 接触器的线圈电压和控制电源电压是否一致。

④ 对三相异步电动机的质量进行常规检测（每相绕组的通断情况、相间绝缘、相对地绝缘等）。

（3）在控制线路安装板上按电气元件布置图安装电气元件，工艺要求如下。

① 隔离开关、熔断器的受电端子应安装在控制线路安装板的外侧。

② 每个电气元件的安装应整齐、间距合理、便于布线及更换电气元件。

③ 紧固各电气元件时要用力均匀，紧固程度要适当。

（4）按电气接线图的走线方向进行板前明配线布线训练，工艺要求如下。

① 布线通道尽可能地少，同路并行导线按主线路、控制线路分类集中，单层密排，紧贴控制线路安装板布线。

② 同一平面的导线应高低一致，不能有交叉线。若必须交叉，应水平架空跨越，且必须走线合理。

③ 布线应横平竖直，分布均匀，变换走向时应垂直转弯，改变走向。

④ 布线时，严禁损伤线芯和导线绝缘层。

⑤ 两个接线端子之间的导线中间应无接头，每根导线的两端应套上号码管。

⑥ 导线在与接线端子连接时，不得压在绝缘层上，接触圈顺时针绕，不允许其逆时针绕，线芯不要露出过长。在按钮内接线时，不可用力过猛，以防螺钉螺纹损坏。

⑦ 一个电气元件接线端子上的连接导线不得多于两根。

（5）根据电气接线图，检查控制线路安装板上的布线是否正确。

（6）安装、固定三相异步电动机。连接三相电源线、三相异步电动机三相主线等控制线路安装板外部的进出导线。

（7）连接三相异步电动机外壳和按钮盒金属外壳的保护接地线（若按钮为塑料外壳，则不需要连接保护接地线）。

（8）热继电器的热元件应串接在主线路中，其动断触点应串接在控制线路中，热继电器的电流应按三相异步电动机的额定电流自行整定。

（9）总体检查、测试。

① 按控制线路原理图或电气接线图从电源端开始，逐段核对接线及接线端子处是否正确，有无漏接、错接之处。检查导线接点是否符合要求，压接是否牢固。接触应良好，以免带负荷运行时产生过热和闪弧现象。

② 用万用表检测线路的通断情况。

③ 用绝缘电阻表检测控制线路与接地端子之间的绝缘电阻，阻值应不小于 5MΩ。

三、实训内容

1. 实训用仪表、工具与材料

（1）仪表：数字万用表、500V 绝缘电阻表。

（2）工具：常用电工工具一套。

（3）材料：三相异步电动机单向运转控制线路的电气元件和实训材料明细表如表 9.1 所示。

表9.1　三相异步电动机单向运转控制线路的电气元件和实训材料明细表

文字符号	名　称	型　号	规　格	数　量
QS	隔离开关	DZ47-32/3	三极，20A	1个
FU_1	熔断器	RL1-15/10	500V，15A，熔体10A	3个
FU_2	熔断器	RL1-15/2	500V，15A，熔体2A	2个

续表

文字符号	名　　称	型　号	规　　　格	数　量
KM	接触器	CJX2-12	额定电流为12A，线圈额定电压为380V	1个
KM	辅助触点	F4-11	一动合、一动断	1对
FR	热继电器	JR16-20/3	20A，热元件10A	1个
SB_1、SB_2	按钮	LA4-3H	防护式组合按钮	各1个
XT	接线端子排	LX2-1010	500V，10A，10节	1个
M	三相异步电动机	Y2-80M-4	0.55kW，1440r/min	1台
	控制线路安装板		400mm×300mm×20mm	1块
	硬绝缘导线	BV2.5	$2.5mm^2$	10m
	软绝缘导线	BVR1.0	$1.0mm^2$	2m

2．实训要求

（1）在控制线路安装板上安装三相异步电动机单向运转控制线路，按工艺要求操作，接线时注意接线方法，各接点要牢固、接触良好，保护好各电气元件。

（2）待全部线路安装完成，反复检查无误后，经指导教师同意，可接上三相异步电动机，进行通电试运转。观察电器和三相异步电动机的动作及运转情况。要遵守《电工安全技术操作规程》，注意文明操作。

3．实训报告

（1）画出具有自锁控制和过载保护功能的三相异步电动机单向运转控制线路的电气元件布置图和电气接线图。

（2）说明具有自锁控制和过载保护功能的三相异步电动机单向运转控制线路的失电压（或零电压）保护作用。

（3）将实训中出现的故障现象及故障排除方法填入表9.2中，并分析故障原因。

表9.2　三相异步电动机单向运转控制线路的安装与调试实训报告

序　号	故　障　现　象	故　障　原　因	故障排除方法
1			
2			
3			

实训所用时间：　　　　　实训人：　　　　　日期：

四、成绩评定

完成各项操作训练后，进行技能考核，参考表9.3中的评分标准进行成绩评定。

表9.3 三相异步电动机单向运转控制线路的安装与调试评分标准

序号	考核内容	配分	评分细则
1	元件选择和检查	10分	① 选择和检查元件的态度认真：5分。 ② 仪表测量、使用正确：5分
2	元件布置和固定	15分	① 元件布置合理：5分。 ② 安装、固定牢固：10分
3	线路接线工艺	25分	① 布线整齐、美观、横平竖直、拐弯为直角：10分。 ② 导线与端子接触良好，无压接绝缘层：10分。 ③ 接触圈顺时针绕，线芯裸露不超过2mm：5分
4	外壳保护接地	10分	三相异步电动机、电气元件的金属外壳可靠接地：10分
5	通电试运转（在规定时间内可通电两次）	20分	① 第一次通电运转成功，动作正常：10分。 ② 排除故障后，第二次通电运转成功：10分。 ③ 第二次通电仍不成功或放弃通电不得分
6	安全、文明生产	20分	① 遵守操作规程，无违章操作情况：5分。 ② 正确使用工具，用完后完好无损：5分。 ③ 保持工位卫生，做好清洁及整理：5分。 ④ 听从教师安排，无各类事故发生：5分
7	操作完成时间90min		在规定时间内完成，每超时10min扣5分

任务2 三相异步电动机正反转运行控制线路的安装与调试训练

一、任务目标

1. 了解三相异步电动机正反转运行控制的原理与实现这种控制的方法。
2. 学会分析三相异步电动机正反转运行控制线路的动作过程。
3. 掌握按照控制线路原理图装接三相异步电动机正反转运行控制线路的操作技能。
4. 学会根据故障现象，使用万用表检查主线路、控制线路的常见故障。
5. 掌握三相异步电动机正反转运行控制线路的故障处理技能。

二、相关知识

1. 控制线路的动作原理

接触器和按钮双重互锁的三相异步电动机正反转运行控制线路安全可靠、操作方便，其原理图如图9.2所示。

图9.2所示线路要求 KM_1 和 KM_2 不能同时通电，否则它们的主触点同时闭合，将引起 L_1、L_3 两相电源短路，为此在 KM_1 线圈和 KM_2 线圈各自的支路中串接了对方的一副动断辅助触点，以保证 KM_1 线圈和 KM_2 线圈不会同时通电吸合。KM_1 和 KM_2 这两副动断辅助触点

在线路中所起的作用被称为互锁作用。另一处互锁是按钮互锁，按钮 SB_1 动作时，KM_2 线圈不能通电吸合；按钮 SB_2 动作时，KM_1 线圈不能通电吸合。该线路的动作原理如下。

合上电源开关 QS：

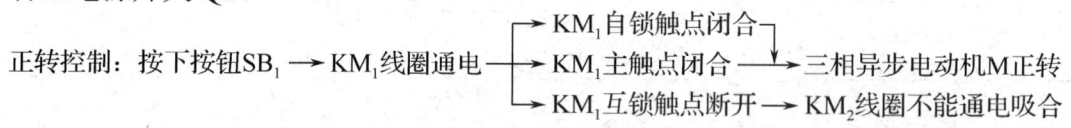

正转控制：按下按钮SB_1 → KM_1线圈通电 →
- → KM_1自锁触点闭合 →
- → KM_1主触点闭合 → 三相异步电动机M正转
- → KM_1互锁触点断开 → KM_2线圈不能通电吸合

反转控制：按下按钮SB_2 → KM_1线圈断电 →
- → KM_1自锁触点断开
- → KM_1主触点断开 → 三相异步电动机M停止运转
- → KM_1互锁触点闭合

→ KM_2线圈通电 →
- → KM_2自锁触点闭合 →
- → KM_2主触点闭合 → 三相异步电动机M反转
- → KM_2互锁触点断开 → KM_1不能通电

停止控制：按下按钮SB_3 → KM_1（KM_2）断电 → 三相异步电动机停转

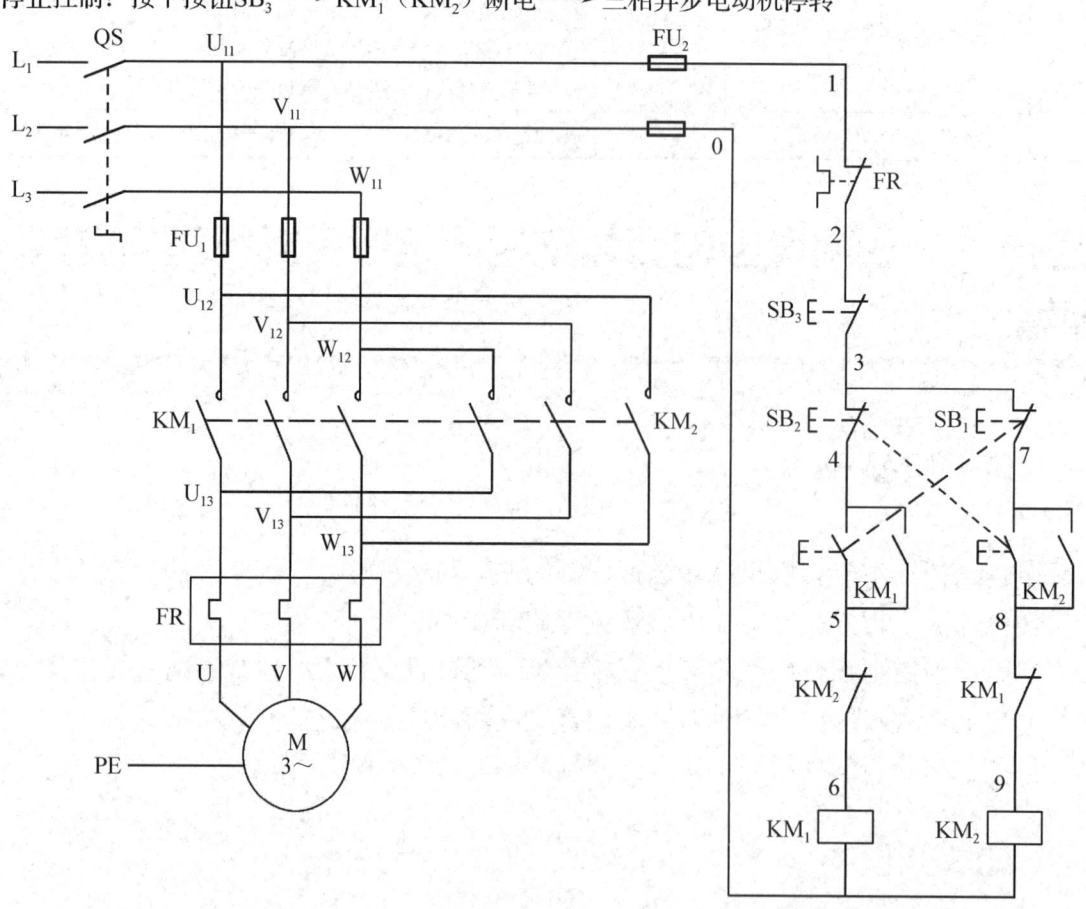

图 9.2　接触器和按钮双重互锁的三相异步电动机正反转运行控制线路原理图

在三相异步电动机的正反转运行过程中，由于过载或其他原因，三相异步电动机主线路负载线电流超过整定值，经过一定时间，串接在主线路中的热元件发热使控制线路的双金属片受热弯曲，推动导板使串接在控制线路中的热继电器动断触点断开，切断控制线路的电源，接触器的线圈断电，其主触点断开，三相异步电动机 M 停止运转，接触器的辅助触点断开，其线圈断电释放，达到了过载保护的目的。

2．控制线路的安装工艺及其要求

（1）根据控制线路原理图，绘制三相异步电动机正反转运行控制线路的电气元件布置图和电气接线图。

（2）按需要选择、配齐所有电气元件，并进行电气元件质量检查与检验。

① 电气元件的技术数据（如型号、规格、额定电压、额定电流）应完整并符合要求，外观无损伤。

② 观察电气元件的电磁机构动作是否灵活，有无衔铁卡阻等不正常现象，用万用表检测电磁线圈的通断情况及各触点的分合情况。

③ 接触器的线圈电压和控制电源电压是否一致。

④ 对三相异步电动机的质量进行常规检测（每相绕组的通断情况、相间绝缘、相对地绝缘等）。

（3）在控制线路安装板上按电气元件布置图安装电气元件，工艺要求如下。

① 隔离开关、熔断器的受电端子应安装在控制线路安装板的外侧。

② 每个电气元件的安装应整齐、间距合理、便于布线及更换电气元件。

③ 紧固各电气元件时要用力均匀，紧固程度要适当。

（4）按电气接线图的走线方向进行板前明配线布线训练，工艺要求如下。

① 布线通道尽可能地少，同路并行导线按主线路、控制线路分类集中，单层密排，紧贴控制线路安装板布线。

② 同一平面的导线应高低一致，不能有交叉线。若必须交叉，应水平架空跨越，且必须走线合理。

③ 布线应横平竖直，分布均匀，变换走向时应垂直转弯，改变走向。

④ 布线时，严禁损伤线芯和导线绝缘层。

⑤ 两个接线端子之间的导线中间应无接头，每根导线的两端应套上号码管。

⑥ 导线在与接线端子连接时，不得压在绝缘层上，接触圈顺时针绕，不允许其逆时针绕，线芯不要露出过长。在按钮内接线时，不可用力过猛，以防螺钉螺纹损坏。

⑦ 一个电气元件接线端子上的连接导线不得多于两根。

（5）根据电气接线图，检查控制线路安装板上的布线是否正确。

（6）安装、固定三相异步电动机。连接三相电源线、三相异步电动机三相主线等控制线路安装板外部的进出导线。

（7）连接三相异步电动机外壳和按钮盒金属外壳的保护接地线（若按钮为塑料外壳，则不需要连接保护接地线）。

（8）热继电器的热元件应串接在主线路中，其动断触点应串接在控制线路中，热继电器的电流应按三相异步电动机的额定电流自行整定。

（9）总体检查、测试。

① 按控制线路原理图或电气接线图从电源端开始，逐段核对接线及接线端子处是否正确，有无漏接、错接之处。检查导线接点是否符合要求，压接是否牢固。接触应良好，以免带负荷运行时产生过热和闪弧现象。

② 用万用表检测线路的通断情况。

③ 用绝缘电阻表检测控制线路与接地端子之间的绝缘电阻，阻值应不小于 5MΩ。

三、实训内容

1. 实训用仪表、工具与材料

（1）仪表：数字万用表、500V 绝缘电阻表。
（2）工具：常用电工工具一套。
（3）材料：三相异步电动机正反转运行控制线路的电气元件和实训材料明细表如表 9.4 所示。

表 9.4　三相异步电动机正反转运行控制线路的电气元件和实训材料明细表

文字符号	名 称	型 号	规 格	数 量
QS	隔离开关	DZ47-32/3	三极，20A	1 个
FU_1	熔断器	RL1-15/10	500V，15A，熔体 10A	3 个
FU_2	熔断器	RL1-15/2	500V，15A，熔体 2A	2 个
KM_1、KM_2	接触器	CJX2-1210	额定电流为 12A，线圈额定电压为 380V	各 1 个
KM_1、KM_2	辅助触点	F4-11	一动合、一动断	2 对
FR	热继电器	JR16-20/3	20A，热元件 10A	1 个
SB_1～SB_3	按钮	LA4-3H	防护式组合按钮	各 1 个
XT	接线端子排	LX2-1010	500V，10A，10 节	1 个
M	三相异步电动机	Y2-80M2-4	0.55kW，1440r/min	1 台
	控制线路安装板		400mm×300mm×20mm	1 块
	硬绝缘导线	BV2.5	2.5mm^2	10m
	软绝缘导线	BVR1.0	1.0mm^2	2m

2. 实训要求

（1）在控制线路安装板上安装三相异步电动机正反转运行控制线路，按工艺要求操作，接线时注意接线方法，各接点要牢固、接触良好，保护好各电气元件。

（2）待全部线路安装完成，反复检查无误后，经指导教师同意，可接上三相异步电动机，进行通电试运转。观察电器和三相异步电动机的动作及运转情况。要遵守《电工安全技术操作规程》，注意文明操作。

3. 实训报告

（1）画出具有双重互锁功能的正反转运行控制线路的电气元件布置图和电气接线图。
（2）说明互锁的含义，分析对三相异步电动机正反转运行控制线路实行双重互锁与单一互锁的区别。
（3）将实训中出现的故障现象及故障排除方法填入表 9.5 中，并分析故障原因。

表 9.5 三相异步电动机正反转运行控制线路的安装与调试实训报告

序 号	故 障 现 象	故 障 原 因	故障排除方法
1			
2			
3			

实训所用时间：　　　　　实训人：　　　　　　日期：

四、成绩评定

完成各项操作训练后，进行技能考核，参考表 9.3 中的评分标准进行成绩评定。

任务 3　三相异步电动机自动往返行程控制线路的安装与调试训练

一、任务目标

1. 了解三相异步电动机自动往返行程控制的原理与实现这种控制的方法。
2. 学会分析三相异步电动机自动往返行程控制线路的动作过程。
3. 掌握按照控制线路原理图装接三相异步电动机自动往返行程控制线路的操作技能。
4. 学会根据故障现象，使用万用表检查主线路、控制线路的常见故障。
5. 掌握三相异步电动机自动往返行程控制线路的故障处理技能。

二、相关知识

1. 控制线路的动作原理

三相异步电动机自动往返行程控制线路原理图如图 9.3 所示。在图 9.3 中，$SQ_1 \sim SQ_4$ 为行程开关，用于机械设备的行程控制及限位保护。行程开关一般安装在机械运动行程的预定位置或终端位置上，当运动部件移动到此位置时，装在运动部件上的撞块碰撞行程开关，动断触点断开、动合触点闭合，这就实现了三相异步电动机控制线路的切换。运动部件正向运动，当其到达正向运动设定位置时，正向行程开关的动断触点动作（打开），三相异步电动机的正向接触器控制电源被切断，正向接触器失电释放，三相异步电动机停止正转。同时，行程开关的动合触点闭合，三相异步电动机的反向接触器得电吸合，三相异步电动机反向启动并运行，当运动部件到达反向设定位置时，反向行程开关的动断触点动作（打开），反向控制线路失电，三相异步电动机变为正转。如此循环往复。该线路的动作原理如下。

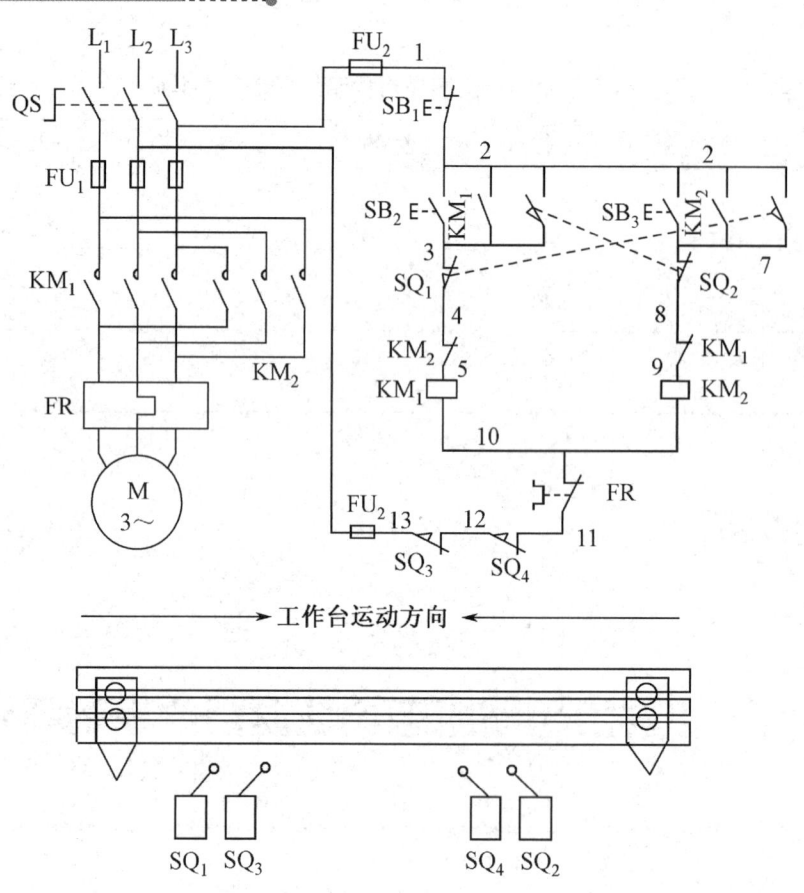

图 9.3 三相异步电动机自动往返行程控制线路原理图

按下按钮 SB_2，KM_1 线圈通电，主触点闭合，三相异步电动机 M 正向启动并运行，工作台向前运动。当工作台前进到预定位置时，固定在工作台上的撞块压下行程开关 SQ_1（固定在床身上），其动断触点打开，断开 KM_1 的控制线路，同时 SQ_1 的动合触点闭合，使 KM_2 线圈得电吸合、其回路自锁，KM_2 的主触点闭合，三相异步电动机 M 因电源相序改变而变为反转，于是拖动工作台向后运动。在工作台的运动过程中，撞块使 SQ_1 复位。当工作台向后运动到预定位置时，撞块又使行程开关 SQ_2 动作，断开 KM_2 线圈电源回路，同时接通 KM_1 线圈电源回路，使 KM_1 线圈得电吸合、其回路自锁，三相异步电动机 M 又从反转变为正转。工作台就这样循环往复工作。需要停车时按下按钮 SB_1，接触器 KM_1 或 KM_2 断电释放，三相异步电动机 M 停止转动，工作台停止运动。如果行程开关 SQ_1 或 SQ_2 动作失效，则有前后行程开关 SQ_3 和 SQ_4 起限位保护作用，使三相异步电动机停止转动。

2. 控制线路的安装工艺及其要求

（1）根据控制线路原理图，绘制三相异步电动机自动往返行程控制线路的电气元件布置图和电气接线图。

（2）按需要选择、配齐所有电气元件，并进行电气元件质量检查与检验。

① 电气元件的技术数据（如型号、规格、额定电压、额定电流）应完整并符合要求，外观无损伤。

② 观察电气元件的电磁机构动作是否灵活，有无衔铁卡阻等不正常现象，用万用表检测电磁线圈的通断情况及各触点的分合情况。

③ 接触器的线圈电压和控制电源电压是否一致。

④ 对三相异步电动机的质量进行常规检测（每相绕组的通断情况、相间绝缘、相对地绝缘等）。

（3）在控制线路安装板上按电气元件布置图安装电气元件，工艺要求如下。

① 隔离开关、熔断器的受电端子应安装在控制线路安装板的外侧。

② 每个电气元件的安装应整齐、间距合理、便于配线及更换电气元件。

③ 紧固各电气元件时要用力均匀，紧固程度要适当。

（4）按电气接线图的走线方向进行板前明配线布线训练，工艺要求如下。

① 布线通道尽可能地少，同路并行导线按主线路、控制线路分类集中，单层密排，紧贴控制线路安装板布线。

② 同一平面的导线应高低一致，不能有交叉线。若必须交叉，应水平架空跨越，且必须走线合理。

③ 布线应横平竖直，分布均匀，变换走向时应垂直转弯，改变走向。

④ 布线时，严禁损伤线芯和导线绝缘层。

⑤ 两个接线端子之间的导线中间应无接头，每根导线的两端应套上号码管。

⑥ 导线在与接线端子连接时，不得压在绝缘层上，接触圈顺时针绕，不允许其逆时针绕，线芯不要露出过长。在按钮内接线时，不可用力过猛，以防螺钉螺纹损坏。

⑦ 一个电气元件接线端子上的连接导线不得多于两根。

（5）根据电气接线图检查控制线路安装板上的布线是否正确。

（6）安装、固定三相异步电动机。连接三相电源、三相异步电动机三相主线等控制线路安装板外部的进出导线。

（7）连接三相异步电动机外壳和按钮盒金属外壳的保护接地线（若按钮为塑料外壳，则不需要连接保护接地线）。

（8）热继电器的热元件应串接在主线路中，其动断触点应串接在控制线路中，热继电器的电流应按三相异步电动机的额定电流自行整定。

（9）总体检查、测试。

① 按控制线路原理图或电气接线图从电源端开始，逐段核对接线及接线端子处是否正确，有无漏接、错接之处。检查导线接点是否符合要求，压接是否牢固。接触应良好，以免带负荷运行时产生过热和闪弧现象。

② 用万用表检测线路的通断情况。

③ 用绝缘电阻表检测控制线路与接地端子之间的绝缘电阻，阻值应不小于5MΩ。

三、实训内容

1. 实训用仪表、工具与材料

（1）仪表：数字万用表、500V绝缘电阻表。

（2）工具：常用电工工具一套。

（3）材料：三相异步电动机自动往返行程控制线路的电气元件和实训材料明细表如表9.6所示。

表9.6　三相异步电动机自动往返行程控制线路的电气元件和实训材料明细表

文字符号	名　称	型　号	规　格	数　量
QS	隔离开关	DZ47-32/3	三极，20A	1个
FU_1	熔断器	RL1-15/10	500V，15A，熔体10A	3个
FU_2	熔断器	RL1-15/2	500V，15A，熔体2A	2个
KM_1、KM_2	接触器	CJX2-1210	额定电流为12A，线圈额定电压为380V	2个
KM_1、KM_2	辅助触点	F4-11	一动合、一动断	2对
FR	热继电器	JR16-20/3	20A，热元件10A	1个
$SB_1 \sim SB_3$	三联按钮	LA4-3H	防护式组合按钮5A	各1个
XT	接线端子排	LX2-1010	500V，10A，10节	1个
$SQ_1 \sim SQ_4$	行程开关	JLXK-111		4个
M	三相异步电动机	Y-80M-4	2.2kW，1440r/min	1台
	控制线路安装板		400mm×300mm×20mm	1块
	硬绝缘导线	BV2.5	$2.5mm^2$	10m
	软绝缘导线	BVR1.0	$1.0mm^2$	2m

2．实训要求

（1）在控制线路安装板上安装三相异步电动机自动往返行程控制线路，按工艺要求操作，接线时注意接线方法，各接点要牢固、接触良好，保护好各电气元件。

（2）待全部电路安装完成，反复检查无误后，经指导教师同意，可接上三相异步电动机，进行通电试运转。观察电器和三相异步电动机的动作及运转情况。要遵守《电工安全技术操作规程》，注意文明操作。

3．实训报告

（1）画出三相异步电动机自动往返行程控制线路的电气元件布置图和电气接线图。
（2）说明三相异步电动机自动往返行程控制线路的动作原理。
（3）将实训中出现的故障现象及故障排除方法填入表9.7中，并分析故障原因。

表9.7　三相异步电动机自动往返行程控制线路的安装与调试实训报告

序　号	故障现象	故障原因	故障排除方法
1			
2			
3			

实训所用时间：　　　　　实训人：　　　　　日期：

四、成绩评定

完成各项操作训练后，进行技能考核，参考表9.3中的评分标准进行成绩评定。

任务 4 三相异步电动机 Y-△降压启动控制线路的安装与调试训练

一、任务目标

1. 了解三相异步电动机 Y-△降压启动控制的原理与实现这种控制的方法。
2. 学会分析三相异步电动机 Y-△降压启动控制线路的动作过程。
3. 掌握按照控制线路原理图装接三相异步电动机 Y-△降压启动控制线路的操作技能。
4. 学会根据故障现象,使用万用表检查主线路、控制线路的常见故障。
5. 掌握三相异步电动机 Y-△降压启动控制线路的故障处理技能。

二、相关知识

1. 控制线路的动作原理

利用时间继电器可以实现三相异步电动机 Y-△降压启动的自动控制,典型线路如图 9.4 所示。

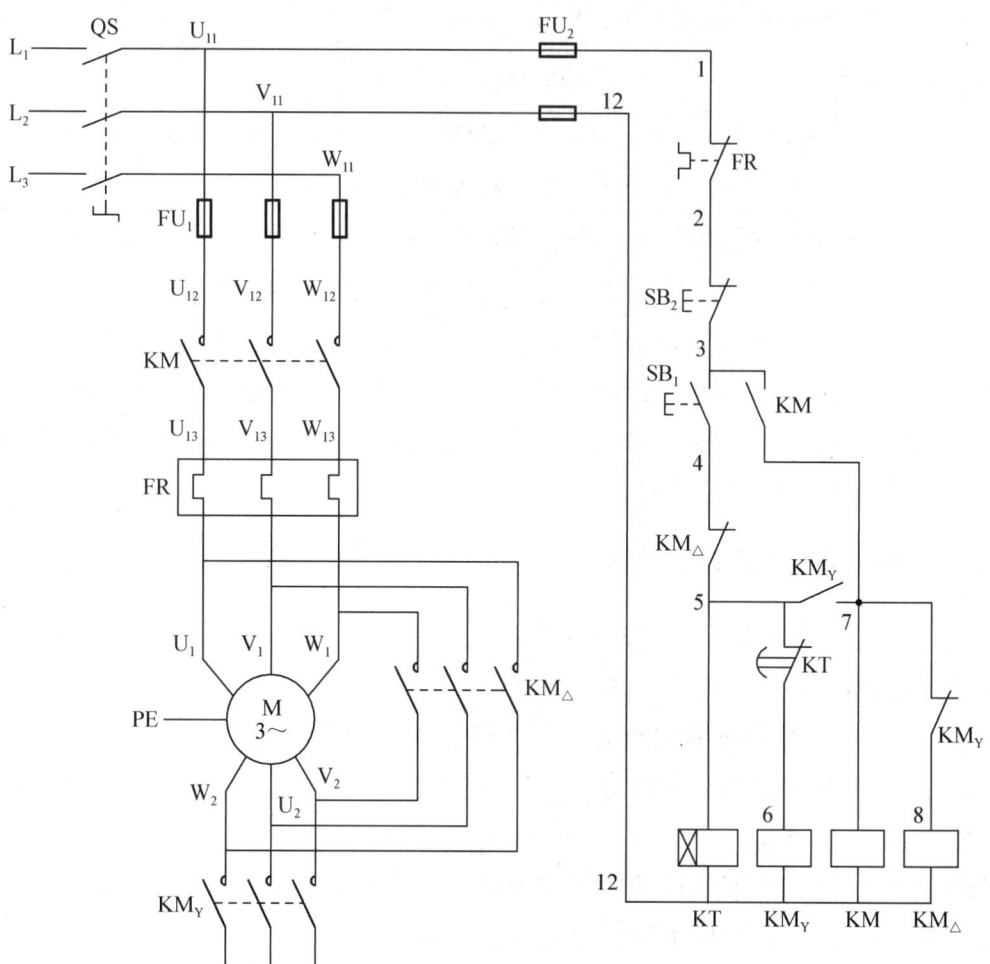

图 9.4 由时间继电器控制的三相异步电动机 Y-△降压启动控制线路

三相异步电动机 Y-△降压启动控制方法只适用于正常工作时定子三相绕组为三角形接法的三相异步电动机。这种控制方法既简单又经济,使用较为普遍,但其启动转矩只是全压启动时的 1/3,因此只适用于空载或轻载启动。

图 9.4 所示线路的主线路由三个交流接触器 KM、KM_Y、$KM_△$ 和热继电器 FR 等组成。当 KM 和 KM_Y 的主触点闭合时,三相异步电动机 M 的定子三相绕组 U_2、V_2、W_2 接在一起,即采用星形(Y)接法来启动,以降低启动电压,限制启动电流对供电线路的不良影响。三相异步电动机 M 启动后,当时间继电器 KT 计时至整定值时,KM_Y 失电释放,其主触点断开;$KM_△$ 得电吸合,其主触点闭合。此时,U_1 与 W_2 相连,V_1 与 U_2 相连,W_1 与 V_2 相连,即把定子三相绕组改接为三角形,三相异步电动机 M 在全电压(额定电压)下运行。热继电器 FR 对三相异步电动机 M 实现过载保护,其动作过程如下。

三相异步电动机采用星形接法降压启动:

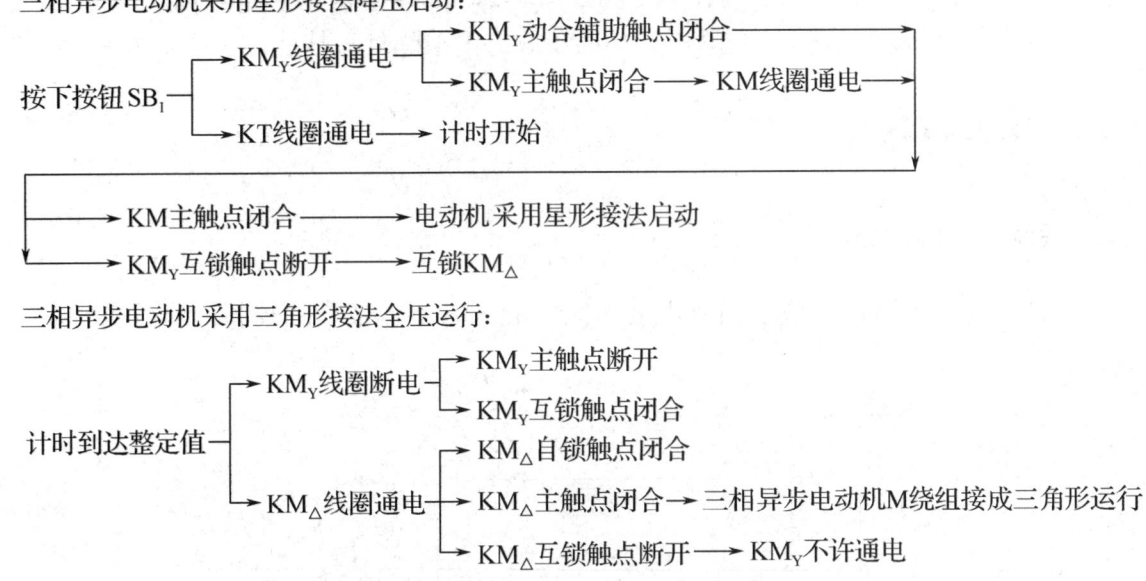

按下按钮 SB_1 →
├→ KM_Y 线圈通电 →
│   ├→ KM_Y 动合辅助触点闭合 ————————————┐
│   └→ KM_Y 主触点闭合 → KM 线圈通电 ←————┘
└→ KT 线圈通电 → 计时开始

　　　├→ KM 主触点闭合 → 电动机采用星形接法启动
　　　└→ KM_Y 互锁触点断开 → 互锁 $KM_△$

三相异步电动机采用三角形接法全压运行:

计时到达整定值
├→ KM_Y 线圈断电
│   ├→ KM_Y 主触点断开
│   └→ KM_Y 互锁触点闭合
└→ $KM_△$ 线圈通电
    ├→ $KM_△$ 自锁触点闭合
    ├→ $KM_△$ 主触点闭合 → 三相异步电动机 M 绕组接成三角形运行
    └→ $KM_△$ 互锁触点断开 → KM_Y 不许通电

按下按钮 SB_2 → $KM_△$ 线圈断电 → $KM_△$ 主触点断开,三相异步电动机停转

在三相异步电动机的 Y-△降压启动与运行过程中,由于过载或其他原因,三相异步电动机主线路负载线电流超过整定值,经过一定时间,串接在主线路中的热元件发热使控制线路的双金属片受热弯曲,推动导板使串接在控制线路中的热继电器动断触点断开,切断控制线路的电源,KM、$KM_△$ 的线圈断电释放,其主触点断开,同时辅助触点断开,三相异步电动机 M 停止运转,达到了过载保护的目的。

2. 控制线路的安装工艺及其要求

(1)根据控制线路原理图,绘制三相异步电动机 Y-△降压启动控制线路的电气元件位置图和电气控制接线图。

(2)按需要选择、配齐所有电气元件,并进行电气元件质量检查、检验。

① 电气元件的技术数据(如型号、规格、额定电压、额定电流)应完整并符合要求,外观无损伤。

② 观察电气元件的电磁机构动作是否灵活,有无衔铁卡阻等不正常现象,用万用表检测电磁线圈的通断情况及各触点的分合情况。

③ 接触器的线圈电压和控制电源电压是否一致。

④ 对三相异步电动机的质量进行常规检测（每相绕组的通断情况、相间绝缘、相对地绝缘等）。

（3）在控制线路安装板上按电气元件布置图安装电气元件，工艺要求如下。

① 隔离开关、熔断器的受电端子应安装在控制线路安装的外侧。

② 每个电气元件的安装应整齐、间距合理、便于布线及更换电气元件。

③ 紧固各电气元件时要用力均匀，紧固程度要适当。

（4）按电气接线图的走线方法进行板前明配线布线，工艺要求如下。

① 布线通道尽可能地少，同路并行导线按主线路、控制线路分类集中，单层密排，紧贴控制线路安装板布线。

② 同一平面的导线应高低一致，不能有交叉线。若必须交叉，应水平架空跨越，且必须走线合理。

③ 布线应横平竖直，分布均匀，变换走向时应垂直转弯，改变走向。

④ 布线时，严禁损伤线芯和导线绝缘层。

⑤ 两个接线端子之间的导线中间应无接头，每根导线的两端应套上号码管。

⑥ 导线在与接线端子连接时，不得压在绝缘层上，接触圈顺时针绕，不允许其逆时针绕，线芯不要露出过长。在按钮内接线时，不可用力过猛，以防螺钉螺纹损坏。

⑦ 一个电气元件接线端子上的连接导线不得多于两根。

（5）根据电气接线图，检查控制线路安装板上的布线是否正确。

（6）安装、固定三相异步电动机。连接三相电源线、三相异步电动机三相主线等控制线路安装板外部的进出导线。

（7）连接三相异步电动机外壳和按钮盒金属外壳的保护接地线（若按钮为塑料外壳，则不需要连接保护接地线）。

（8）热继电器的热元件应串接在主线路中，其动断触点应串接在控制线路中，热继电器的电流应按三相异步电动机的额定电流自行整定。

（9）总体检查、测试。

① 按控制线路原理图或电气接线图从电源端开始，逐段核对接线及接线端子处是否正确，有无漏接、错接之处。检查导线接点是否符合要求，压接是否牢固。接触应良好，以免带负荷运行时产生过热和闪弧现象。

② 用万用表检测线路的通断情况。

③ 用绝缘电阻表检测控制线路与接地端子之间的绝缘电阻，阻值应不小于 5MΩ。

三、实训内容

1. 实训用仪表、工具与材料

（1）仪表：数字万用表、500V 绝缘电阻表。

（2）工具：常用电工工具一套。

（3）材料：三相异步电动机 Y-△降压启动控制线路的电气元件和实训材料明细表如表 9.8 所示。

表9.8　三相异步电动机 Y-△降压启动控制线路的电气元件和实训材料明细表

文字符号	名　　称	型　号	规　　格	数　　量
QS	隔离开关	DZ47-32/3	三极，20A	1个
FU_1	熔断器	RL1-15/10	500V，15A，熔体10A	3个
FU_2	熔断器	RL1-15/2	500V，15A，熔体2A	2个
KM、KM_Y、$KM_△$	交流接触器	CJX2-1210	额定电流为12A，线圈额定电压为380V	3个
KM、KM_Y、$KM_△$	辅助触点	F4-11	一动合、一动断	3对
KT	时间继电器	JS14A	380V，0～60s	1个
FR	热继电器	JR16-20/3	20A，热元件10A	1个
SB_1、SB_2	按钮	LA4-3H	防护式组合按钮	各1个
XT	接线端子排	LX2-1010	500V，10A，10节	1个
M	三相异步电动机	Y2-80M-4	0.55kW，1440r/min，定子绕组采用三角形接法	1台
	控制线路安装板		400mm×300mm×20mm	1块
	硬绝缘导线	BV2.5	$2.5mm^2$	15m
	软绝缘导线	BVR1.0	$1.0mm^2$	2m

2．实训要求

（1）在控制线路安装板上安装三相异步电动机 Y-△降压启动控制线路，按工艺要求操作，接线时注意接线方法，各接点要牢固、接触良好，保护好各电气元件。

（2）待全部线路安装完成，反复检查无误后，经指导教师同意，可接上三相异步电动机，进行通电试运转。观察电器和三相异步电动机的动作及运转情况。要遵守《电气安全技术操作规程》，注意文明操作。

3．实训报告

（1）画出三相异步电动机 Y-△降压启动控制线路的电气元件位置图和电气接线图。
（2）说明三相异步电动机 Y-△降压启动控制线路的动作原理。
（3）将实训中出现的故障现象及故障排除方法填入表9.9内，并分析故障原因。

表9.9　三相异步电动机 Y-△降压启动控制线路的安装与调试实训报告

序　号	故障现象	故障原因	故障排除方法
1			
2			
3			

实训所用时间：　　　　　实训人：　　　　　日期：

四、成绩评定

完成各项操作训练后，进行技能考核，参考表9.3中的评分标准进行成绩评定。

思考题

1．画出具有自锁控制和过载保护功能的三相异步电动机单向运转控制线路原理图。

2．分析具有自锁功能的三相异步电动机正转控制线路的失电压（或零电压）与欠电压保护作用。

3．简述对三相异步电动机正反转运行控制线路实行双重互锁与单一互锁的区别，并说明互锁的含义。

4．在本实训的三相异步电动机自动往返行程控制线路运行时，如果 SQ_1 的触点损坏，会出现什么现象？

5．在自动往返的行程控制过程中，正常情况下工作台能否停在两个端点？

6．三相异步电动机 Y-△降压启动控制线路是否有其他线路图？试画出另一种线路图。

7．如果三相异步电动机在启动后一直运行在 Y 接状态，不能转换到△接状态，请分析可能的原因？

项目 10

PLC 基本应用

PLC 是可编程控制器的简称,是一个为工业环境中的应用而设计的数字操作电子控制系统装置。它使用可编程存储器来存储逻辑操作、顺序控制、定时、计数和算术操作的指令,并通过数字和模拟的输入和输出来控制各种机械的生产过程。PLC 也可以是一种可编程逻辑电路,还可以是一种与硬件紧密结合的逻辑语言,用于控制各种类型的机电设备或生产过程。它使工业自动化设计从专业设计院走进了工厂和矿山,方便普通工程技术人员掌握,有助于他们实现复杂的工业现场控制。由于 PLC 具有体积小、工作可靠性高、抗干扰能力强、适应性强、安装接线简单等众多优点,因此它在工业控制领域获得了非常广泛的应用。本项目以三菱 FX_{2N} 系列机型为基础,进行 PLC 的接线和编程、PLC 的计算机编程软件的应用、基本逻辑指令的编程与应用这几方面的训练,为 PLC 的工业应用打下坚实的基础。

为了适应电工实训的教学要求,减少理论叙述,加强实际操作,本项目选择了比较有代表性的三菱 FX_{2N} 系列 PLC 进行训练;为了加强学生的实践能力,本项目还列举了几个电气控制线路和 PLC 控制线路的实训操作项目。

任务 1 PLC 的接线和编程训练

一、任务目标

1. 了解三菱 FX_{2N} 系列 PLC 的硬件结构及其作用。
2. 熟悉 PLC 编程元件的分类。
3. 学会三菱 FX_{2N} 系列 PLC 的安装和 I/O 端子接线方法。
4. 掌握三相异步电动机单向运转 PLC 控制应用技能。

二、相关知识

PLC 控制系统和普通计算机一样,都由硬件和软件构成,但又有许多差别,硬件方面的主要差别在于 PLC 的 I/O 接口是为方便 PLC 与工业控制系统连接而专门设计的;软件方面的主要差别在于 PLC 的应用软件是由使用者编制,用梯形图或指令语句表达的专用软件。PLC

在工作时,采用对应用软件逐行扫描的执行方式,这和普通计算机等待命令的工作方式有所不同。

1. PLC 的硬件结构

世界各国生产的 PLC 品种有很多,但不同品种的 PLC 的硬件结构都大体相同。例如,三菱 FX_{2N} 系列 PLC 主要由中央处理器(CPU)、存储器、I/O 接口、电源及编程器几大部分组成,如图 10.1 所示。

三菱 FX_{2N} 系列 PLC 采用一体化箱体结构,其基本单元将整个电路(包括存储器、I/O 接口及电源等)都装在一个机箱内,是一个完整的控制装置。其结构紧凑,体积小巧,成本低廉,安装方便。图 10.2 所示为三菱 FX_{2N} 系列 PLC 的基本单元外观。

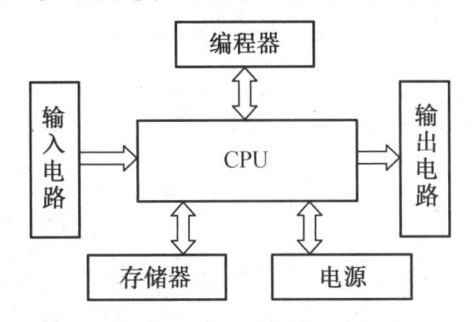

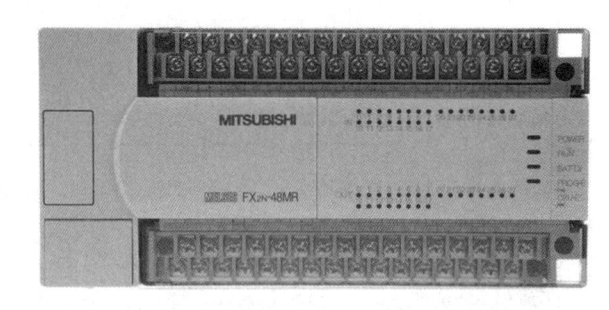

图 10.1 三菱 FX_{2N} 系列 PLC 的硬件结构框图　　图 10.2 三菱 FX_{2N} 系列 PLC 的基本单元外观

(1) CPU。CPU 是 PLC 的核心,主要由运算器、控制器、寄存器等组成,用以完成系统控制、逻辑运算、数学运算等。

(2) 存储器。存储器由用户程序存储器和系统程序存储器组成。用户程序存储器用来存储用户输入的程序,一般可读可写。系统程序存储器用来存储系统内部的程序,可读不可写。

(3) I/O 接口。输入接口用来接收现场输入信号;输出接口用来输出控制信息,并通过执行机构完成现场控制。PLC 基本单元一般只有开关量 I/O 接口,输入输出点数比通常为 1∶1。模拟量 I/O 接口通常需要使用模拟量扩展单元。

(4) 电源。电源的作用是将输入的交流电转换成直流电,提供内部电路和输入器件所需的直流电源。PLC 基本单元的供电通常有两种,一种是采用工频交流电源来供电,另一种是采用外部直流开关电源来供电。此外,还有为掉电保护电路供电的后备电源(一般为电池)。

(5) 编程器。编程器分为手持编程器和计算机编程软件。手持编程器体积小,携带方便,易于实现现场修改、调试;计算机编程软件功能强大,有指令表、梯形图、功能图等编程方式。

2. PLC 的安装和接线

PLC 是专门为工业生产环境设计的。为了便于在工业现场安装,便于扩展,以及便于接线,PLC 的结构通常有单元式、模块式及叠装式三种。PLC 的安装固定通常有两种方式:一种是直接利用机箱上的安装孔,用螺钉将机箱固定在控制柜的背板或面板上;另一种是利用 DIN 导轨安装,先将 DIN 导轨固定好,再将 PLC 及各种扩展单元卡在 DIN 导轨上。

PLC 在工作前必须正确地接入控制系统。与 PLC 连接的主要有 PLC 的电源接线、I/O 接口接线、通信线、接地线等,三菱 FX_{2N}-48MR 系列 PLC 的接线端子排列图如图 10.3 所示。

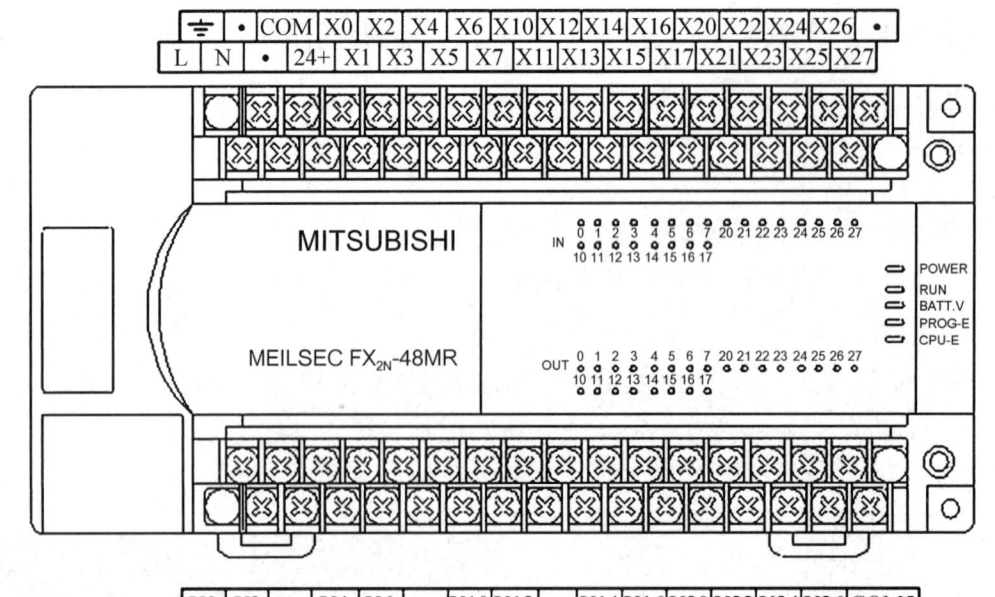

```
┌─┬─┬────┬──┬──┬──┬───┬───┬───┬───┬───┬───┬───┬───┬─┐
│⏚│·│COM │X0│X2│X4│X6 │X10│X12│X14│X16│X20│X22│X24│X26│·│
│L│N│·│24+│X1│X3│X5│X7 │X11│X13│X15│X17│X21│X23│X25│X27│
```

MITSUBISHI

IN 0 1 2 3 4 5 6 7 20 21 22 23 24 25 26 27
    10 11 12 13 14 15 16 17

MEILSEC FX₂N-48MR

OUT 0 1 2 3 4 5 6 7 20 21 22 23 24 25 26 27
    10 11 12 13 14 15 16 17

POWER
RUN
BATT.V
PROG-E
CPU-E

```
│Y0│Y2│·│Y4│Y6│·│Y10│Y12│·│Y14│Y16│Y20│Y22│Y24│Y26│COM5│
│COM1│Y1│Y3│COM2│Y5│Y7│COM3│Y11│Y13│COM4│Y15│Y17│Y21│Y23│Y25│Y27│
```

图 10.3 三菱 FX₂N-48MR 系列 PLC 的接线端子排列图

（1）工作电源的连接。三菱 FX₂N 系列 PLC 的基本单元采用工频交流电源来供电，通过交流输入端子来连接，电压在 100～250V 范围内时均可使用，PLC 机内带有 DC 24V 内部电源，为输入器件及扩展模块供电。图 10.3 的上部端子排中标有 L 及 N 的接线端子为交流电源相线及中性线的接入点。不带内部电源的扩展模块所需的 24V 电源由基本单元或带有内部电源的扩展单元提供。

（2）输入接口处器件的连接。PLC 输入接口连接的器件主要有开关、按钮及各种传感器。图 10.3 的上部端子排中标有 X0～X27 的接线端子为输入器件的接入点。接入时，器件的一端接输入端子，另一端接公共端 COM，有源传感器在接入时须注意与电源的极性配合。

（3）输出接口处器件的连接。PLC 输出接口连接的器件主要是继电器、接触器、电磁阀的线圈，这些器件均采用机外专用电源来供电，PLC 内部只提供一组开关接点。图 10.3 的下部端子排中标有 Y0～Y27 的接线端子为输出器件的接入点。接入时，线圈的一端接输出端子，另一端经电源接输出公共端。由于输出接口连接的线圈种类多，所需的电源种类及电压不同，因此输出接口公共端通常分为许多组，而且组间是隔离的，图 10.3 中的输出接口分为 5 组。输出接口的额定电流一般为 2A，大电流的执行器件须配用中间继电器。

（4）通信线的连接。PLC 一般设有专用的通信口，通常为 RS485 口或 RS422 口。三菱 FX₂N 系列 PLC 的通信口为 RS422 口，与通信口的连接常采用专用的接插件电缆线。

3．PLC 编程元件的分类

PLC 编程元件可分为输入/输出继电器、内部辅助继电器、特殊辅助继电器、定时器、计数器和状态元件等。三菱 FX₂N-48MR 系列 PLC 的主要编程元件如下。

（1）输入/输出继电器。

输入继电器编号：X0～X7、X10～X17、X20～X27。

输出继电器编号：Y0～Y7、Y10～Y17、Y20～Y27。

（2）内部辅助继电器。

通用辅助继电器：编号为 M0～M499，电源中断时，自动复位。

保持辅助继电器：编号为 M500～M1023，电源中断时，能保持原状态不变。

（3）特殊辅助继电器。

M8000：PLC 运行期间始终接通。

M8002：第一个扫描周期接通，此后断开。

M8012：发出周期为 0.1s 的时钟脉冲。

M8013：发出周期为 1s 的时钟脉冲。

（4）定时器。

T0～T199：共 200 个点，时基为 0.1s，计时范围为 0.1～3276.7s。

T200～T245：共 46 个点，时基为 0.01s，计时范围为 0.01～327.67s。

（5）计数器。

C0～C99：共 100 个点，此类计数器为通用计数器，电源中断时，不能保持原状态不变。

C100～C199：共 100 个点，此类计数器为保持计数器，电源中断时，能保持原状态不变。

（6）状态元件。

S0～S9：初始化状态元件，状态转移的初始状态使用该状态元件。

S10～S499：通用状态元件，电源中断时，不能保持原状态不变。

S500～S899：保持状态元件，电源中断时，能保持原状态不变。

4．PLC 的简单应用

下面以 PLC 应用中最简单的三相异步电动机单向运转控制为例，介绍 PLC 的基本应用。

三相异步电动机单向运转控制在项目 9 中已经学习过，三相异步电动机的控制线路部分（参见图 9.1）采用 PLC 控制电动机，如图 10.4 所示。其中，图 10.4（a）所示为 PLC 输入/输出接线图，启动按钮 SB_1 接输入点 X0，停止按钮 SB_2 接输入点 X1，交流接触器 KM 接输出点 Y0。这就是端子分配，其实质是为程序安排代表控制系统中事物的机内元件。图 10.4（b）所示为 PLC 控制梯形图，它是对机内元件逻辑关系的描述，看起来与继电器控制线路图相似。

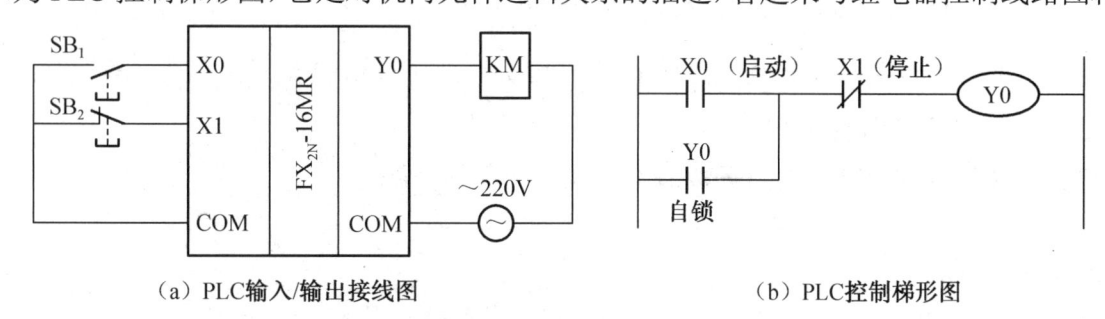

图 10.4 三相异步电动机单向运转 PLC 控制图

图 10.4（b）所示 PLC 控制梯形图的工作过程如下：三相异步电动机启动时，按下启动按钮 SB_1，X0 接通，Y0 经逻辑运算后，输出被置 1，KM 线圈吸合，三相异步电动机开始启动运转，同时 Y0 继电器动合触点接通，形成自锁保持；三相异步电动机停止时，按下停止按钮 SB_2，串联于 Y0 回路中的 X1 动断触点断开，Y0 输出被置 0，KM 线圈失电释放，三相异步电动机断电停转。

图 10.4（b）所示的 PLC 控制梯形图被称为启—保—停控制单元，该单元是梯形图中最简单、最典型的单元，所包含梯形图程序的全部要素如下。

（1）事件：每个梯形图支路都针对一个事件。事件用输出线圈（或功能框）表示。本例中的事件为输出点 Y0。

（2）事件发生的条件：触点组合中使 Y0 置 1 的条件即事件发生的条件。本例中事件发生的条件为启动按钮 SB_1 使 X0 动合触点闭合。

（3）事件得以延续的条件：触点组合中使 Y0 置 1 得以保持的条件。本例中事件得以延续的条件为与继电器 X0 并联的输出继电器 Y0 自保持触点闭合。

（4）使事件中止的条件：触点组合中使 Y0 置 1 中断（置 0）的条件。本例中使事件中止的条件为停止按钮 SB_2 使 X01 动断触点断开。

三、实训内容

1. 实训用仪表、工具和器材

（1）仪表：数字万用表。

（2）工具：常用电工工具一套。

（3）器材：三菱 FX_{2N}-48MR 系列 PLC、计算机、通信电缆、CJ10-20 交流接触器、LA19-11A 按钮。

2. 实训要求

（1）按图 10.4（a）正确连接外部电气元件，接线应牢固可靠、接触良好。

（2）指导教师编绘 PLC 控制梯形图，并将程序送入 PLC 保存，检查学生接线后，允许线路通电运行（此项内容先由指导教师来做，学生观摩）。

（3）操作外部输入电器，观察输出情况，看其是否符合控制要求。

3. 实训报告

（1）画出三相异步电动机单向运转 PLC 控制的接线图（PLC 输入/输出接线图）。

（2）画出 PLC 控制梯形图。

（3）记录三相异步电动机的运转情况，包括出现的问题等。

四、成绩评定

完成各项操作训练后，进行技能考核，参考表 10.1 中的评分标准进行成绩评定。

表 10.1　PLC 的接线和编程评分标准

序号	考核内容	配分	评分细则
1	外部接线	40 分	① 输入端接线正确：20 分。 ② 输出端接线正确：20 分

续表

序 号	考核内容	配 分	评分细则
2	编程操作	20分	① 绘制梯形图正确：10分。 ② 写指令语句正确：10分
3	运行操作	20分	① 传送程序正确：10分。 ② 运行程序正确：10分
4	安全、文明生产	20分	① 遵守操作规程，无违章操作情况：5分。 ② 正确使用工具，用完后完好无损：5分。 ③ 保持工位卫生，做好清洁及整理：5分。 ④ 听从教师安排，无各类事故发生：5分
5	操作完成时间60min		在规定时间内完成，每超时5min扣5分

任务2 PLC的计算机编程软件的应用训练

一、任务目标

1. 了解三菱PLC的计算机编程软件SWOPC-FXGP/WIN-C的使用方法。
2. 学会用SWOPC-FXGP/WIN-C软件编写PLC程序。
3. 熟悉程序下载方法和程序的调试及运行监控方法。
4. 掌握三相异步电动机正反转运行PLC控制应用技能。

二、相关知识

所有程序的编写、调试和运行都是通过计算机编程软件或手持编程器来完成的。近年来，各个PLC生产商相继开发出了基于个人计算机的图示化计算机编程软件。计算机编程软件一般具有编程及程序调试等多种功能，是PLC用户不可缺少的开发工具。计算机编程软件的显著优势在于其便捷的修改功能，能够灵活适应梯形图和指令语句，并且能使这两种形式之间轻松转换。现以SWOPC-FXGP/WIN-C软件为例，讲述计算机编程软件的使用方法。

1. 计算机编程软件的使用环境与安装

SWOPC-FXGP/WIN-C软件是三菱公司为其生产的系列PLC而设计的编程支持软件，可在Windows 98/XP系统平台下运行。该软件为用户提供了程序的输入、编辑、检查、调试、监控和数据管理等手段，不仅适用于梯形图语言，而且适用于助记符语言。在SWOPC-FXGP/WIN-C软件中，操作者可通过线路符号、列表语言及顺序功能图（SFC）符号来创建顺序控制指令程序，建立注释数据，以设置寄存器数据。所创建的指令程序具有在串行系统中与PLC进行通信、文件传送、操作监控及各种测试功能。

在计算机中安装SWOPC-FXGP/WIN-C软件时，将含有SWOPC-FXGP/WIN-C软件的光盘插入光盘驱动器，在光盘目录里双击安装程序，即进入软件安装界面。之后，可按照提示完成安装工作。软件安装路径可以使用默认子目录，也可以单击"浏览"按钮，选择或新建子目录。安装结束时，安装向导会提示安装过程完成，此时桌面出现 PLC 图标。

2. 计算机编程软件的使用

双击桌面上的 PLC 图标，运行 SWOPC-FXGP/WIN-C 软件，将出现初始启动界面，单击初始启动界面菜单栏中的"文件"按钮，在其下拉菜单中选择"新文件"选项，或单击工具条中的"新文件"按钮，即出现图 10.5 所示的"PLC 类型设置"对话框，选择好 PLC 机型并单击"确认"按钮后，则出现图 10.6 所示的 SWOPC-FXGP/WIN-C 软件编辑主界面。

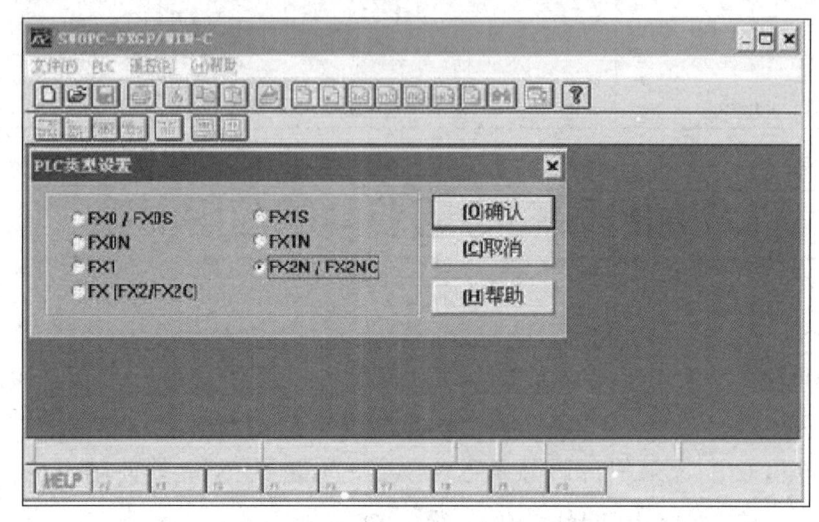

图 10.5 "PLC 类型设置"对话框

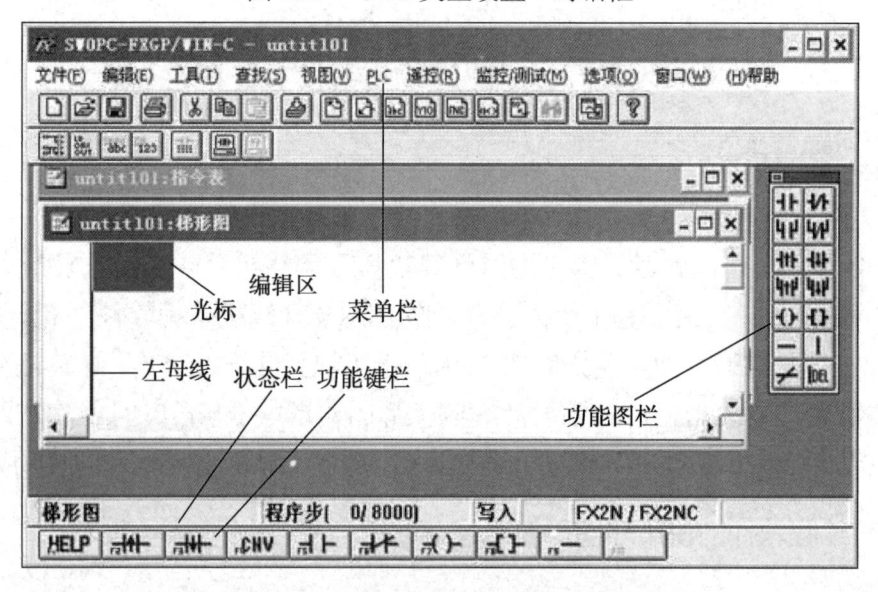

图 10.6 SWOPC-FXGP/WIN-C 软件编辑主界面

3. 编程操作

（1）采用梯形图方式的编程操作。采用梯形图来编程就是在编辑区中绘制出梯形图。

打开新建文件时，可以看到主窗口左边有一根竖直的线，这就是左母线，蓝色的方框为光标，无论绘制什么图形，都要将光标移到需要绘制这些符号的位置。梯形图的绘制过程是取用图形符号库中的符号"拼绘"梯形图的过程。如果要输入一个动合触点，可以选择"工具"菜单中的"触点"选项或单击功能图栏中的"动合触点"图标，这时弹出图 10.7 所示的对话框，在其文本框中输入触点的地址及其他有关参数后，单击"确认"按钮，要输入的动合触点及其地址就出现在光标所在的位置。如果要输入功能指令，可以选择"工具"菜单中的"功能"选项或单击功能图栏中的相应功能图标，这时弹出图 10.8 所示的对话框，在其文本框中输入功能指令的助记符及操作数，并单击"确认"按钮。梯形图符号间的连线可通过"工具"菜单中的"连线"选项选择水平线与竖线来完成。

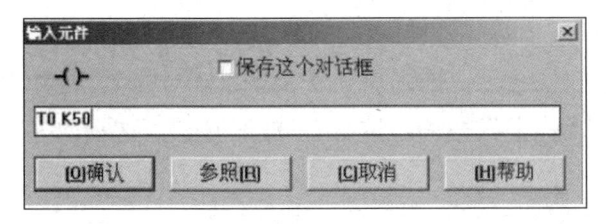

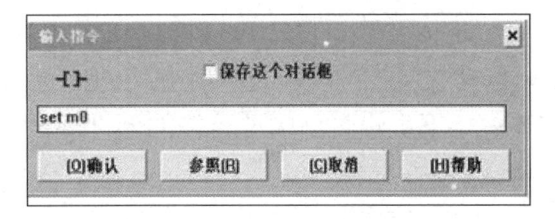

图 10.7 "输入元件"对话框   图 10.8 "输入指令"对话框

梯形图程序的修改可利用插入、删除等菜单或按钮来操作；修改元件地址时，双击元件后，重新修改弹出的对话框即可；梯形图符号的删除可利用计算机的删除键来操作；梯形图竖线的删除可利用"工具"菜单中的竖线删除操作。梯形图元件及电路块的剪切、复制和粘贴等的方法与其他编辑类软件相似。还有一点需强调的是，当绘出的梯形图需要保存时，要先利用菜单栏中"工具"菜单中的"转换"选项操作后才能保存，梯形图未经转换就单击"保存"按钮存盘，再关闭编辑软件，编绘的梯形图会丢失。

（2）采用指令语句方式的编程操作。采用指令语句来编程时，可在编辑区的光标位置直接输入指令语句，一条指令输入完毕，按"Enter"键，光标移至下一条指令的位置，则可输入下一条指令。

程序编写完成后，可以利用"选项"菜单中的"程序检查"功能，对程序进行语法及双线圈检查，如有问题，软件会提示程序存在的错误。

4．应用程序的下载

应用程序编辑完成后，需将其下载到 PLC 中来运行。计算机与 PLC 的连接通常使用一根 FX-232CAB 专用通信电缆，电缆的一端接 PLC 的 RS422 口，另一端接计算机的 RS232 口，正确选择计算机的通信口即可。打开计算机编程软件之后，先在菜单栏中选择"PLC"选项，再在其下拉菜单中选择"端口设置"选项，最后选中电缆实际连接的 RS232 口的编号（COM1 或 COM2），即完成设置。

在菜单栏中选择"PLC"选项，在其下拉菜单中选择"传送"子菜单中的"写出"选项，即可将编辑完成的程序下载到 PLC 中。"传送"子菜单中的"读入"选项则用于将 PLC 中的程序读入编程计算机中，以便对其进行修改。PLC 中一次只能存入一段程序，下载新程序后，原有的程序即刻删除。

5．程序的调试及运行监控

程序的调试及运行监控是程序开发的重要环节，很少有程序一经编写就是完善的，只有经过试运行甚至现场运行，才能发现程序中不合理的地方，并对其进行修改。SWOPC-FXGP/WIN-C 软件具有监控功能，可用于程序的调试及运行监控。

（1）程序的运行及监控。下载程序后，编程计算机与 PLC 仍保持联机状态，启动程序运行,在编辑区显示梯形图状态下,选择菜单栏中的"监控/测试"选项,再选择"开始监控"选项,即可进入元件监控状态。这时,梯形图上将显示 PLC 中各触点的状态及各数据存储单元的数值变化,如图 10.9 所示。

在图 10.9 中,有长方形光标显示的位元件处于接通状态,数据元件中的存储数值则直接标出。在监控状态下,单击"停止监控"按钮则可中止监控状态。

元件状态的监控还可以通过表格方式来实现。在编辑区显示梯形图或指令语句的状态下,选择"监控/测试"菜单中的"进入元件监控"选项,即可弹出"元件监控状态"对话框,在该对话框中设置好需要监控的元件后,单击"确定"按钮,这样在 PLC 中就可显示这些元件的状态。

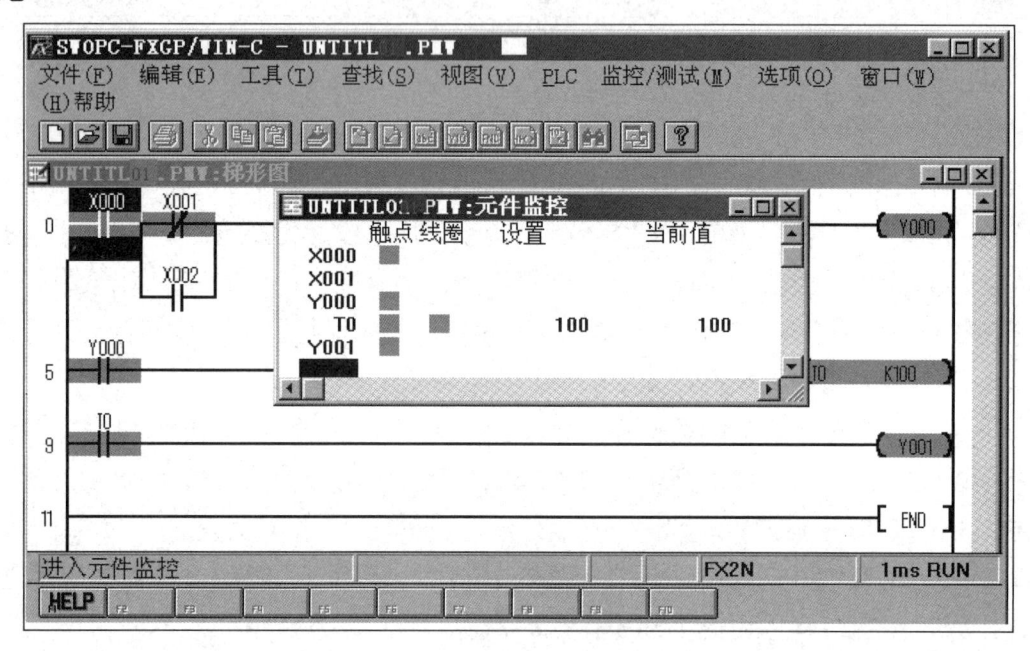

图 10.9 梯形图监控状态

(2)设置位元件的强制状态。在调试过程中,可能需要使某些位元件处于"ON"或"OFF"状态,以便观察程序的反应。这可以通过"监控/测试"菜单中的"强制 Y 输出"命令及"强制 ON/OFF"命令来实现。选择这些命令时,会弹出对话框,在对话框中设置好需要强制的内容后,单击"确定"按钮即可。

(3)改变字元件的当前值。在调试过程中,有时需要改变字元件的当前值,如定时器、计数器及存储单元的当前值等。从"监控/测试"菜单中选择"改变当前值"选项,并在弹出的对话框中设置元件及数值,再单击"确定"按钮即可。

6.三相异步电动机正反转运行 PLC 控制

三相异步电动机正反转运行控制在项目 9 中已经学习过。三相异步电动机的控制线路部分(参见图 9.2)转换成 PLC 控制系统,如图 10.10 所示。图 10.10(a)所示为 PLC 输入/输出接线图,它是在单向运转控制的基础上,增加了一个反转控制按钮和一个反转接触器。图 10.10(b)所示为 PLC 控制梯形图,它的设计是这样考虑的:选用两套启—保—停控制单元,一套用于正转(通过 Y0 来驱动正转接触器 KM_1),另一套用于反转(通过 Y1 来驱动反转接触器 KM_2)。考虑两个接触器不能同时接通,在两个接触器的驱动支路中分别串入另一个接触器驱动元件的动断触点（如 Y0 支路串入 Y1 的动断触点），这样当代表某个转向的驱动元件接通时，代表另一个转向的驱动元件就不可能同时接通了，这种在两个线圈回路中互串对方动断触点的结构形式叫作互锁。在有多输出的梯形图中，需要考虑多输出之间的相互制约。联锁则是在一部分电路得电时，另一部分关联电路不能得电的控制方式。

（a）PLC输入/输出接线图　　　　　　（b）PLC控制梯形图

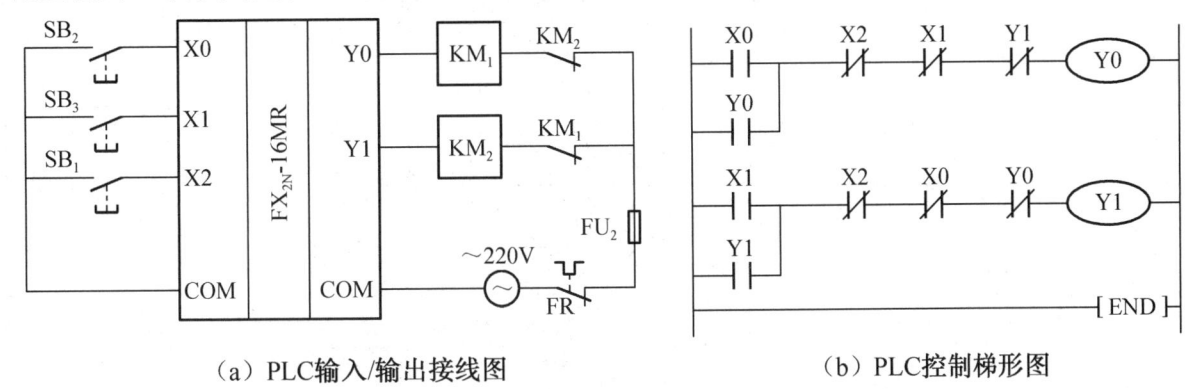

图 10.10　三相异步电动机正反转运行 PLC 控制图

三、实训内容

1. 实训用仪表、工具和器材

（1）仪表：数字万用表。
（2）工具：常用电工工具一套。
（3）器材：三菱 FX_{2N}-48MR 系列 PLC、计算机、通信电缆、CJX2-12 交流接触器、LA19-11A 按钮。

2. 实训要求

（1）按图 10.10（a）正确连接外部电气元件，接线应牢固可靠、接触良好。
（2）用计算机编程软件编写 PLC 控制梯形图，并检查程序是否正确。
（3）将计算机与 PLC 正确连接，进行程序下载、调试和运行。
（4）操作外部输入电器，观察输出情况，看其是否符合控制要求。

3. 实训报告

（1）画出三相异步电动机正反转运行 PLC 控制的接线图（PLC 输入/输出接线图）。
（2）画出 PLC 控制梯形图。
（3）写出三相异步电动机的运转情况，包括出现的问题等。

四、成绩评定

完成各项操作训练后，进行技能考核，参考表 10.2 中的评分标准进行成绩评定。

表10.2　PLC的计算机编程软件的应用评分标准

序号	考核内容	配分	评分细则
1	外部接线	20分	① 输入端接线正确：10分。 ② 输出端接线正确：10分
2	编程操作	30分	① 编绘梯形图正确：15分。 ② 写指令语句正确：15分
3	运行操作	30分	① 传送程序正确：15分。 ② 运行程序正确：15分
4	安全、文明生产	20分	① 遵守操作规程，无违章操作情况：5分。 ② 正确使用工具，用完后完好无损：5分。 ③ 保持工位卫生，做好清洁及整理：5分。 ④ 听从教师安排，无各类事故发生：5分
5	操作完成时间60min		在规定时间内完成，每超时5min扣5分

任务3　基本逻辑指令的编程与应用训练

一、任务目标

1．熟悉常用基本逻辑指令的功能及梯形图格式。
2．掌握梯形图编程的步骤及规则。
3．了解指令语句编程规则及定时器延时功能扩展知识。
4．掌握三相异步电动机Y-△启动PLC控制方式。

二、相关知识

1. 基本逻辑指令

三菱 FX_{2N} 系列 PLC 的基本逻辑指令有二十多条，现将几组常用基本逻辑指令的功能及梯形图格式列出，如表10.3所示。

表10.3　常用基本逻辑指令的功能及梯形图格式

指令	名称	功能	梯形图格式	指令助记符
LD	取	动合触点与母线连接	X000 —┤├—	LD　X000
LDI	取反	动断触点与母线连接	X000 —┤/├—	LDI　X000
OUT	输出	线圈驱动	—(Y000)—	OUT　Y000
OR	或	将动合触点并联	X001 —┤├—	OR　X001
ORI	或非	将动断触点并联	X001 —┤/├—	ORI　X001
AND	与	将动合触点串联	X000　X001 —┤├—┤├—	LD　X000 AND　X001

续表

指令	名称	功能	梯形图格式	指令助记符
ANI	与非	将动断触点串联	X000 X001 ⊣⊢⊣/⊢	LD X000 ANI X001
SET	置位	使操作保持	─[SET Y000]─	SET Y000
RET	复位	将操作复位	─[RET Y000]─	RET Y000
NOP	空操作	无任何动作		NOP
END	结束	顺序程序结束		END

2．梯形图编程步骤

（1）在准确了解系统控制要求的基础上，合理地为控制系统中的事件分配 I/O 接口，选择必要的机内元件，如定时器、计数器、辅助继电器等。

（2）对于一些控制要求比较简单的系统，可直接写出它们的输入、输出工作条件，按照启—保—停控制单元模式，完成相关的梯形图支路。

（3）对于一些比较复杂的控制系统，为了能用启—保—停控制单元模式绘出各输出接口的梯形图，要正确分析控制要求，并确定控制系统中的关键点，如转换的触点或时间点。

（4）合理安排机内元件，将关键点用梯形图表述出来，使用关键点理出最终输出的控制要求，针对系统的最终输出进行梯形图的绘制。

3．梯形图编程规则

梯形图作为一种编程语言，应当按照一定的规则来绘制，需要注意以下几点。

（1）梯形图的每个梯级都是从左母线开始，以线圈或功能指令结束，如图 10.11 所示。

图 10.11　线圈必须接右母线

（2）线圈不能重复使用，触点使用次数则不受限制，如图 10.12 所示。

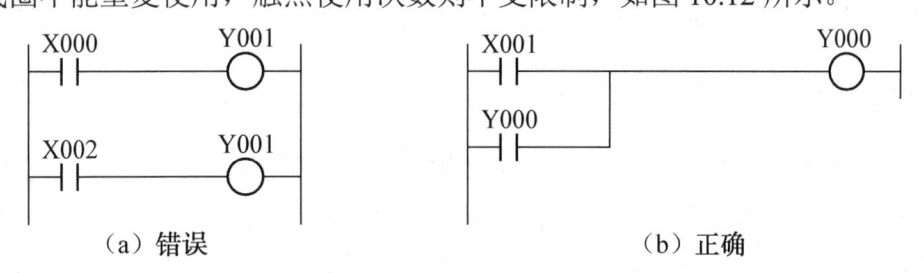

图 10.12　线圈不能重复使用

（3）线圈不可串联使用，但可以并联使用，如图 10.13 所示。

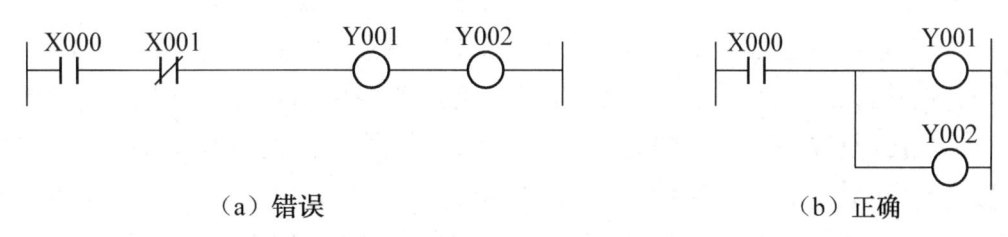

图 10.13　线圈不可串联使用

（4）线圈不能与左母线直接相连，如果有需要，可以用一个始终接通的特殊继电器 M8000 将左母线与线圈间隔开，如图 10.14 所示。

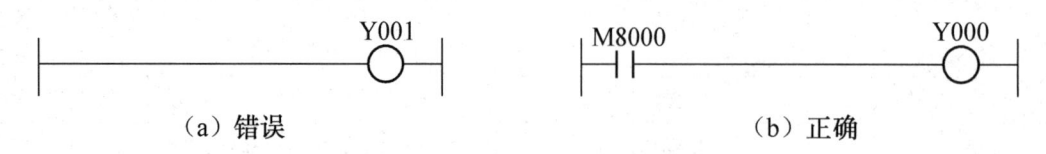

（a）错误　　　　　　　　　　　　　　（b）正确

图 10.14　线圈不能与左母线直接相连

（5）注意各梯级的执行顺序，不符合执行顺序的梯级不能编程，如图 10.15 所示。

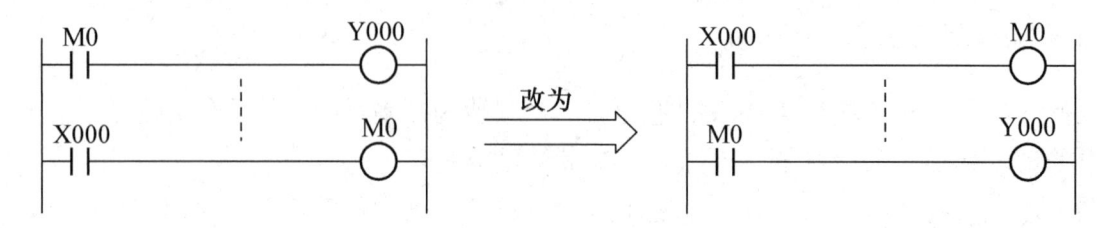

图 10.15　梯级要符合执行顺序

（6）编绘梯形图应遵循"上重下轻，左重右轻"的原则，如图 10.16 所示。

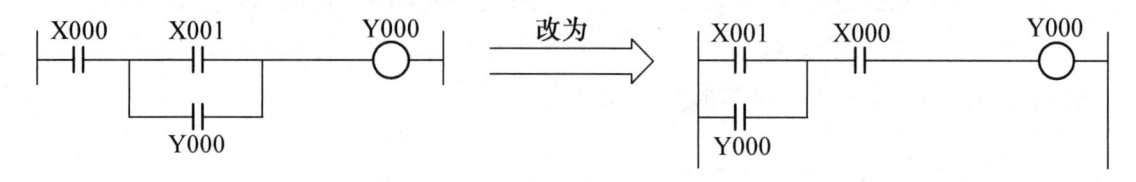

图 10.16　编绘梯形图应遵循的原则

4．指令语句编程规则

在许多场合需由绘好的梯形图列写指令语句表，这时应根据梯形图上的符号及符号间的相互关系来正确地选取指令，并应注意正确的表达顺序，对此有以下 2 点规则。

（1）在用 PLC 基本逻辑指令对梯形图编程时，必须按梯形图节点从左到右、自上而下的原则来进行。

（2）在处理比较复杂的结构时，应先写出参与因素的内容，再表达参与因素间的关系。

5．定时器延时功能扩展

定时器的计时时间都有一个最大值，例如 100ms 的定时器的最大计时时间为 3276.7s。当工程中所需的延时时间大于定时器的最大计时时间时，最简单的举措是采用定时器接力计时方式，即先启动一个定时器计时，计时时间到时，用第一个定时器的动合触点启动第二个定时器，再用第二个定时器的动合触点启动第三个定时器，记住用最后一个定时器的触点去控制最终的控制对象就可以了，两个定时器接力延时如图 10.17 所示。

另外，可以利用计数器配合定时器来获得长延时，如图 10.18 所示。在图 10.18 中，动合触点 X000 闭合是开始工作条件。在定时器 T1 的线圈回路中接有定时器 T1 的动断触点，它使得定时器 T1 每隔 10s 复位一次。T1 的动合触点每隔 10s 接通一个扫描周期，使计数器 C1 计一个数，当计数到 C1 的设定值时，将控制对象 Y010 接通。以 X000 接通为始点的延时时间=定时器的时间设定值×计数器的计数设定值。此例为：10s×100=1000s，X001 为计数器 C1 的复位条件。

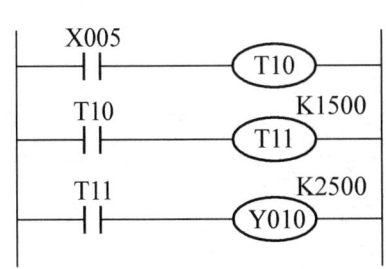

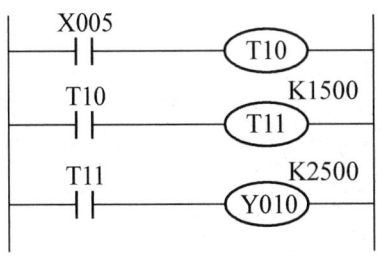

图 10.17　两个定时器接力延时　　　图 10.18　计数器配合定时器延时 1000s

图 10.18 中定时器 T1 的作用实际上是构成一种振荡器，其时间间隔为定时器的设定值，脉冲宽度为方波脉冲的一个扫描周期。此例中，这个脉冲序列是计数器 C1 的计数脉冲。在 PLC 的实际应用中，这种脉冲还可以用作移位寄存器的移位脉冲或用于其他场合中。

6．三相异步电动机 Y-△启动 PLC 控制方式

三相异步电动机由于启动电流大，多种应用场合都要采用 Y-△启动措施，以减小启动电流，传统继电器控制方式被 PLC 控制方式所代替，因此学习三相异步电动机 Y-△启动 PLC 控制方式是非常必要的。学习和掌握 PLC 控制技术需要在理解其原理的基础上，循序渐进，大胆实践。

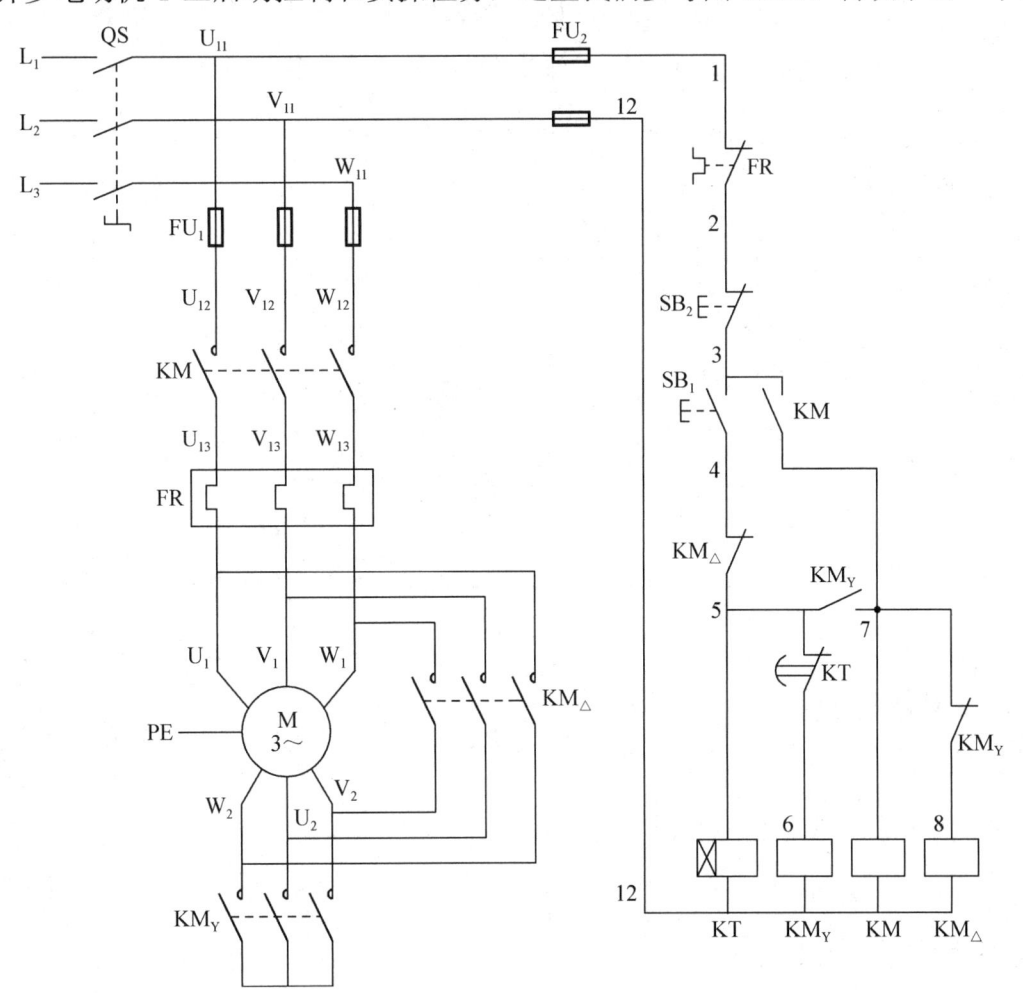

（1）熟悉由传统继电器控制的三相异步电动机 Y-△启动控制线路。我们在项目 9 中学习了三相异步电动机 Y-△启动控制和实操任务，这里我们参考图 10.19，再次学习一下。

图 10.19　由传统继电器控制的三相异步电动机 Y-△启动控制线路

（2）熟悉 I/O 接口分配。PLC 控制 I/O 接口分配表如表 10.4 所示。

表 10.4　PLC 控制 I/O 接口分配表

输入/输出元件	电气名称	输入/输出点
输入电气元件	热继电器触点与停止按钮 SB_2	X000
	启动按钮 SB_1	X001
输出电气元件	接触器 KM	Y000
	Y 启动接触器 KM_Y	Y001
	△ 运行接触器 $KM_\triangle$	Y002

（3）认识 PLC 输入/输出接线图。三相异步电动机 Y-△ 启动 PLC 输入/输出接线图如图 10.20 所示。

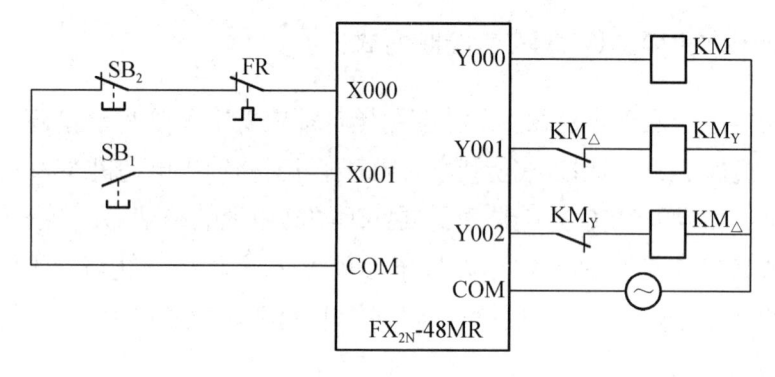

图 10.20　三相异步电动机 Y-△ 启动 PLC 输入/输出接线图

（4）根据 PLC 输入/输出接线图，设计 PLC 控制梯形图。三相异步电动机 Y-△ 启动 PLC 控制梯形图如图 10.21 所示。

图 10.21　三相异步电动机 Y-△ 启动 PLC 控制梯形图

三、实训内容

1. 实训用仪表、工具和器材

（1）仪表：数字万用表。

（2）工具：常用电工工具一套。

（3）器材：三菱 FX2N-48MR 系列 PLC 一台，个人计算机一台，PLC 通信电缆一条，以及红、绿 LA19-11A 按钮各一个。

2．实训要求

（1）按 I/O 接口分配表正确连接外部电气元件，接线应牢固可靠、接触良好。

（2）用计算机编程软件编写三相异步电动机 Y-△启动 PLC 控制梯形图，并检查程序是否正确。

（3）将计算机与 PLC 正确连接，进行程序下载、调试和试运行。

（4）操作外部输入电器，观察输出情况，看其是否符合控制要求。

3．实训报告

（1）写出三相异步电动机 Y-△启动 PLC 控制的指令语句。

（2）记录三相异步电动机 Y-△启动 PLC 控制线路的安装、调试过程。

四、成绩评定

完成各项准备工作训练后，进行技能考核，参考表 10.5 中的评分标准进行成绩评定。

表 10.5　基本逻辑指令的编程与应用评分标准

序 号	考核内容	配 分	评 分 细 则
1	外部接线	30 分	① 输入端接线正确：10 分。 ② 输出端接线正确：10 分。 ③ 外部电源接线正确：10 分
2	编程操作	30 分	① 编绘梯形图正确：15 分。 ② 写指令语句正确：15 分
3	运行操作	30 分	① 传送程序正确：15 分。 ② 运行程序正确：15 分
4	安全、文明生产	10 分	① 遵守操作规程，无违章操作情况：5 分。 ② 正确使用工具，用完后完好无损：5 分
5	操作完成时间 60min		在规定时间内完成，每超时 5min 扣 5 分

思考题

1．简述 PLC 的硬件组成。

2．梯形图的编程规则有哪些？

3．指令语句的编程规则有哪些？

附录 A

表 A.1　常用低压电气元件的图形符号和文字符号
表 A.2　常用普通插座和 86 系列插座的规格及数据
表 A.3　常见电工仪表和附件的表面标志符号
表 A.4　各种 E 型铁芯硅钢片的规格
表 A.5　各种 C 型变压器铁芯的规格
表 A.6　部分漆包铜线的规格和安全载流量

扫码查阅

反侵权盗版声明

电子工业出版社依法对本作品享有专有出版权。任何未经权利人书面许可，复制、销售或通过信息网络传播本作品的行为，歪曲、篡改、剽窃本作品的行为，均违反《中华人民共和国著作权法》，其行为人应承担相应的民事责任和行政责任，构成犯罪的，将被依法追究刑事责任。

为了维护市场秩序，保护权利人的合法权益，我社将依法查处和打击侵权盗版的单位和个人。欢迎社会各界人士积极举报侵权盗版行为，本社将奖励举报有功人员，并保证举报人的信息不被泄露。

举报电话：（010）88254396；（010）88258888
传　　真：（010）88254397
E-mail：　dbqq@phei.com.cn
通信地址：北京市海淀区万寿路173信箱
　　　　　电子工业出版社总编办公室
邮　　编：100036